AF853621

IL ÉTAIT UNE FOIS
LA PALÉOANTHROPOLOGIE

EXCLU DES
COLLECTIONS

Pascal Picq

IL ÉTAIT UNE FOIS LA PALÉOANTHROPOLOGIE

Quelques millions d'années
et trente ans plus tard

Odile Jacob

En couverture : reconstitution (dermoplastie)
de l'enfant néandertalien du Roc de Marsal (Périgord),
réalisé à l'Atelier Daynès à Paris en 2003, à partir du crâne découvert sur le site.
Ici avec le moulage de son crâne.

© ODILE JACOB, SEPTEMBRE 2010
15, RUE SOUFFLOT, 75005 PARIS

www.odilejacob.fr

ISBN : 978-2-7381-2494-4

Le Code de la propriété intellectuelle n'autorisant, aux termes de l'article L. 122-5, 2° et 3°a, d'une part, que les « copies ou reproductions strictement réservées à l'usage privé du copiste et non destinées à une utilisation collective » et, d'autre part, que les analyses et les courtes citations dans un but d'exemple et d'illustration, « toute représentation ou reproduction intégrale ou partielle faite sans le consentement de l'auteur ou de ses ayants droit ou ayants cause est illicite » (art. L. 122-4). Cette représentation ou reproduction, par quelque procédé que ce soit, constituerait donc une contrefaçon sanctionnée par les articles L. 335-2 et suivants du Code de la propriété intellectuelle.

Introduction

Ce livre n'est ni un précis de paléoanthropologie ni un essai, encore moins une biographie ; c'est tout simplement une sorte de carnet de route pour faire le point sur l'évolution fascinante d'une discipline scientifique qui, contrairement à ce qu'on admet trop facilement, se révèle d'une grande pertinence – et parfois d'une réelle impertinence – pour nos sociétés et leurs enjeux d'avenir.

La paléoanthropologie au sens large se nourrit de nombreuses disciplines relevant des sciences de la vie, de la Terre et de l'homme. La presse et les médias se font l'écho de découvertes concernant de nouveaux fossiles – *Darwinius massillae, Ardipithecus ramidus, Australopithecus sediba,* etc. – ou encore la préhistoire – grotte Chauvet, objets striés et ocrés de Blombos, atelier de taille de Lokalelei, etc. Elle évoque souvent aussi des études menées en génétique et en paléogénétique – femme mystérieuse de Denisova révélée par son ADN mitochondrial, génome de Neandertal, etc. Les avancées en éthologie des grands singes – archéologie préhistorique chez les chimpanzés, femelles chimpanzés embrochant des galagos, etc. – suscitent quant à elles beaucoup moins de retentissement, mais elles sont tout aussi importantes. Il ne s'agit là que des découvertes les plus spectaculaires, mais les recherches et les travaux participant à la paléoanthropologie remplissent des dizaines de revues scientifiques hebdomadaires et mensuelles, sans oublier les colloques et les ouvrages collectifs plus thématiques.

Comme tous les collègues de ma génération, j'ai été le témoin privilégié du développement de notre discipline, qui s'intéresse aux origines et à l'évolution, non pas de l'homme, mais de la lignée humaine. En une trentaine d'années, notre arbre de famille a doublé de longueur dans le temps – passant des 3,5 millions d'années de Lucy aux 7 millions d'années de Toumaï. Il est devenu un buisson portant pas moins d'une vingtaine d'espèces fossiles, dont plusieurs contemporaines à toutes les époques sauf… aujourd'hui. Aux deux extrémités de cet arbre phylogénétique, c'est-à-dire autour de nos origines communes avec les grands singes africains et de l'expansion de notre espèce *Homo sapiens* comme de ses relations avec les hommes de Neandertal, la génétique historique n'a pas bouleversé, comme on le lit trop souvent, les hypothèses des paléoanthropologues travaillant sur les fossiles. Elle a toutefois permis d'écarter certaines hypothèses et d'en valider d'autres, tout en précisant certaines modalités du peuplement de la Terre pour notre espèce, que les rares fossiles et les sites préhistoriques, heureusement bien plus nombreux, ne permettent de suivre qu'avec difficulté.

Il reste donc encore beaucoup de questions à résoudre. Même si notre lignée continue d'accueillir de nouveaux représentants fossiles – ce qui signifie qu'on n'a pas encore reconstitué le succès évolutif de notre famille au cours des 10 derniers millions d'années –, on ne connaît encore presque rien de l'évolution de nos lignées sœurs, comme celle des chimpanzés. Et on néglige encore trop ce qui précède la séparation entre notre lignée et celle-ci, en dépit de découvertes de plus en plus nombreuses de fossiles de grands singes compris entre 7 et 15 millions d'années, en Afrique et aussi en Eurasie. Les plus anciens fossiles autour de notre dernier ancêtre commun (DAC) avec les chimpanzés interpellent d'autres disciplines comme l'éthologie et les sciences cognitives, bien que cette problématique soit encore trop négligée par les paléoanthropologues.

La première partie de ce carnet de route a pour ambition de retracer les grandes lignes des avancées des disciplines scientifiques et de l'interdisciplinarité participant de la paléoanthropologie au sens large et dans le cadre des théories actuelles de l'évolution, ces dernières ayant aussi considérablement évolué. Je présenterai donc l'évolution de la paléoanthropologie depuis trente ans et exposerai ses problématiques actuelles, pour en dresser un « état de l'art » et donner des repères permettant de saisir quelle pourrait être la signification des découvertes à venir.

La paléoanthropologie a son actualité scientifique, celle des avancées des connaissances. Elle a aussi une autre actualité, sa contribution aux questions de notre temps, et pas seulement du temps passé. Les motivations de ces implications sont diverses, répondant soit à des situations critiques comme le retour des fondamentalismes religieux, soit à des demandes du monde enseignant – conférences, formations, programmes –, soit à des invitations à participer à des réflexions interdisciplinaires en sciences humaines, en philosophie, sur le développement durable, des questions de santé ou encore dans des domaines artistiques et économiques.

L'année 2010 est celle de la biodiversité, et on parle de la « sixième extinction », expression forgée par le paléoanthropologue Richard Leakey. Toujours en 2010, un volcan lâche un nuage qui perturbe le trafic aérien, et on fustige le principe de précaution, inscrit dans la Constitution à la suite des travaux de la commission présidée par Yves Coppens, autre paléoanthropologue célèbre. Depuis quelques années, je défends avec quelques collègues les principes d'une école laïque menacée par le retour de toutes sortes de fondamentalismes et de conservatismes religieux qui ont pris pour cible la théorie de l'évolution[1]. Au fil de cette contre-croisade, je me suis aperçu combien Charles Darwin avait été peu lu et combien sa pensée avait été détournée, notamment le Darwin anthropologue, et cela, en dépit de l'œuvre considérable de Patrick Tort en France. Les dérives idéologiques de toutes obédiences s'emparent toujours de la question des origines afin de la détourner pour leurs propres desseins. La paléoanthropologie et la préhistoire n'y échappent pas, notamment à propos des trois fléaux qui minent l'évolution de nos sociétés dites modernes – le sexisme, le racisme et l'« espécisme » (rapport de domination de notre espèce sur les autres[2]).

La seconde partie de ce livre n'est pas un plaidoyer pour la paléoanthropologie et les théories de l'évolution – donc l'anthropologie évolutionniste. C'est une présentation ordonnée de certaines contributions à des questions fondamentales, par exemple sur l'homme et l'animal ou sur l'éthique, et d'autres plus concrètes comme l'obésité ou la maladie d'Alzheimer. Je n'ai nulle prétention de faire de la philosophie, de l'éthique ou de la médecine ; je cherche surtout à apporter des éléments pour faire avancer ces réflexions à un niveau interdisciplinaire. Peut-on en effet continuer à philosopher sur l'animal en ignorant les avancées de l'éthologie ? Peut-on prétendre traiter de l'obésité si on a pour seul modèle expérimental le rat et si on ignore les aspects sociaux et cognitifs du régime alimentaire chez les singes ? Peut-on pratiquer des soins dentaires en ignorant ce que sont le rôle de la canine et celui de la mastication chez les singes ? Peut-on faire de l'expérimentation animale en ignorant que les singes ont de l'empathie, souffrent et sont des êtres sociaux très sensibles ? Peut-on croire que l'évolution est dirigée vers l'homme quand on sait que nous sommes les derniers survivants de notre lignée et que notre expansion s'est accomplie au prix de l'élimination des espèces les plus proches de nous, hier comme aujourd'hui ? Qu'est devenue l'hominisation à la lumière des découvertes des trois dernières décennies ?

Partant de la paléoanthropologie pour interférer avec des questions de notre temps, je ne pouvais manquer d'évoquer un parcours très personnel et des engagements qui le sont tout autant. Je rassure le lecteur en précisant que ce livre n'a rien d'une autobiographie, encore moins d'un « ce que je crois ». C'est un itinéraire de notre temps qui emprunte les chemins de notre évolution.

PREMIÈRE PARTIE

Trente ans d'une évolution

Comment devient-on paléoanthropologue ? La paléoanthropologie au sens large regroupe de nombreuses disciplines des sciences de la vie et de la Terre, et plusieurs chemins mènent aux origines de l'homme. Le mien est passé par la physique, mais j'ai toujours été passionné par les sciences historiques. Alors, j'ai mené deux cursus parallèles, l'un en sciences physiques et l'autre en archéologie préhistorique, avant de me décider à franchir le pas grâce aux professeurs Yves Coppens et Bernard Vandermeersch à la fin des années 1970.

Je suis entré en paléoanthropologie par l'anatomie fonctionnelle et la biomécanique, ce qu'on peut regrouper sous le terme de *morphologie*. C'est l'étude, par exemple, de la forme des os en relation avec la locomotion – comme la bipédie. En ce qui me concerne, ce sont les os de la face en relation avec le régime alimentaire et la mastication qui m'ont intéressé. Pourquoi notre espèce *Homo sapiens* a-t-elle un menton, mais pas de bourrelet osseux épais au-dessus des yeux, comme chez nos ancêtres *Homo erectus* ? Une telle question était posée depuis longtemps, mais il fallait mener des études expérimentales, ce qui est devenu possible dans les années 1980 grâce aux évolutions technologiques, dont l'informatique. Il fallait aussi que quelqu'un maîtrise ces techniques. C'est comme cela que je me suis retrouvé à l'Université Duke, en Caroline du Nord. À mon retour en France, j'ai rejoint l'équipe d'Yves Coppens au Collège de France en 1991.

1

UN CHEMIN VERS LES ORIGINES

Naissance d'une vocation

Mes premières recherches ne portaient pas sur les origines de la lignée humaine, du genre *Homo* ou encore de notre espèce *Homo sapiens*, questions fondamentales au cœur de la paléoanthropologie, même si elles me fascinaient. Diplômé de physique théorique, je me suis pris de passion pour la paléoanthropologie, mais en dilettante.

Je lisais les revues scientifiques, notamment *Science et avenir*, avec les articles d'Henri de Saint-Blanquat, et *Pour la science*, où l'on trouve des articles de chercheurs traduits de *Scientific American*. Les scientifiques oublient de rendre hommage à ces revues et à ces journalistes qui jouent un rôle si important dans l'éveil de leur vocation et le choix de leurs sujets de recherche. Trente ans plus tard, je me réjouis de toutes les collaborations fructueuses avec ces revues et ces journalistes. Avec le recul, je mesure l'importance de l'intuition qui m'a attiré vers les deux revues citées et non pas *La Recherche* ou *Science et vie*. Pour des raisons plus motivées par des considérations philosophiques et téléologiques, ces dernières ont privilégié les pseudo-théories scientifiques justifiant l'hominisation et toute forme de conception antidarwinienne de l'évolution, surtout à propos de l'évolution de l'homme. L'apothéose a été atteinte avec la couverture de *La Recherche* de 1996 portant ce titre : « Nouveau regard sur les origines de l'homme ». Il s'agissait d'une resucée de la théorie de la récapitulation proposée par Ernst Haeckel un siècle auparavant et déjà contestée par Charles Darwin en son temps.

Pour la petite histoire, *Science et vie* m'a approché pour évoquer cet étrange article de *La Recherche* et les réactions suscitées ; mais la rédaction s'est vite trouvée mal à l'aise, car elle ne pensait pas avoir affaire à un paléoanthropologue darwinien (une espèce très rare, même pas en voie de disparition car à peine émergente en France). J'ai dû insister avec énergie pour que les articles critiquant ce retour de la pensée archaïque sur l'évolution de l'homme soient publiés ; quinze ans plus tard, plus aucune relation avec *La Recherche* et *Science et vie*.

Venant de la physique et des sciences dites « dures », j'ai fini par comprendre que, dans beaucoup de magazines scientifiques, la qualité des articles semble meilleure – en moyenne – s'ils traitent de sujets éloignés de l'homme. En revanche, dès qu'ils concernent les théories de l'évolution et ses mécanismes appliqués à l'homme, alors les présupposés inculqués par les religions et les philosophies exercent un effet déformant et détournent des principes les plus élémentaires de l'épistémologie scientifique.

Je n'avais évidemment pas conscience de tout cela à la fin des années 1970, lorsque j'ai décidé de franchir le pas de la physique théorique vers la paléoanthropologie. Ce choix n'avait rien d'évident, pour plusieurs raisons. Étudiant sans le sou, sans aucune aide familiale, je m'en sortais avec une petite bourse et en donnant des cours particuliers. La physique a été ma maîtresse et ma nourrice à plus d'un égard. J'avais donc le privilège de l'indépendance. Je suivais deux cursus, l'un en physique théorique à l'université Pierre-et-Marie-Curie et l'autre, moins intense, en arts et archéologie à la Sorbonne.

La préhistoire, c'est-à-dire l'étude des cultures avant l'invention des écritures et des civilisations, était enseignée de façon typologique et incroyablement ennuyeuse. Heureusement, il y avait le Paléolithique supérieur avec Yvette Taborin et le Néolithique – discipline naissante en France – avec Jean-Paul Demoule. J'étais vraiment attiré par la protohistoire et l'aube des civilisations. Mais Lucy m'obsédait, alors que je ne suivais aucun cours de paléoanthropologie. Les seules évocations de l'évolution biologique de l'homme reproduisaient la bonne vieille et inoxydable échelle des espèces héritée d'Aristote. Toujours la sempiternelle procession des singes et des préhumains qui se redressent laborieusement en avançant à la queue leu leu de gauche à droite, selon le sens de la lecture (c'est de droite à gauche chez les Russes !). Franchement, avec un minimum de bon sens, et sans être ni orthopédiste ni spécialiste de la locomotion, comment imaginer un australopithèque ou un *Homo erectus* marchant à moitié redressé ? Darwin l'avait dit : une fois au sol, soit on est quadrupède, soit on est bipède ! Pour moi qui étais physicien, certes d'un niveau modeste, mais tout à fait honorable, une telle dynamique de la locomotion me paraissait inconcevable. Si les espèces fossiles sont très anciennes, elles ne devaient pas pour autant se déplacer comme des vieillards déclinants !

En raison de ma formation en physique et en sciences expérimentales, mes patrons de thèse m'ont donné un sujet de morphologie : la signification fonctionnelle de l'ATM des hominidés, autrement dit l'articulation temporo-mandibulaire, là où la mandibule s'articule sous le crâne, juste devant le tube auditif externe. Après un premier séjour en 1982 dans le laboratoire du professeur William Hylander au Duke University Medical Center, en Caroline du Nord, je suis reparti avec mon doctorat de l'université Pierre-et-Marie-Curie sous le bras pour des études postdoctorales, suivies d'un poste de chercheur associé. Cela m'a été possible grâce à plusieurs bourses données par la Fondation Fyssen, dont une reconduite grâce au soutien de Jean-Pierre Changeux et de Maurice Godelier, la Fondation pour la recherche médicale et, bien sûr, la Fondation pour la vocation Marcel Bleustein-Blanchet grâce à Yves Coppens, sans oublier le ministère des Relations extérieures. Puis, rapidement, j'ai basculé sur les fonds des organismes de recherche américains tout en étant rémunéré comme instructeur en anatomie. Aux États-Unis, l'enseignement fait partie intégrante de la formation d'un chercheur.

Pour les personnes qui n'ont pas fait de recherche, il semble aberrant que l'on puisse consacrer des années à étudier une petite articulation dont nous faisons usage des milliers de fois par jour, sans même le savoir. Lorsque Bernard Vandermeersch m'a proposé ce sujet, j'ai dû faire une drôle de tête. Un travers aimable et naïf des étudiants qui entrent en thèse consiste à croire qu'ils peuvent s'attaquer de façon définitive aux grands problèmes fondamentaux d'une discipline. Je désirais donc résoudre une grande question sur les hommes de Neandertal ou les origines de la lignée humaine. Et voilà que je me retrouvais avec l'ATM, la mienne faillit s'en décrocher ! Heureusement, mon patron m'ayant conseillé de lire, je me suis mis au travail et j'ai découvert un sujet passionnant, couvert par une littérature pléthorique, surtout dans les sciences dentaires, mais assez peu de travaux en anatomie comparée ou en paléoanthropologie. Je me suis aperçu que cette articulation très particulière m'ouvrait une voie royale sur la morphologie, la modélisation et la biomécanique. Elle fera l'objet de mon premier livre, publié en 1991[1].

Plus tard, bien plus tard, j'ai retrouvé un bel exemple du fonctionnement de cette tribu internationale aux rites très anciens et immuables : les chercheurs. Charles Darwin n'a jamais occupé de poste universitaire et n'en a jamais sollicité. Il travaillait chez lui, dans le bureau de sa maison de Down, à vingt-cinq kilomètres au sud de Londres. Cependant, il était membre à part entière de la communauté scientifique car il respectait deux conditions fondamentales : soumettre ses travaux au regard et à la critique de ses collègues et, surtout, passer l'épreuve d'initiation qui s'appelle la thèse. Pourtant, il n'a pas cherché à obtenir un diplôme de doctorat, mais il a consacré plusieurs années de sa vie à l'étude des bernacles ou cirripèdes, des mollusques. Et ses travaux ont été publiés en plusieurs volumes qui font encore référence. Dans son autobiographie, il s'étonne *a posteriori* d'avoir consacré autant d'efforts et d'années à un tel travail. En fait, c'est en passant quelques-unes de ses plus belles années sur un sujet apparemment aussi restreint que se forge le métier de chercheur. Sans les bernacles, Darwin n'aurait pas gagné le respect de ses amis scientifiques – et quels amis ! Et il est douteux qu'il aurait eu le viatique nécessaire pour s'atteler à la question de l'origine des espèces. Ma bernacle à moi, ce fut l'ATM. Petite leçon, au passage, pour les charlatans qui prétendent contester les théories de l'évolution à partir de croyances sans avoir jamais publié un article de recherche, bien que, du haut de leur syncrétisme prétentieux, ils se targuent de connaître tant de disciplines sans y avoir touché, persuadés que cela les habilite à juger de tout.

Les années américaines

UN CAMPUS DE RÊVE

Le plus grand bonheur que je souhaite à toute étudiante et à tout étudiant, c'est de se retrouver du jour au lendemain, après un long vol de nuit, pour la première fois sur le campus d'une université américaine. Ayant fait mes premières années d'études en physique à l'université Paris-XIII de Villetaneuse, en Seine-Saint-Denis, avant de me retrouver à l'université Pierre-et-Marie-Curie – que les gens du quartier appelaient l'« usine » pour évoquer l'ancienne halle aux vins –, je ne m'attendais pas à un tel choc. Le dépaysement était total puisque j'étais habitué à des universités situées en milieu urbain ou périurbain, alors que j'atterrissais dans tous les sens du terme au cœur d'une région couverte de forêts, en Caroline du Nord. J'étais loin d'imaginer ce qu'allaient être mes années américaines à l'Université Duke de Durham.

Mon nouveau patron, William Hylander, est venu nous chercher, ma femme et moi, avec sa vieille Volvo à ce qui était encore à l'époque un petit aéroport d'un État du Sud. (Quand nous sommes repartis en 1989, nous étions quatre – mes deux premiers enfants sont nés là-bas. L'aéroport de Raleigh-Durham était devenu international et comportait désormais plusieurs aérogares, plus une ligne directe vers Paris.) Il a eu la gentillesse de nous faire traverser la ville de Chapel Hill, où se trouve l'Université de Caroline du Nord, qui était dans un état étrange de lendemain de fête. Partout, en guise d'oriflammes, se déployaient de longs rubans bleu ciel, le plus souvent du papier toilette. Bill nous a expliqué que l'Université venait de gagner le championnat universitaire de basket, notamment grâce à un jeune basketteur qui, nous a-t-il expliqué, était promis à un bel avenir : Michael Jordan !

Cela ne m'a fait ni chaud ni froid car, en tant qu'ancien joueur de handball, je n'avais guère d'intérêt pour le basket. J'allais toutefois rapidement virer ma cuti. Les amis du département d'anatomie m'ont invité à un match de basket entre l'équipe de Duke et l'équipe de France, qui faisait une tournée pour s'entraîner en vue des jeux Olympiques. Je n'imaginais pas que le basket puisse se jouer avec des joueurs de plus de 2 mètres, pesant plus de 100 kilos et pratiquant au cours de l'année du football américain. Les joueurs de handball, sport de contact viril, avaient en effet tendance à considérer les basketteurs comme des fillettes ; mais tout cela a bien changé. J'ai ainsi vu nos plus grands basketteurs français, tout aussi grands mais tellement filiformes, se faire écraser dans tous les sens du terme. Waterloo dans un gymnase, avec une ambiance délirante, orchestre et *pom pom girls* ! C'est ainsi que je me suis laissé gagner par la fièvre du basket. Et quatre ans plus tard, de retour en France, lorsque j'ai regardé la célèbre « Dream Team » américaine aux jeux Olympiques de Barcelone, j'ai constaté que j'avais vu tous ces joueurs évoluer sur le terrain de Duke. Et l'un des coaches de cette équipe de rêve n'était autre que Mike Krzyzewski, celui de Duke.

L'arrivée à Durham avait tout du rêve américain. Bill nous a d'abord emmenés sur le campus des lettres et des humanités, appelé le campus géorgien, qui évoquait toutes les images du Sud et d'*Autant en emporte le vent.* Puis, le campus des sciences dit « gothique », reproduisant celui de l'Université de Durham, en Angleterre, mais à l'américaine, avec sa chapelle grande comme une cathédrale et un jardin d'une telle beauté – le Sarah Duke Garden – qu'il ne faut pas manquer de le visiter quand on fait du tourisme en Caroline du Nord.

Je ne m'attendais pas à tel accueil, ni à un tel décorum. Mais je n'étais évidemment pas venu à Duke pour faire du tourisme ni me passionner pour le basket. Les impressions si vives suscitées par ce campus n'étaient rien à côté de l'aventure scientifique qui s'annonçait.

L'APPRENTISSAGE DE LA BIOMÉCANIQUE CRANIOFACIALE

Les ATM sont les deux articulations du haut de notre mandibule. Elles sont au cœur d'une des fonctions les plus complexes pour notre survie, tout au long des âges de la vie : la manducation, qui mobilise toutes les fonctions impliquant des mouvements de la mandibule, dont la mastication. William Hylander avait suivi une formation de dentiste et d'anthropologue à l'Université de Chicago, l'une des meilleures pour ces deux disciplines. Un de ses professeurs avait été Francis Clark Howell, l'un des fondateurs de la grande école de paléoanthropologie moderne, qui a compté aussi parmi ses élèves ou jeunes collaborateurs Donald Johanson et Yves Coppens. J'ai appris plus tard que c'est grâce à ce réseau que je me suis retrouvé à Duke. Car, moi qui parlais peu l'anglais, j'étais tout surpris d'être le premier étudiant-chercheur de Hylander.

Ce scientifique et expérimentateur d'une grande rigueur avait une réputation de *killer*. Avant de formuler une hypothèse, il valait mieux fignoler son argumentation, surtout si elle allait à l'encontre de ses idées. Un jour, il m'a demandé de lire et de critiquer le manuscrit d'un article qu'il préparait, comme cela se pratique avec tous les collaborateurs d'une équipe aux États-Unis. Il y avait un point sur lequel je n'étais pas d'accord. Après deux jours de discussions serrées et sans que l'opinion de l'un ne l'emporte sur l'autre, je lui ai déclaré que c'était son article et que c'était son choix. J'étais à court d'arguments. L'article est sorti quelques mois plus tard ; je me suis donc mis avec plaisir à le lire, sans me rappeler notre petite controverse. Il avait repris ma suggestion. Soyons clair : ce n'était pas mon idée ! Elle avait émergé à la suite de sa sollicitation et c'était son article. C'est à cela que servent les remerciements à la fin des articles ! La recherche est une œuvre collective. Il n'existe pas de génie isolé. Newton était entouré de génies ; Buffon était entouré de génies ; Lamarck était entouré de génies ; Darwin était entouré de génies ; Einstein était entouré de génies… Mendel, lui, ne l'était pas, et son œuvre est restée ignorée pendant des dizaines d'années. Évidemment, parmi tous ces génies, il y a les bons et les mauvais, pas en termes scientifiques, mais de controverses et de relations. Selon l'expression de Newton, empruntée à Francis Bacon : « Nous ne sommes que des nains assis sur les épaules des géants. » Les « ce que je crois » et les « quêtes de sens » n'ont jamais fait avancer les connaissances. C'est pour cela que la science est l'entreprise à la fois la plus humble et la plus noble de l'esprit humain, car elle s'en remet toujours à la validation des faits par une démarche objectiviste (observation, comparaison, expérimentation et modélisation) et l'examen des pairs.

Hylander avait mis au point la seule chaîne expérimentale et analytique pour la biomécanique craniofaciale. Grâce aux progrès intervenus dans la miniaturisation des systèmes de mesure – jauges de déformation et électrodes –, aux ordinateurs et à la numérisation, il devenait possible de développer des recherches dont les problématiques étaient fixées depuis longtemps, mais dépendantes des évolutions technologiques.

C'est l'un des aspects les plus mal connus du grand public à propos de disciplines aussi anciennes que la morphologie, la paléoanthropologie ou la préhistoire : elles sont plus que centenaires, certes, mais elles se saisissent immédiatement des nouvelles avancées technologiques. C'est ainsi que, lorsque, je préparais ma thèse, j'avais été chargé par Bernard Vandermeersch de commencer la reconstitution du crâne fossile très endommagé de la femme néandertalienne de Saint-Césaire, surnommée « Pierrette ». Un travail fastidieux, laborieux, avec toujours le risque de détériorer à jamais des ossements déjà bien fragiles. Aujourd'hui, on utilise les appareils les plus puissants de l'imagerie médicale et le travail de reconstitution se fait sur écran. Tout le monde s'en porte mieux, à commencer par le fossile. Les étudiants et les techniciens sont moins stressés à l'idée de commettre l'irréparable, tout en gardant la possibilité de se tromper, de recommencer ou d'explorer plusieurs hypothèses.

Au début des années 1980, les travaux de Hylander sur l'ATM et les propriétés biomécaniques de la mandibule étaient à peine connus dans le monde alors que sa réputation grandissait aux États-Unis après, il faut bien le dire, des années de galère pour mettre au point sa chaîne expérimentale et analytique, et la difficulté supplémentaire que représentait le fait de travailler avec des macaques.

Il n'était pas question de faire souffrir ou d'incommoder ces derniers. Hylander a mis au point un protocole d'habituation digne du béhaviorisme, fondé sur l'entraînement et la récompense. Les méthodes d'appareillage étaient très peu invasives – c'étaient celles qu'on utilise pour les sportifs et en clinique humaine. Le macaque était installé dans un siège avec un minimum de contention : il gardait la liberté de bouger le haut du corps, dont les bras. Aucun macaque n'a jamais ôté les appareillages, alors que c'était possible. L'enjeu était d'obtenir l'enregistrement de leurs comportements alimentaires et masticatoires naturels, et de renouveler ces expériences pendant plusieurs années, avant que nos compagnons de laboratoire ne partent en retraite dans un parc dédié. Ceux qui connaissent les macaques savent combien ils peuvent être agressifs, surtout les mâles, avec leurs grandes canines. D'autres équipes préféraient couper celles-ci et leur imposaient des contentions sévères, alors que le programme de recherche très ambitieux mis au point par Hylander prenait plus de temps en raison de sa double exigence éthique et scientifique.

Lorsque nous avons décidé de travailler avec des babouins pour notre projet portant sur la partie supérieure de la face, tout le monde s'est effrayé car ils mesurent deux fois la taille des macaques. Tout s'est très bien passé, ce qui nous a tout de même valu quelques moments assez « sportifs ». Le souvenir le plus incongru que j'en garde était l'achat de couches pour bébé que je découpais avec précaution afin de laisser un passage pour leur longue queue, un transfert de compétence venant de mon expertise de jeune père…

Le souvenir le plus chaud s'est déroulé lorsque j'ai rencontré les babouins pour la première fois. La rigueur du règlement imposait que je sois habillé d'une blouse blanche, coiffé d'une charlotte, plus un masque facial. Ce n'est pas l'idéal pour faire connaissance avec des singes qui, comme nous, se reconnaissent par les traits du visage. J'entre dans leur enclos et je donne des croquettes aux deux femelles, qui les prennent sans trop rechigner. C'est une autre affaire avec les deux mâles, plus méfiants, d'autant plus que j'ai visité les femelles au préalable. Ils finissent par prendre une croquette, mais je n'insiste pas. Je me retourne pour quitter le lieu. C'est à ce moment que les mâles déclenchent un vacarme ahurissant en « aboyant » et en tapant sur tout ce qui les entoure. J'ai compris mon erreur : je portais un pantalon rouge et mon fessier apparaissait splendidement par l'ouverture de la blouse qui ne fermait pas derrière. Or, chez les babouins, les femelles manifestent leur réceptivité sexuelle grâce à leur vulve qui enfle considérablement en prenant une couleur rose ou rouge vif… Les services de sécurité ont réagi très vite. Je suis sorti de l'enclos en riant de ma bévue et pour être cueilli par une foule de gardiens, de pompiers, d'animaliers, etc. Tout le monde m'a regardé d'un air tendu et la directrice a lâché : « Pas de problème, c'est le Français ! » Cela a suffi pour apaiser l'assemblée et j'ai appris à cette occasion que le mythe du *french lover* avait une dimension qui dépasse notre espèce. Avec le puritanisme ambiant, on ne manquait pas de gloser à propos de ce jeune père portant un pantalon rouge et se déplaçant à moto. Ce furent de très belles années.

Chez Hylander, mon premier travail a été d'élargir ses travaux expérimentaux pour en tirer un modèle applicable à différentes espèces, dont l'homme, avant de passer aux espèces fossiles de notre lignée, dont les australopithèques nantis d'ATM de grande taille. Les descendants de Lucy, les paranthropes, ont des ATM aussi larges que celles des gorilles actuels, alors qu'ils ne pèsent guère plus de 50 kilos contre 200 chez les gorilles mâles. Il était évident que leur régime alimentaire et la mastication de nourritures coriaces en sont la raison, mais il fallait construire le modèle biomécanique élaboré à partir des données expérimentales de notre laboratoire, capable d'expliquer cela en tenant compte aussi de la biométrie de la face et des actions très complexes de muscles masticateurs très puissants[2]. En prenant en compte les régimes alimentaires des singes et leurs comportements alimentaires, j'ai pénétré insensiblement, et avec gourmandise, dans le monde de l'éthologie.

UNE LONGUE CONTROVERSE

Ensuite, nous avons décidé de nous attaquer à l'une des plus anciennes controverses en morphologie : la signification fonctionnelle du fort développement osseux juste au-dessus des orbites chez nos ancêtres *Homo erectus*, les néandertaliens et les gorilles. Cette histoire commence avec la découverte des gorilles par l'Occident dans les années 1850. Richard Owen, immense paléontologue à l'instar de Cuvier et tout aussi antiévolutionniste, s'oppose à Thomas Huxley, l'ami et le « bulldog de

Darwin ». Pour lui, l'homme ne peut en aucun cas descendre d'une brute ancestrale à l'image du gorille. Huxley, tout au contraire, soutient qu'avec quelques transformations morphologiques, dont le redressement du corps, on passe aisément du gorille à l'homme. C'est la célèbre « guerre du gorille », digne de la controverse entre Cuvier et Geoffroy Saint-Hilaire en France un quart de siècle auparavant. Plus d'un siècle plus tard, elle se retrouve dans les mêmes termes, mais cette fois entre les hommes de Neandertal et nous, les *Homo sapiens.* Voici la problématique.

Pour certains, les hommes de Neandertal constitueraient une sous-espèce de notre espèce *Homo sapiens,* les *Homo sapiens neanderthalensis.* Pour expliquer les différences anatomiques importantes qu'on note au niveau du crâne et de la face entre ces deux soi-disant sous-espèces, ils supposent que ces caractères seraient adaptatifs, autrement dit que leur développement, comme pour le torus sus-orbitaire, répondrait à une fonction biomécanique : absorber et dissiper les contraintes dues aux forces masticatrices ou de morsure. Le torus sus-orbitaire joue le rôle de poutre maîtresse charpentant tout le massif facial. Les néandertaliens ont une face étirée vers l'avant surmontée par un torus sus-orbitaire important. On pense – à la suite d'une mauvaise interprétation de travaux expérimentaux menés sur des crânes secs réalisés par le Japonais Banri Endo[3] – que la région sus-orbitaire est très sollicitée, surtout lorsqu'on utilise les dents antérieures : les incisives et les canines. Donc, si les néandertaliens possédaient une telle face, ce serait à cause de l'usage qu'ils faisaient de leurs dents antérieures pour, par exemple, travailler des peaux. Puis, plus tard, ils auraient inventé de nouveaux outils et adopté d'autres habitudes, relaxant ces contraintes. Leurs caractères apparemment si particuliers se seraient alors estompés, jusqu'à ce que leur face et leur crâne ressemblent de plus en plus à ceux des autres populations d'*Homo sapiens. Si la région sus-orbitaire subissait des contraintes, notamment pour l'usage des dents antérieures, alors son développement serait associé à une fonction mécanique.* Cette hypothèse aurait eu le soutien d'Huxley.

D'autres, minoritaires, doutent d'une telle interprétation, et pour de nombreuses raisons. La première est que les gorilles mangent principalement des feuilles et des fibres et utilisent peu leurs dents antérieures. La seconde tient au fait que la partie expérimentale des travaux d'Endo montre sans ambiguïté que la région au-dessus des orbites subit peu de contraintes, que ce soit sur des crânes d'hommes ou de gorilles. Enfin, les hommes de Neandertal et de Cro-Magnon étaient contemporains et utilisaient les mêmes outils, sans que l'on puisse déceler d'usages très différents. L'usure des dents antérieures est aussi intense chez les deux types d'hommes. *Si la région sus-orbitaire ne subit pas de contraintes pour l'usage des dents antérieures ou pendant la mastication, alors ces caractères auraient une signification structurale, seraient liés à la biologie du développement et plaideraient pour une différence au niveau de l'espèce.* Cette hypothèse aurait convenu à Owen.

Nous avons entrepris de tester expérimentalement ces hypothèses, avec des macaques et des babouins, qui font un usage intense de leurs dents antérieures et sont nantis d'une région sus-orbitaire bien développée. De toutes nos expériences[4], il ressort que cette région est très peu sollicitée, contrairement aux autres situées plus près des arcades dentaires, comme la mandibule et le maxillaire. On pourrait arguer que cette région subit des forces internes ou contraintes réduites parce que, justement, elle est solide. En fait, son volume cache une structure creuse, remplie de sinus, entourée d'os mince et peu consolidé, contrairement à ce qu'on observe pour les os des membres ou la mandibule. La présence ou non d'une forte région sus-orbitaire ne dépend pas du régime alimentaire et de l'usage intense des dents antérieures, mais de relations spatiales et structurales entre la boîte crânienne et la face, ce que des morphologistes allemands avaient établi un demi-siècle plus tôt. C'est à partir de ces résultats que, au début des années 1990, j'ai soutenu l'hypothèse qu'il y aurait une différence au niveau de l'espèce entre Neandertal et nous[5].

Aujourd'hui, de nombreuses recherches, notamment en génétique, mais aussi en paléoanthropologie et sur l'ontogenèse des néandertaliens, vont dans le sens d'une différence au niveau de l'espèce. Hélas, les partisans de la première école persistent, comme Milford Wolpoff et Erik Trinkaus. Ils n'ont jamais accepté ces résultats fondés sur une véritable approche expérimentale, reproductible et réfutable. Trinkaus, par exemple, a publié des articles sur la structure biomécanique des os des membres des néandertaliens, solides dans toutes les directions, ce qu'il explique par leur habitude de courir en zigzag dans les steppes glacées comme à la poursuite du gibier ! Évidemment, s'il en est ainsi pour les os des membres, il ne peut qu'en aller de même pour ceux du crâne. Seulement, le crâne n'est pas le fémur, la locomotion n'est pas la manducation et la moelle n'est pas le cerveau. Trinkaus commet une erreur fondamentale en morphologie fonctionnelle : *on ne déduit pas la fonction à partir de la forme ; c'est la forme qui est la conséquence de fonctions*, surtout pour le crâne, dont certaines parties – et tout particulièrement la région sus-orbitaire – subissent diverses influences au cours de l'ontogenèse – le développement du cerveau est bien plus rapide que celui de la face – et à la rencontre de plusieurs « matrices fonctionnelles ».

La forte influence de l'ontogenèse sur l'anatomie du crâne est bien connue des anthropologues et aussi du grand public, notamment pour la région du front et le menton[6]. Les jeunes enfants ont un front bombé qui domine une face très en retrait au niveau du menton. Au cours de la croissance, le front s'incline et devient plus plat et droit ; il a une tendance à s'incliner vers l'arrière plus accentuée chez les hommes que chez les femmes. Il s'agit d'une même courbe de croissance qui se stabilise plus tôt chez les femmes – elles ont un front plus droit avec un relief sus-orbitaire atténué qui leur donne un air plus « juvénile » –, mais qui se prolonge chez les hommes. Le front est, chez eux, plus incliné vers l'arrière, avec des bourrelets plus marqués juste au-dessus des orbites. Ces différences présentent des variations moyennes entre les populations, mais c'est un assez bon critère pour dire si un crâne ancien est celui d'une femme ou d'un homme. (Quant au menton, il devient de plus en plus saillant avec le vieillissement : cela donne le « menton en galoche » des personnes âgées.) Ces caractères, dont l'expression est liée à l'âge et au sexe, sont remarquablement utilisés par les maquilleurs de théâtre et de cinéma, et avec beaucoup de talent par les dessinateurs de BD. Dans *Le Pouce du panda*, Stephen Jay Gould[7] reproduit une fresque de l'évolution du personnage de Mickey Mouse depuis sa première apparition dans *Steam Boat Willy* jusqu'à *Fantasia* ; un cas d'ontogenèse un peu particulier, et complètement inversé, puisque sa morphologie devient de plus en plus juvénile, avec une tête de plus en plus grosse par rapport au corps, de plus grands yeux, un front plus bombé et un menton plus effacé. (Pour un bel exemple cinématographique : *L'Étrange Histoire de Benjamin Button*, de David Fincher, 2008.)

La taille de notre cerveau adulte est atteinte à l'âge de 6 ans alors qu'apparaît notre première dent adulte, la première molaire. Le cerveau et le système nerveux central suivent une croissance neuronale très précoce, tandis que la croissance somatique, comme celle de la face, se poursuit jusqu'à la fin de l'adolescence avec l'apparition de la troisième molaire, dite de sagesse pour cette simple raison. L'os frontal et tout particulièrement la région sus-orbitaire se trouvent confrontés à ces deux types de croissance, la première s'achevant vers l'âge de 6 ans et la seconde vers celui de 18 ans. Comme tous les os de la boîte crânienne, le frontal a deux tables, une interne en relation avec le lobe frontal du cerveau, et l'autre externe.

Entre les deux se trouve le diploé. On comprend aisément qu'en fonction de la position de la face par rapport à la boîte crânienne, l'espace entre ces deux tables puisse former des sinus plus ou moins importants. Très développés chez Neandertal puisqu'ils remontent dans l'écaille du frontal, ils ont été interprétés comme une adaptation visant à protéger le cerveau des morsures du froid grâce à un espace isolant ! Évidemment, ces imbéciles de néandertaliens n'étaient pas capables de se fabriquer des toques, pensait-on. (On peut revoir une scène lamentable de la bêtise abyssale de nos ancêtres préhistoriques dans *L'Odyssée de l'espèce,* quand un groupe se laisse surprendre par la neige et se laisse mourir sans réagir. Il est vrai que ce groupe était dirigé par une femme...) En réalité, c'est toute la face des néandertaliens qui est remplie de sinus, comme ceux du maxillaire, très grands, de telle sorte qu'ils n'avaient pas de pommettes. On parle de « museau néandertalien ». D'autres suggèrent que ces sinus conféraient un équilibre parfait de la tête au-dessus de la colonne vertébrale. Voilà qui pourrait séduire le physicien, mais outre le fait qu'on ne voit pas très bien les avantages en termes de sélection naturelle ou de sélection sexuelle – il s'agit d'évolution tout de même –, par quel processus biologique une telle « adaptation » pouvait-elle se réaliser ? Et pourquoi les peuples arctiques actuels, comme les Inuits, possèdent-ils une face plate, un front redressé et des sinus peu développés, surtout si Neandertal faisait partie de notre espèce ?

Le physicien candide arrivé en paléoanthropologie par le biais de la morphologie fonctionnelle et évolutionniste a mis du temps à comprendre comment fonctionne le monde des sciences humaines. On n'a que faire de ces démarches objectivistes et matérialistes face aux affirmations qui avilissent les autres espèces, à commencer par les hommes de Neandertal, tant que cela flatte la supériorité d'*Homo sapiens*. Ces convictions profondément ancrées dans la pensée occidentale, avec ses concepts d'« animal », de « barbare », de « primitif » et aujourd'hui de « premier », constituent le socle de nos « humanités ». On a plus de chances d'être cité en affirmant ce genre de conviction – non validée par l'anatomie comparée et encore moins par des études expérimentales – qu'en se lançant dans une étude expérimentale de plusieurs années. Les arguments péremptoires flattant notre arrogance ont toujours plus d'échos que des résultats obtenus sans *a priori* au travers d'une démarche qui s'en remet aux faits de l'observation et de l'expérimentation ; « ce que je crois » plutôt que « ce qui a été démontré ».

Trinkaus, Wolpoff et d'autres persistent à voir dans les néandertaliens des sous-hommes, en tout cas inférieurs à notre espèce. C'est hélas une attitude trop commune de la culture occidentale envers les autres espèces, qu'il s'agisse des hommes fossiles ou des grands singes. On peut en faire l'hypothèse, mais s'y cramponner au point de mépriser des études expérimentales, ce n'est plus respecter les principes élémentaires de la science. Dans un livre écrit avec Pat Shipman, *Les Néandertaliens*[8], au demeurant très bien fait, Trinkaus écrit explicitement que la longue controverse sur la région sus-orbitaire n'a aucune importance ; cela s'appelle un argument d'autorité. Circulez, il n'y a rien à voir pour l'approche expérimentale sous ce gros torus. C'est le genre de pseudo-argumentation que l'on retrouve trop souvent dans les sciences qui touchent à l'homme, dans ce qu'elles ont de pire quand elles caressent l'anthropocentrisme d'*Homo sapiens* dans le sens du poil.

Quelle n'a pas été ma surprise de voir resurgir cette histoire, non pas à propos de Neandertal, mais de Toumaï. Le superbe crâne de *Sahelanthropus* possède un magnifique torus sus-orbitaire et de petites canines. Pour Michel Brunet[9], son découvreur, la petite canine est un caractère qui rapproche Toumaï des origines de la lignée humaine. Les découvreurs d'*Orrorin* – Brigitte Senut et Martin Pickford[10] – ne sont pas de cet avis. Ils pensent que le crâne de Toumaï est celui d'une femelle, ce qui expliquerait la petite canine. Mais il y a un problème : ce gros torus sus-orbitaire, que l'on sait toujours bien plus important chez les mâles. Seule explication possible : revenir à l'hypothèse d'une poutre osseuse associée aux forces masticatrices. Pour ce faire, Senut et Pickford ont publié un article avec Wolpoff dans lequel Toumaï n'était plus *Sahelanthropus* – l'homme du Sahel –, mais *Sahelpithecus* – le singe du Sahel, un ancêtre des gorilles[11] !

Or, nous l'avons vu, cette interprétation est réfutée expérimentalement. Cela signifie que l'anatomie générale et fine de la région sus-orbitaire a une grande signification en systématique. L'anatomie précise des reliefs qui constituent cette région permet, par exemple, de déterminer si un os frontal appartient à un homme de Neandertal ou de Cro-Magnon. Il en est de même entre d'autres espèces et l'anatomie du torus sus-orbitaire de Toumaï ne ressemble en rien à celle des gorilles.

L'interdisciplinarité est une caractéristique de la paléoanthropologie au sens large, à la rencontre des sciences de la vie et de la Terre, des sciences historiques et des sciences humaines. Le bon usage de l'interdisciplinarité consiste à établir la *consilience* – au cœur de l'édification des théories de l'évolution –, c'est-à-dire la convergence non recherchée de disciplines indépendantes qui, si elles donnent des résultats convergents, consolident un modèle. Le mauvais usage de l'interdisciplinarité – hélas le plus fréquent – vise à rechercher dans d'autres disciplines ce qui conforte *a priori* une hypothèse contestée dans une autre discipline, ce qu'on appelle de l'empirisme archaïque.

Dans une perspective plus large, tous les contempteurs des théories de l'évolution – qui reposent justement sur un siècle et demi de consilience depuis Darwin – fondent leur pseudo-argumentation sur un syncrétisme dérisoire qui consiste à appuyer une hypothèse en en appelant à des données produites dans d'autres disciplines. Wolpoff est un grand spécialiste de ce genre de démarche épistémologiquement biaisée. Il convient d'être d'une grande vigilance critique quand des paléoanthropologues argumentent en s'appuyant sur l'avis de dentistes ou d'orthodontistes qui, quant à eux, n'ont aucune connaissance en paléoanthropologie, encore moins en éthologie et qui, lorsqu'ils s'expriment sur l'évolution, sont d'une incompétence abyssale.

Pour beaucoup de paléoanthropologues, Hylander reste un dentiste et je reste un physicien. Pourtant, grâce à nos travaux, nous avons résolu de vieilles controverses issues de la paléoanthropologie, en l'occurrence sur des différences anatomiques entre notre espèce et les autres. Alors qu'on pensait que certaines régions de la face comme le menton ou les ATM ne subissaient pas de contraintes pendant la mastication, nous avons démontré que c'est le cas. Inversement, la région sus-orbitaire censée avoir un rôle biomécanique n'en subit pas ou très peu.

Sans surprise, hélas, on retrouve des controverses du même ordre en sciences dentaires. Selon certains, l'homme moderne serait dégagé des contraintes animales de l'évolution et donc ne mastiquerait plus. Ces dentistes soutiennent une conception platonicienne et antiévolutionniste de la face et de la denture, avec pour slogan l'esthétique et l'harmonie, voire une harmonie avec le cosmos (*cf.* seconde partie). (C'est une vieille croyance, qu'on appelle l'analogisme, qui vient du Moyen Âge et qui soutient que l'homme est un microcosme résumant le macrocosme. Elle a été formalisée par le célèbre néoplatonicien Robert Grosseteste, cela ne s'invente pas !) Heureusement, d'autres pratiquent la réhabilitation neuro-occlusale en prenant en compte les contraintes fonctionnelles liées à la mastication et à la manducation. Selon la formation de votre dentiste, votre dentition et vos arcades dentaires sont appelées à avoir des évolutions très différentes à la fois pour votre porte-monnaie et votre bien-être…

LA RECONSTITUTION DE LA VIE DE NOS ANCÊTRES

À l'Université Duke, je me suis passionné pour la morphologie et l'éthologie. Le département d'anatomie a fusionné avec le centre de primatologie pour devenir le département d'anthropologie biologique à la fin des années 1980. Elwyn Simons et son équipe constituaient le groupe de chercheurs parmi les plus actifs autour des origines des singes ou *simiens,* grâce à l'exploration du gisement fossile du Fayoum, en Égypte. Dans le laboratoire jouxtant celui de Hylander se trouvait celui de Richard Kay. Ce bourreau de travail s'intéressait à la forme et à la taille des dents chez les singes, et aussi aux rapports entre la taille des parties du corps et la taille globale du corps, ce qu'on appelle l'« allométrie ».

C'est l'étude de la taille et de ses conséquences. Pour prendre des exemples classiques, elle explique avec beaucoup d'élégance et à l'aide de modèles mathématiques simples pourquoi les animaux d'une même espèce, comme les tigres, sont plus petits sous les tropiques et plus grands en Sibérie[12] (loi empirique de Bergman) ; pourquoi une musaraigne mange plus que son propre poids en insectes par jour alors que l'éléphant se contente d'un dixième de son poids d'une nourriture peu riche ; pourquoi le squelette d'une souris ne représente que 2 % de son poids total contre 20 % chez l'éléphant, etc.

On est au cœur de la morphologie. Galilée avait observé ces différences morphologiques entre les os des membres des petits animaux comparés aux plus gros. Dans les années 1940, François

Tessier et Julian Huxley – le petit-fils de Thomas – avaient établi les équations permettant de modéliser ces changements de formes ou de proportions entre les parties d'un même corps ou d'un même os. Grâce à l'informatique, il devenait possible de développer ces recherches. Les années 1980 sanctionnaient le grand retour des études en biométrie et en allométrie, et Richard Kay – ancien élève de Gould – en était l'un des principaux protagonistes et tous les chercheurs actuels de renom sur ce sujet sont passés par son laboratoire.

À cette époque, les progrès de la microscopie électronique ouvrent un nouveau champ de recherche très fructueux pour l'étude de l'usure dentaire en relation avec la cinématique mandibulaire – les mouvements de la mandibule pendant la mastication et d'autres actions – et le régime alimentaire. Richard Kay en est aussi un des protagonistes, mettant au point des méthodes d'observation et d'analyse – comme les analyses mathématiques de Fourrier, validées chez les espèces actuelles et utilisées pour reconstituer les régimes des espèces fossiles. Hylander et Kay avaient accumulé une documentation impressionnante sur les singes, leurs régimes alimentaires, leurs morphologies dentaires et faciales... Je dévorais leurs travaux et je puisais dans leurs fabuleuses collections d'articles et de livres. J'ai découvert aussi une discipline, qui n'en est pas vraiment une, la socioécologie. Kay et Matthew Cartmill, un autre professeur de ce même département, travaillant aussi dans le même couloir, avaient défini une sorte d'algorithme pour reconstituer le régime alimentaire des espèces de singes fossiles. Voilà un très bel exemple d'« actualisme » ; il consiste à postuler que les forces, les lois et les mécanismes qui agissent dans la nature actuelle sont les mêmes que ceux qui ont opéré par le passé. C'est une boîte à outils validée par les études effectuées dans la nature actuelle qui s'applique dans le passé, en l'occurrence les singes et les grands singes fossiles et, bien sûr, les membres de notre famille ou hominidés, comme les australopithèques. Ils ne m'avaient pas attendu pour ouvrir la voie, que j'allais développer pour reconstituer la socioécologie de nos ancêtres hominidés, et tout particulièrement des australopithèques.

La paléobiologie, reconstitution de la vie et de l'adaptation de nos ancêtres, était tombée en désuétude avant la « grande synthèse » ou « théorie synthétique de l'évolution » des années 1940. Le défaut de méthode en était la principale cause. Or tout redevenait possible grâce à tous ces travaux en morphologie déjà évoqués, et surtout grâce à l'essor de l'éthologie qui connaît un développement et un engouement extraordinaires au cours des années 1980. En tout cas, je me suis lancé dans la reconstitution de la paléo-socioécologie de Lucy et des australopithèques de l'Afar en ajoutant une dimension comportementale[13].

Richard Kay, toujours lui, a engagé un de ses étudiants avec qui je partageais mon bureau – Mike Plavcan – à étudier les relations morphologiques entre la taille des canines chez les singes et leurs systèmes sociaux. Il en ressort que chez les espèces avec une très faible compétition sexuelle entre les mâles, comme chez les espèces monogames à l'instar des gibbons, les femelles et les mâles ont la même taille corporelle et des canines de même dimension. À l'opposé, si un mâle cherche à accaparer plusieurs femelles pour constituer un harem, alors il doit être capable de dissuader et d'écarter les autres mâles. Il y a une sélection *intrasexuelle* pour des mâles puissants d'une taille corporelle faisant plus de deux fois celle des femelles et équipés de canines très saillantes. La différence de taille et de forme entre les deux sexes d'une même espèce s'appelle le « dimorphisme sexuel ». Seulement, un problème se posait : la taille des canines dépendait-elle seulement de facteurs liés à la compétition sexuelle et/ou était-elle liée en partie au régime alimentaire ?

Hylander et moi-même avions décidé de nous attaquer à cette question. Je n'ai toutefois pas pu poursuivre cette recherche à Duke, puisque j'étais arrivé à la fin de mon contrat. Je l'ai reprise plus tard, après mon entrée dans l'équipe d'Yves Coppens au Collège de France. Sans entrer trop dans les détails, la canine des singes n'intervient jamais dans la mastication[14] – de même chez l'homme, malgré une croyance persistante dans une partie des sciences dentaires. Elle peut intervenir parfois pour l'ingestion de nourritures dans la cavité buccale avant la mastication. (Au passage, j'ai du mal à comprendre que c'est la même école de dentistes qui prétend à la fois que l'homme ne mastique plus et que la canine guide la mastication !) Cependant, les modalités d'évolution de la canine ne sont pas simples (*cf.* la seconde partie).

Pour autant, une fois qu'elles sont éclaircies, une voie royale se dessine pour la reconstitution de la socioécologie de nos ancêtres puisque la morphologie des dents et des os de la mandibule – et l'usure dentaire – permet de reconstituer le régime alimentaire et que les canines dévoilent des aspects de la vie sociale. Mes collègues de l'Université Duke avaient confectionné une boîte à outils d'une grande précision pour engager des études sur les régimes alimentaires, l'adaptation et les systèmes sociaux de nos ancêtres. (À cela s'ajoutent des recherches sur le temps de formation des dents et leur âge d'éruption, ce qui permet de reconstituer les âges de la vie – ce qu'on appelle les paramètres d'histoire de vie. Avec une mandibule fossile encore correctement dentée, on arrive donc à retrouver trois composantes fondamentales de la vie : les âges de la vie ; la compétition sexuelle et les systèmes sociaux et le régime alimentaire en relation avec les contraintes de l'environnement.) J'ai publié à cet égard plusieurs articles au début des années 1990, ce qui m'a permis d'entrer dans le monde de la primatologie et de rencontrer Claude-Marcel Hladik, avec qui je devais poursuivre ce travail[15].

Claude-Marcel Hladik est un chercheur du Muséum national d'histoire naturelle qui a été l'un des pionniers de la socioécologie. J'ai découvert ses travaux, incroyablement stimulants, en dévorant les livres de la bibliothèque de Richard Kay. Ces articles étant en anglais et édités dans le cadre de réunions internationales, je n'avais pas fait attention à l'institution à laquelle il était rattaché, d'autant que son nom n'a rien de francophone. Au cours d'une discussion avec Kay, je lui ai demandé où travaillait Hladik. Alors qu'il ne parle pas du tout français, il m'a répondu d'un air goguenard : « *Au Miousium d'histoire nachturaul de Parisse, in France !* » Je n'ai jamais osé raconter ce petit épisode guère à mon avantage à mon ami Claude-Marcel, d'autant que son prénom est tout ce qu'il y a de plus français, mais les auteurs sont cités avec leurs initiales, ce qui explique tout de même un peu ma bévue.

Au cours des années 1980, les recherches en éthologie des singes et des grands singes connaissent un développement sans précédent. Jane Goodall publie son grand livre, *The Chimpanzees of Gombe* en 1986, un an après la mort tragique de Diane Fossey qui passe à la postérité grâce au film *Gorilles dans la brume*, de Michael Apted, en 1988. Il y a aussi l'immense école japonaise et les travaux des équipes anglaises, allemandes, suisses, hollandaises. Cette dernière est menée par Jan Van Hoof, dont deux étudiants deviennent vite célèbres : Karel Van Schaik, spécialiste des orangs-outans, qui s'installe à l'Université Duke, et Frans de Waal, qui va à l'Université Emory d'Atlanta en Géorgie.

Une dizaine d'années plus tard, j'ai rencontré Van Hoof et de Waal autour de mon film *Du rififi chez les chimpanzés*, tourné au zoo d'Arnhem pour lequel j'ai réuni une *dream team*, pour la soirée *Thema* d'Arte « Le singe, cet homme », en décembre 1998. Sur le même plateau se trouvaient réunis Boris Cyrulnik, Yves Coppens, Jan Van Hoof, Frans de Waal, Élizabeth de Fontenay, Christophe Boesch, Gustave Martellet et moi-même. Tous se retrouveront avec d'autres auteurs dans le livre *Le Propre de l'homme*, publié sous ma direction et celle d'Yves Coppens en 2001. Je ne serai jamais assez reconnaissant envers Daniel Leconte et son équipe pour m'avoir poussé à réaliser ces deux films et cette soirée incroyable, avec un colloque international organisé à la Cité des sciences, intitulé *Les Chimpanzés et la Question des origines*. Du très bon usage des médias pour faire avancer les sciences. Car les lecteurs attentifs auront remarqué que les Français sont absents de l'éthologie des singes et des grands singes. C'est depuis cette émission que l'on parle dorénavant autant des grands singes et, entre autres, de Frans de Waal dont j'ai fait traduire *Bonobo, le bonheur d'être singe*, en 1999.

La France est le pays de Descartes, ce qui ne veut pas dire un pays scientifique quand on touche à l'homme et aux grands singes. La rationalité cartésienne n'est pas au service de l'objectivité matérialiste, mais de ce que l'on tient pour vrai. Il faut attendre la traduction des œuvres de Newton par Émilie du Châtelet et l'action de Buffon – entre autres – à l'Académie des sciences pour que le clan cartésien finisse par céder. Nous en sommes encore là en ce qui concerne l'éthologie, terme pourtant inventé en 1854 par Étienne Geoffroy Saint-Hilaire, lui qui a donné son nom scientifique au gorille en 1852 : *Gorilla*.

De retour en France fin 1989, je devais vite apprendre à mes dépens qu'on ne peut pas se prétendre paléoanthropologue en touchant aux singes. Jusqu'à il y a très peu de temps, j'ai été le seul paléoanthropologue à avoir fait des études postdoctorales aux États-Unis et à avoir été enseignant-chercheur associé. Je me suis retrouvé devant des commissions du CNRS avec un livre et des dizaines d'articles – un CV plus lourd que celui de la plupart des personnes de la commission. Cela se terminait invariablement ainsi : mais vous êtes morphologiste – traduction : un matérialiste obtus qui n'a rien à faire en anthropologie. Vous vous dites paléoanthropologue, mais vous touchez aux singes – traduction : allez en commission de biologie. En biologie, j'étais paléoanthropologue – traduction : allez voir en anthropologie. Vous voulez faire de l'expérimentation comme à Duke, mais cela coûte cher – traduction : vous n'aurez pas les crédits et, de plus, vous ne pouvez pas prétendre travailler avec des singes puisque vous n'êtes pas vétérinaire.

L'émulation scientifique, interdisciplinaire et épistémologique de Duke n'est pas de grande utilité dans nos grandes institutions. Aucune aigreur dans ce constat, mais cela finit par se payer cher puisque aucune équipe française ne participe au consortium international du séquençage du génome des grands singes, dont s'est fait écho le superbe dossier publié dans la revue *Nature* en 2005, alors que nous étions présents pour le génome de l'homme. Nous sommes bien au pays de Descartes ! Heureusement pour moi, j'étais soutenu par une « bourse de soudure » de l'Académie des sciences et j'ai obtenu un poste de maître de conférences au Collège de France en 1991 sur proposition d'Yves Coppens. J'ai toujours cette position et je ne serai jamais professeur des universités, car les instances qui me refusent toute promotion m'attendent au coin du bois.

Pour revenir à ces belles années à Duke, deux articles du *Journal of Human Evolution* – qui ouvre ses pages à l'éthologie, ce qui n'est toujours pas le cas des revues francophones d'anthropologie – attirent mon attention, doux euphémisme. L'un est de Christophe et Edwige Boesch, l'autre de Michael Ghiglieri[16]. Il en ressort que les chimpanzés ont des systèmes sociaux identiques à ceux des hommes, chassent, partagent la nourriture, utilisent toutes sortes d'outils, éduquent les jeunes pour le choix des nourritures et – si on se réfère aux travaux de Goodall, de De Waal et d'autres – se font la guerre et peuvent aller jusqu'au meurtre pour des raisons politiques ou pathologiques. Bref, tout ce qu'on m'avait dit sur le propre de l'homme et, par extension, de la lignée humaine était remis en question par les études de terrain menées sur plusieurs populations de chimpanzés et depuis plus d'une dizaine d'années. La comparaison entre toutes ces observations à long terme allait aboutir en 1999 à un article fondamental de la revue *Science*, dans lequel les éthologues établissent de façon définitive le concept de culture chez les chimpanzés[17]. En attendant, j'ai compris que toute la préhistoire et la paléoanthropologie depuis plus d'un siècle s'étaient développées dans l'ignorance de ce que sont les grands singes. Après tout, ces découvertes étant récentes, ce n'est pas si étonnant, cela fait même partie du cours ordinaire des sciences et des avancées des connaissances. La suite allait se révéler bien plus surprenante !

Au milieu des années 1990, je me sentais prêt à aborder la question fondamentale des origines de la lignée humaine. Il me restait tout de même une tâche essentielle à accomplir : lire Darwin. J'ai reçu un bon enseignement sur la théorie synthétique de l'évolution. Mais il est rare que les étudiants prennent le temps de lire les livres fondateurs, d'autant que la théorie elle-même connaît de grandes controverses à cette époque avec les travaux de Stephen Gould, Nils Eldredges, Motoo Kimura, Willy Hennig, Richard Dawkins, Alan Wilson, Amotz Zahavi et d'autres. On m'avait enseigné que Darwin avait émis l'hypothèse que les origines de la lignée humaine étaient en Afrique, ce qui n'avait rien d'évident au début des années 1980, le regard des paléoanthropologues se portant sur des fossiles de grands singes d'Asie, les ramapithèques et les sivapithèques. J'avais lu aussi qu'il avait suggéré le scénario du grand singe qui se serait redressé dans les savanes pour scruter au-dessus des hautes herbes. Je devais vite m'apercevoir que, si nombre de biologistes avaient lu *L'Origine des espèces*, ils étaient beaucoup plus rares à connaître *La Descendance de l'homme en relation avec la sélection sexuelle*, publié en 1871, et encore plus rares à s'être plongés dans *L'Expression des émotions chez l'homme et l'animal*, édité l'année suivante (le premier livre de l'histoire des sciences comportant des photographies !). Quant aux anthropologues et aux paléoanthropologues, c'était encore plus désespérant, d'autant qu'ils se complaisaient – et se complaisent encore – dans un antidarwinisme caricatural et sans avoir lu Darwin.

Un jour, Yves Coppens m'a demandé, comme presque chaque année, de donner un séminaire dans le cadre de ses cours du Collège de France. J'ai repris *La Descendance de l'homme* et j'ai lu ce passage qui m'avait échappé et que, dorénavant, je connais par cœur : « Il est de coutume de dire que seul l'homme fabrique et utilise des outils. Cependant, messieurs Savage et Wyman ont observé que des chimpanzés d'Afrique de l'Ouest utilisent des outils de pierre pour briser des fruits durs, semble-t-il des noix. » Une note de bas de page cite les publications de Savage et Wyman de la Société linnéenne de Boston datant de 1843-1844. Exactement à la même époque, Boucher de Perthes, le fondateur des études sur la préhistoire, bataillait pour faire accepter ses travaux par l'Académie des sciences de Paris. Inutile de dire que les chimpanzés n'avaient aucune chance, alors qu'on contestait encore l'existence d'hommes préhistoriques, avec les outils au cœur de cette question. Un siècle après la publication du livre de Darwin, Christophe et Edwidge Boesch ont retrouvé les descendants de ces chimpanzés qui fabriquent et utilisent des outils pour briser des noix et nous savons depuis peu de temps que leurs ancêtres agissaient ainsi il y a plus de six mille ans[18]. Ainsi, Darwin avait vu juste pour nos origines africaines et la très grande ancienneté des cultures. On a tout simplement perdu un siècle.

Depuis presque une vingtaine d'années, je travaille sur la meilleure reconstitution possible du dernier ancêtre commun aux hommes et aux chimpanzés[19]. Tout ce qu'on a postulé comme propre de l'homme se retrouve chez les chimpanzés, même les aptitudes à la bipédie, ce qu'on semble découvrir avec étonnement en 2009, « année Darwin », avec la description du fossile d'*Ardipithecus ramidus*[20]. Je ne suis pas plus devin que lui. J'ai tout simplement pris pour référence que les chimpanzés représentent l'espèce la plus proche de nous dans la nature actuelle et, comme nous avons un dernier ancêtre commun, il suffit de considérer que tout ce que nous partageons avec eux provient de ce dernier ancêtre commun ; au moins potentiellement. C'est l'application on ne peut plus simple du principe de parcimonie et la reconstitution du dernier ancêtre commun se fonde sur le plus grand dénominateur commun du génome, de l'anatomie, de la physiologie, des régimes alimentaires, des comportements, de l'écologie, des capacités cognitives... Mais, pour se lancer dans cet exercice, il faut connaître les chimpanzés et les autres grands singes, ce que refusent encore les sciences humaines, effrayées à l'idée de perdre leur âme en s'ouvrant à une démarche empirique et objectiviste.

Une partie de la philosophie et des humanités s'est enfermée dans sa caverne, ignorant encore les avancées des connaissances en anthropologie évolutionniste. Ces controverses à la rencontre de différents modes d'interrogation du monde et de l'homme suscitent des débats vifs, pas toujours élégants, mais passionnants puisqu'ils stimulent les fondements épistémologiques de tous ces domaines de la pensée, dont aucun ne saurait s'arroger le privilège de s'approprier la question de l'homme et de l'humain. Notre époque retrouve, d'une certaine façon, l'esprit des Lumières quand les philosophes et les naturalistes se fascinaient pour le genre humain. D'une certaine façon seulement, hélas, puisque si le XVIIIe siècle a installé les fondements de notre modernité et de la laïcité, nous assistons aujourd'hui à une contestation de ces acquis, avec pour cible les théories de l'évolution.

LE COMBAT CONTRE L'OBSCURANTISME

Forte de sa raison et de sa méthode, la science n'est pas détentrice de « vérités » établies. Elle a pour contrat de faire avancer les connaissances sur la nature – d'où le titre de la célèbre revue *Nature,* créée en 1869 avec un article de Thomas Huxley en ouverture du premier numéro. Ce n'est possible que parce qu'elle soumet ses théories, ses paradigmes et ses modèles à l'épreuve de l'observation, de l'expérimentation, de la modélisation, autant de possibilités de découvertes et de réfutations ; ce qui est fondamentalement incompatible avec la notion de vérité, au sens dogmatique ou révélée. La science n'est jamais si mauvaise que lorsqu'elle prétend dire la vérité : c'est du scientisme. Ce qui complique les choses pour la paléoanthropologie, c'est qu'elle aborde des questions sur l'homme qui ont déjà reçu diverses réponses en philosophie et en théologie, et qu'elle propose des réponses d'une « autre nature » et qui heurtent diverses traditions.

Thomas Huxley, qui a mené un combat acharné contre le conservatisme religieux et inventé le terme « agnostique », n'aurait jamais cru qu'un siècle plus tard la théorie de l'évolution et la science auraient été la cible d'un retour des fondamentalismes religieux orchestré par les créationnistes américains avant de s'étendre dans le monde, même en Europe. C'est bien la preuve, hélas, que nous ne vivons pas dans un monde lamarckien, avec la conservation des acquis. Il y a toujours – et il aura toujours – des groupes de personnes qui n'accepteront jamais les avancées de la démocratie, des droits de l'homme, de l'égalité entre les femmes et les hommes, de la liberté et de la laïcité.

J'ai décidé de réagir, et cela a donné un livre : *Lucy et l'obscurantisme*[21], dans lequel je démonte la logique à l'œuvre dans ce qu'on appelle le créationnisme, chez les tenants du « dessein intelligent ». Est-ce que je ne forçais pas un peu le trait ? Est-ce que l'Europe et tout particulièrement la France ne se trouvaient pas à l'écart de ce mouvement rétrograde, surtout vivace aux États-Unis ? Certains se le sont demandé. La suite des événements a révélé que, même si le pire n'est jamais inéluctable, les menaces s'avèrent plus lourdes qu'on n'osait même l'imaginer, en Europe comme en France. Nous en sommes là aujourd'hui et si une personne m'avait dit, il y a trente ans alors que je faisais mes premiers pas timides dans ce merveilleux métier, que j'aurais à être confronté à une telle réaction et à défendre l'enseignement des sciences dans le cadre de la République et de la laïcité[22], j'aurais considéré qu'elle se trompait d'époque.

Il se trouve en effet que les créationnistes et leur nébuleuse prétendent que la paléontologie humaine se montre incapable de mettre au jour les fossiles attestant de notre évolution naturelle : ce qu'ils appellent les chaînons manquants. Ouvrons le bal des découvertes accomplies depuis vingt-cinq ans et plus, tout en sachant que tous les fossiles découverts et à découvrir ne combleront jamais l'absence d'entendement des créationnistes.

2

TRENTE ANS D'AVANCÉES PRODIGIEUSES

Les sciences anthropologiques se constituent à la fin du XIXe siècle avec l'*ethnologie*, l'étude des autres peuples appelés à l'époque primitifs, aujourd'hui traditionnels ou premiers ; la *préhistoire,* qui est l'étude des cultures du passé et d'avant l'histoire, et l'*anthropologie physique*, celle des différences physiques entre les populations humaines, ce qui inclut l'étude des fossiles humains, la paléontologie humaine. Avec l'essor de la génétique et de la génétique des populations, l'anthropologie physique est devenue l'*anthropologie biologique* et la paléontologie humaine s'appelle parfois paléoanthropologie au sens strict. Aujourd'hui, et malgré de fortes résistances, il faut prendre en compte l'*éthologie*, notamment à propos des origines de la lignée humaine, sans oublier les *sciences cognitives.* Dans ce chapitre, je voudrais présenter les principales découvertes réalisées au cours des trente dernières années dans quatre disciplines connexes : la paléontologie humaine, la préhistoire, la génétique et l'éthologie. Toutes participent de la paléoanthropologie au sens large, qui s'intéresse aux origines et à l'évolution de la lignée humaine.

La paléoanthropologie

En un quart de siècle, les recherches menées en paléoanthropologie ont fait reculer les limites des origines de la lignée humaine aux confins d'une période géologique appelée le Pliocène, aux alentours de 7 millions d'années. En passant de Lucy à Toumaï, notre lignée prend un joli coup de vieux puisqu'elle double d'âge. Les recherches effectuées sur les vestiges de notre évolution s'étendent dans les profondeurs du temps, mais elles se diversifient aussi puisque notre lignée ressemble à un buisson fait de multiples branches, qu'on n'a d'ailleurs pas fini d'explorer. La paléoanthropologie ne se limite donc pas à rechercher le plus ancien ancêtre de l'homme ou de la lignée humaine. Toutes les périodes déjà bien documentées, comme autour de Lucy et des australopithèques ou des derniers hommes, se nourrissent de nouvelles découvertes qui réinterrogent constamment ce que l'on croyait savoir. Pour mémoire, voici une petite liste à la Prévert, donc non exhaustive, de ces événements qui ont bousculé nos paradigmes à peine établis et sans cesse remis en cause.

• Au début des années 1980, Yves Coppens[1] propose l'*East Side Story*, plantant les origines de la lignée humaine à l'est des vallées du Rift, en Afrique orientale. Pour la première fois depuis que Charles Darwin a proposé des origines africaines, on a un modèle scientifique heuristique et testable de la séparation entre la lignée des chimpanzés et celle de l'homme.

• Au cours de la même période, Bernard Vandermersch[2] démontre que les hommes de Neandertal et les *Homo sapiens* du

Proche-Orient enterrent leurs morts, sont contemporains et partagent le complexe culturel du Moustérien. On fait des premiers une sous-espèce des seconds : *Homo sapiens neanderthalensis.*

• 1985 : publication du squelette presque complet de l'« adolescent du Turkana » ou WT 15000[3], un *Homo ergaster* daté de 1,5 million d'années et mesurant 1,60 mètre. Se pose alors la question de l'émergence apparemment soudaine d'un hominidé de grande taille alors que les discussions sur les modes et les rythmes d'évolution, la théorie des équilibres ponctués, animent les débats chez les évolutionnistes.

• La description en 1987 de OH62[4], un fossile relativement complet découvert à Olduvaï, en Tanzanie, montre que les « premiers hommes » ou *Homo habilis* possèdent des membres aux proportions archaïques, comme chez Lucy. Cela relance les controverses, toujours très vives, sur une définition du genre *Homo.*

• En 1988, un colloque enfin consacré aux paranthropes ou « australopithèques robustes » réhabilite ces descendants de Lucy tant négligés[5]. Il ressort que, comme les premiers hommes, ils ont des cerveaux plus gros et plus asymétriques, jouissent d'une bipédie évoluée, sont omnivores et utilisent des outils de pierre taillée, comme le confirme *Paranthropus gahri* ou « paranthrope surprise », en 1999[6]. Cela n'arrange rien pour la définition du genre *Homo*, qui fait l'objet d'une réflexion radicale en termes de systématique dans les années 1990.

• Au début des années 1990, je suggère que les hommes de Neandertal puissent représenter une autre espèce, *Homo neanderthalensis*, sur la base de mes travaux en morphologie. Hélas, la morphologie fonctionnelle étant mal comprise et passant de mode, cette hypothèse est accueillie avec scepticisme. Une décennie plus tard, la paléogénétique la consolide[7].

• Toujours au cours de cette période, les découvertes africaines annoncent un feu d'artifice autour des origines de la lignée humaine. Cela commence avec *Ardipithecus ramidus* en Éthiopie, décrit en 1994, qui détrône Lucy de la place de plus ancienne représentante des hominidés. Puis arrivent *Australopithecus anamensis* du Kenya et surtout Abel ou *Australopithecus bahrelghazali* du Tchad, en 1996, mis au jour par Michel Brunet et son équipe. Le petit monde des australopithèques éclate et, surprise, il y en a à l'ouest des vallées du Rift[8]. Pour faire bonne mesure, Meaves Leakey[9] et son équipe inventent une nouvelle espèce fossile en 2001 : *Kenyanthropus platyops*. Le message est celui-ci : les paléoanthropologues négligent trop les australopithèques, tout accaparés par l'émergence du genre *Homo*, et il serait grand temps de s'occuper sérieusement de ces hominidés qui représentent une autre grande expérience évolutive et adaptative au sein de notre lignée, avec cette question : est-ce que les ancêtres du genre *Homo* se trouvent chez les australopithèques ? Lucy n'est plus notre belle aïeule.

• La fête aux fossiles continue avec deux magnifiques découvertes. Tout d'abord, *Orrorin tugenensis* du Kenya, daté de 6 millions d'années, le « fossile du millénaire » car publié en 2000 par Brigitte Senut et Martin Pickford[10]. *Orrorin* valide l'*East Side Story* d'Yves Coppens. Puis, c'est au tour de Toumaï ou *Sahelanthropus tchadensis* en 2002, révélé par l'équipe de Michel Brunet[11]. Il est âgé de 7 millions d'années et réfute l'*East Side Story*. Nous sommes vraiment autour du dernier ancêtre commun aux hommes et aux chimpanzés – estimé d'un âge de 5 à 7 millions d'années –, ce qui soulève de nouvelles questions puisque pendant un siècle et demi la paléoanthropologie ne s'est jamais occupée des chimpanzés.

• D'autres fossiles entendent trouver leur place autour de Toumaï et d'*Orrorin*. *Ardipithecus kadabba* d'Éthiopie âgé de

5,7 millions d'années et, bien sûr, ce superbe squelette presque complet d'*Ardipithecus ramidus*, surnommé Ardi, qui vient bousculer ce jeu d'os en 2009, l'année Charles Darwin[12]. Car, au passage, toutes ces découvertes confirment l'hypothèse de nos origines africaines émises par Darwin en 1871 dans *La Descendance de l'homme au moyen de la sélection sexuelle.*

• Cela se complique aussi au sein du genre *Homo*, avec les hommes de Damnisi en Géorgie, mis au jour depuis 1992 et qui attestent d'une sortie très ancienne des hommes hors du berceau africain aux alentours de 2 millions d'années[13]. Des populations humaines s'aventurent dans le sud de l'Europe depuis fort longtemps, ce que confirment des découvertes spectaculaires faites en Italie, dans le sud de la France et surtout en Espagne, comme à Atapuerca[14].

• L'année Darwin méritait aussi un clin d'œil du côté des australopithèques, avec l'annonce de deux superbes fossiles d'Afrique du Sud représentant une autre forme : *Australopithecus sediba*[15]. Le peuple des australopithèques ne cesse de s'agrandir et l'Afrique australe se rappelle au bon souvenir de la paléoanthropologie juste avant la Coupe du monde de football. (L'évolution de la lignée humaine commence bien par les pieds !)

• Enfin, on ne saurait quitter ce petit inventaire d'une discipline si active sans évoquer les petits hommes de l'île de Flores, « Lilliputiens fossiles », qui ajoutent une touche inattendue à la diversité des hommes de la fin de la préhistoire[16].

Les deux premiers événements évoqués prennent une importance particulière pour le jeune étudiant que j'étais à l'époque, puisque Bernard Vandermeersch était mon directeur de thèse avant qu'Yves Coppens ne devienne mon patron. À travers leurs travaux respectifs, j'ai été le témoin privilégié de l'éclatement du schéma rigide d'une lignée humaine conçue comme une procession linéaire et hiérarchique, sans commencement clairement défini, et une fin, quant à elle bien définie, avec l'avènement de notre espèce *Homo sapiens*. Hier comme aujourd'hui, on appelait cela l'hominisation. Hier comme aujourd'hui, je n'ai jamais cru à cette fable philosophico-mythique d'un grand singe qui se serait redressé progressivement en relevant le buste, libérant les mains et dégageant la tête. Non pas que j'avais une meilleure intuition de ce que pouvait être notre évolution mais, venant de la physique et des sciences expérimentales, je n'avais pas été contaminé par les poncifs archaïques des sciences humaines.

La préhistoire

À cette époque, la méthode scientifique et la pensée en préhistoire étaient dominées par André Leroi-Gourhan. Hier comme aujourd'hui, la lecture de ses livres et tout particulièrement *Le Geste et la Parole* sont un éblouissement. Cependant, la plupart des lecteurs ont retenu le geste, mais pas la parole. Pour des raisons historiques, la préhistoire a ouvert la voie à la paléoanthropologie. Les recherches en archéologie préhistorique débutent au milieu du XIXe siècle et connaissent un formidable développement au tournant du XXe siècle sans jamais faiblir. Il en va de même pour les fossiles de la lignée humaine, mais, les ossements se conservant moins bien que les pierres, l'évolution de la lignée humaine au sens large est balisée par les périodes de l'archéologie préhistorique. La distribution discrète des fossiles se cale sur celle des cultures, avec pour conséquence d'associer un type d'homme fossile avec un type d'outil. En jouant à peine sur les mots, les espèces fossiles sont avant tout des « hommes préhistoriques ». Ainsi, les *Homo habilis* sont associés à l'Oldowayen ou culture dite des « galets aménagés » ; les *Homo erectus* sont les artisans de l'Acheuléen avec ses bifaces emblématiques ; les néandertaliens sont les hommes du Moustérien avec ses outils sur éclats et les hommes de Cro-Magnon ou *Homo sapiens* ceux du Paléolithique supérieur – forcément – et de l'art préhistorique, sans oublier les outils sur lame et aussi en os et en ivoire. Telle est la séquence linéaire et progressiste établie en Europe. Leroi-Gourhan n'avait pas d'autre choix que de reprendre ce schéma, sans grande conviction, notant au passage l'importance de la découverte d'outils de pierre taillée à côté de fossiles d'australopithèques robustes en 1959, ce qui a lancé l'aventure de la paléoanthropologie africaine moderne sous l'impulsion du couple Mary et Louis Leakey. Hélas, la pertinence de l'archéologue reste souvent ignorée à cause de la prévalence d'une vision qui résonne trop bien avec les croyances issues d'idées préconçues sur la finalité de l'évolution humaine. Il est plus facile de faire éclater des silex que des mythes.

La dissociation épistémologique entre la paléoanthropologie et la préhistoire se réalise avec la nomination d'Yves Coppens au Collège de France et la création de la chaire « Paléoanthropologie et Préhistoire » en 1982. Cela signifie, d'une part, qu'une grande partie de l'évolution de la lignée humaine a commencé bien avant la préhistoire ; autrement dit, qu'il existe des formes fossiles, comme les australopithèques, qui ont précédé les premiers hommes et les plus anciens outils, et que les relations entre les différents types d'hommes et les types de cultures préhistoriques n'étaient pas aussi univoques qu'on a pu le penser. Évidemment, les méthodes et les objets d'étude de l'anthropologie physique ne se sont jamais confondus avec ceux de la préhistoire, ces deux disciplines émergeant à la même époque, il y a un siècle et demi.

Cependant, la compréhension de l'évolution de la lignée humaine reste dominée par celle de l'évolutionnisme culturel, le tout calé sur l'échelle des espèces, ce qu'on appelle le « scalisme ». Hier comme aujourd'hui, hors du champ de l'anthropologie évolutionniste, l'évolution de l'homme ou hominisation reste marquée par quatre concepts réfutés par les théories modernes de l'évolution, et qui n'ont rien de scientifique : l'essentialisme, le scalisme, le finalisme et l'anthropocentrisme[17].

Pour l'*essentialisme*, l'homme reste une entité ontologique à part, une idée héritée de la philosophie et de la théologie, qui prétend toujours imposer sa conception du genre *Homo* aux anthropologues évolutionnistes. Le *scalisme* persiste à voir dans les espèces les plus proches de nous, comme les chimpanzés, une image de notre ancêtre commun, l'homme étant au pinacle d'une évolution déjà préconçue avant même qu'on ait les fossiles ; ceux-ci rentreront dans le rang au fil des découvertes (ce que Leroi-Gourhan avait très bien perçu et critiqué). Le *finalisme* rend l'idée d'évolution acceptable puisqu'elle assigne à la vie un but ultime, l'homme, confondant la fin avec les causes. Enfin, l'*anthropocentrisme*, vieille antienne qui place l'homme au cœur du cosmos et qui se porte d'autant mieux qu'on persiste à ignorer les espèces les plus proches de lui, si ce n'est en leur assignant une image dégradée et péjorative, comme pour les chimpanzés d'aujourd'hui ou les hommes de Neandertal d'hier. Il suffit de faire vibrer ces quatre concepts bien plus anciens que les inventions de la paléoanthropologie et de la préhistoire comme disciplines scientifiques pour faire croire à de « nouveaux regards » ; le succès est dans le mythe, pas dans la nouveauté des découvertes scientifiques. Pire, c'est à travers cette grille de lecture que sont encore comprises des œuvres comme celle de Leroi-Gourhan.

Depuis un quart de siècle, la paléoanthropologie et la préhistoire ont accompli des avancées considérables et viennent croiser des théories comme celle de la coévolution – qui étudie les interactions entre l'évolution biologique et l'évolution culturelle – et les sciences cognitives[18]. Ces travaux analytiques suscitent moins l'intérêt des médias en raison de leur caractère moins événementiel, comme la découverte d'un nouveau fossile ou d'une nouvelle grotte peinte.

• La découverte de la grotte ornée de Cassis en 1991 par Henri Cosquer rappelle que le niveau actuel des mers est très haut et que des trésors de la préhistoire attendent comme autant de cryptes scellées pour l'éternité. On y voit des animaux et des compositions inconnus jusque-là, ce qui soulève quelques polémiques.

• Une autre révélation éclate au grand jour avec la présentation en 1994 de la grotte Chauvet, en Ardèche. D'emblée, elle se range parmi les plus grandes réalisations artistiques de l'humanité avec Lascaux et Altamira. La mise au point de techniques plus fines de datation fait remonter le génie des artistes de la préhistoire à plus de trente mille ans. Alors, est-ce que l'art est né en Europe ?

• Des échos ocrés proviennent de la lointaine Afrique du Sud, de Blombos. Quelques artefacts striés et enduits d'ocre révèlent des créations symboliques âgées de plus de soixante-dix mille ans[19].

• Les fouilles de Tafforalt au Maroc dégagent les vestiges de colliers de coquillages enduits d'ocre datant de plus de cent mille ans.

• Une flûte sortie de la grotte de Divje Babe, en Slovénie, résonne d'une petite musique de plus de quarante-cinq mille ans. Or, à cette époque, il n'y avait que des néandertaliens pour écouter cette petite mélodie des cavernes. Une fausse note pour tous les paléoanthropologues qui persistent à considérer que ces autres hommes n'étaient pas aussi intelligents que nous. Tout est fait pour leur enlever cette flûte désenchantée[20].

Pourtant, les preuves que les hommes de Neandertal se préoccupent de parures et d'esthétique s'accumulent, dessinant un autre visage de notre humanité[21].

• Retour en arrière avec Bernard Vandermeersch qui montre, au début des années 1980, que les derniers néandertaliens, comme « Pierrette » de Saint-Césaire, sont les auteurs d'une culture technique jusque-là attribuée aux hommes de Cro-Magnon, le Chatelperronien. Puis on découvre qu'il en est de même avec l'Uluzzien en Italie, le Lincombien en Angleterre ou encore le Szélétien en Europe centrale. On comprend que les néandertaliens et les Cro-Magnon ont été contemporains en Europe et qu'il y a eu des influences culturelles et techniques entre eux, autrement dit acculturation.

• Une décennie plus tard, les archéologues espagnols investissent ce qui s'avère être le plus grand site préhistorique du monde : Atapuerca. Une séquence continue qui couvre une période de 1,2 million d'années aux âges des métaux. Dans un boyau étroit, ils tombent sur le célèbre « puits aux ossements » avec les restes de trente-deux individus des deux sexes et de tous âges. Parmi ces ossements, un superbe biface en quartzite rouge, jamais utilisé ; certainement une offrande, que ses découvreurs appellent Excalibur. C'est la plus ancienne preuve d'une sépulture collective. Elle date de plus de trois cent mille ans et ce sont les ancêtres des néandertaliens[22] !

• À l'autre bout de la préhistoire, du côté des plus anciens outils de pierre taillée, Hélène Roche et son équipe découvrent des dizaines d'ateliers de taille de la pierre à Lokalelei, sur les berges orientales du lac Turkana, au Kenya. Ce site est daté de plus de 2,3 millions d'années et contemporain des plus anciens sites archéologiques d'Éthiopie, comme à Kada Gona. Cela signifie que des hominidés – mais lesquels ? – montaient des expéditions très organisées pour atteindre des gisements de pierres à tailler. L'idée selon laquelle « l'homme ou le genre *Homo,* c'est l'outil de pierre taillée » éclate définitivement[23].

• La découverte des fossiles de Dmanisi, en Géorgie, fait remonter la sortie d'Afrique du genre *Homo*. D'autres sites livrent de rares fossiles, comme à Longhuppo, en Chine, et aussi Renzidong[24]. En fait, il semble qu'un premier chemin de migration passe par Ubeidiga en Israël et par Riwat et

Pabbi Mills au Pakistan avant de se disperser en Chine ; ce qui suggère des migrations avant 2 millions d'années alors que le genre *Homo* a à peine émergé. Il ne serait pas surprenant qu'on rediscute à nouveau des origines géographiques d'*Homo* au sens strict.

Ce ne sont là que les découvertes les plus spectaculaires en Europe et en Afrique. D'un côté, on ne peut plus affirmer que ce sont les premiers hommes qui ont inventé les premiers outils de pierre taillée ; d'un autre côté, les sépultures et l'art ne peuvent plus être attribués qu'aux seuls hommes de Cro-Magnon d'Europe. Bien sûr, d'autres découvertes sont intervenues en Asie et aussi dans les « Nouveaux Mondes ». Le fait que les hommes, tout au moins les *Homo sapiens*, circulent le long des côtes depuis au moins cent mille ans[25], d'abord par cabotage et aussi par-delà l'horizon, puisque l'Australie est occupée depuis au moins cinquante mille ans, achève d'ébranler le patient édifice d'une préhistoire longtemps calée sur les belles séquences connues en Europe.

L'évolution de la lignée humaine se dégage du double carcan de l'évolutionnisme culturel et du scalisme pour révéler une arborescence tissée de convergences, de parallélismes et d'une continuité multiforme.

La génétique

Une autre discipline vient bousculer le monde de la paléoanthropologie : la génétique[26]. Bien que cette nouvelle approche débute dans les années 1960, elle s'affirme dans les années 1980 et connaît un développement à peine imaginable il y a un quart de siècle. Qui aurait osé imaginer il y a seulement dix ans qu'on aurait un jour le génome de l'homme de Neandertal ?

• À la fin des années 1960, Morris et Goodman publient les résultats de leurs études pionnières en systématique moléculaire ou classification des espèces à partir de molécules comme l'hémoglobine et révèlent l'étroite parenté génétique entre les hommes et les chimpanzés. Quarante ans plus tard, des centaines d'études consolident ces relations de parenté étroites et ils proposent de ranger les chimpanzés dans le genre *Homo* !

• Une des conséquences sera l'abandon de l'hypothèse encore vivement discutée de nos origines asiatiques au début des années 1980. La lignée des orangs-outans ou pongidés perd tout intérêt aux yeux des paléoanthropologues.

• 1987 voit l'avènement de l'« Ève mitochondriale » de Rebecca Kahn et d'Alan Wilson à partir de leurs recherches sur les origines de notre espèce *Homo sapiens,* fondées sur la comparaison de l'ADN des mitochondries transmis de mère à enfants.

• Dix ans plus tard, c'est au tour de l'« Adam chromosomique » avec la reconstitution de l'arbre phylogénétique de l'ADN du chromosome Y. Un petit problème toutefois : si Ève et Adam proviennent bien d'Afrique, plus de cent mille ans les séparent !

• Au tournant des années 1990, Luigi Cavalli-Sforza et son équipe mettent en évidence que l'arbre phylogénétique des gènes des populations humaines actuelles se superpose à celui des langues. Les populations se déplaçant avec leurs gènes et leurs langues, il devient possible de retrouver l'histoire du peuplement de la Terre par notre espèce depuis l'Afrique et le Proche-Orient il y a plus de cinquante mille ans. Meritt Rhulen évoque le concept de « langue mère », qui amène autant de confusions et de polémiques que l'Ève et l'Adam moléculaires.

• À l'orée de l'an 2000 arrivent les publications sur des fragments de l'ADN mitochondrial de Neandertal. Au fil des travaux, il se confirme que notre espèce *Homo sapiens* actuelle et passée – Cro-Magnon – ne conserve aucune trace du génome de Neandertal. Il n'y a pas eu d'échanges génétiques entre eux, accréditant l'hypothèse de deux espèces biologiques qui, par définition, ne sont pas interfécondes.

• Après la publication du génome d'un homme en 2002, c'est au tour de celui d'un chimpanzé nommé Clint en 2005 (que par facétie j'appelle Clint East Wood en référence à l'*East Side Story* de Coppens)[27]. Plusieurs faits soulèvent de nouvelles interrogations : l'homme et le chimpanzé ne possèdent que peu de gènes, environ vingt-cinq mille ; il y a très peu de différences génétiques ; la plupart de ces différences concernent les parties non codantes. Enfin, pourquoi 90 % du génome, appelé à tort « ADN poubelle », est-il apparemment non codant ?

• En 2007, l'équipe de Svetan Paabö présente le séquençage d'un million de paires de bases de l'ADN nucléaire d'un homme de Neandertal. Les résultats confirment ceux obtenus avec l'ADN mitochondrial, tout en donnant des informations sur, par exemple, la couleur de leur peau : ils étaient roux ou blonds !

• La même année, une analyse comparée des génomes de l'homme actuel et d'un néandertalien révèle que ce dernier possède deux variants du gène FOXP2 associés au langage et qui n'existent pas chez les chimpanzés[28]. Évidemment, il ne s'agit pas du « gène du langage », mais cela signifie que l'ancêtre commun de Néandertal et de l'homme actuel avait déjà de telles aptitudes, ce que confirme l'archéologie[29].

• La génétique et la paléogénétique affirment la contemporanéité de deux espèces *Homo sapiens* et *Homo neanderthalensis*, dont on connaissait les anatomies respectives depuis plus d'un siècle. Un fait nouveau et inouï intervient au début de 2010 avec le séquençage de l'ADNmt d'une phalange humaine dont on ignore l'espèce à laquelle elle appartient. C'est la phalange du petit doigt de la dame de Denisova, au sud de la Sibérie, dans l'Altaï[30]. Cet ADNmt accumule deux fois plus de mutations qu'il n'y en a entre les ADNmt de Cro-Magnon et de Neandertal, dont les lignées se séparent il y a cinq cent mille ans environ. Il a donc existé une autre lignée humaine sur l'immense Asie, qui se forme il y a environ 1 million d'années, mais dont on ignore encore l'anatomie, forcément humaine.

• Le feu d'artifice de la paléogénétique continue avec la publication au second trimestre 2010 du séquençage plus précis de l'ADN de Neandertal comparé à celui d'hommes actuels de différents continents[31]. Surprise : tous les individus non africains conservent 1 à 4 % d'ADN de Neandertal. Au passage, c'est la même équipe et son réseau de collaborations internationales qui soutient depuis plus d'une décennie la différence spécifique entre Neandertal et notre espèce ; alors, contradiction ? Absolument pas, et pour cela, il faut revenir à la biologie et aux modes de spéciation. Si les lignées néandertalienne et sapienne se scindent vers cinq cent mille ans, cela ne signifie pas que des hommes et des femmes des deux espèces ne pouvaient pas avoir de relations sexuelles et qu'ils ne pouvaient pas y avoir de transmission d'ADN. Le processus de spéciation géographique entre deux grandes populations – l'une au Nord et l'autre au Sud – prend du temps et il n'est pas surprenant qu'il y ait eu des mélanges entre cinq cent mille et quatre-vingt mille ans. Puis, depuis cette date plus récente, la divergence évolutive entre les néandertaliens du Nord et les *sapiens* du Sud est telle qu'il ne peut plus y avoir de transfert d'ADN, ce qui ne les empêchait pas d'avoir des relations amoureuses. Donc, les plus anciens représentants de notre espèce *Homo sapiens* ont eu des relations sexuelles avec les femmes et les hommes de Neandertal jusqu'à cent mille ans au Proche-Orient. Puis, quand les

Homo sapiens plus dérivés venant d'Afrique entament leur expansion, leur génome ne peut plus inclure de l'ADN de Neandertal, mais incorpore celui déjà inscrit dans l'ADN des *Homo sapiens* plus anciens du Proche-Orient. En poursuivant leurs expansions sur l'ensemble du monde, ils transportent cet ADN néandertalien, ce qui explique pourquoi toutes les populations non africaines actuelles en gardent toujours les traces. Quant aux populations africaines actuelles, si leurs populations ancestrales ne sont jamais sorties d'Afrique, et n'ont donc pas eu de contact avec les néandertaliens, ni les *Homo sapiens* archaïques du Proche-Orient, alors cela explique l'absence d'ADN de Neandertal. Au passage, ces résultats – à confirmer – confortent le modèle de l'expansion de notre espèce depuis le berceau africain.

• J'ai évoqué les découvertes ayant un impact sur la reconstitution de notre histoire évolutive, mais il faut aussi mentionner la mise en évidence des familles de gènes impliquées dans le développement : les gènes homéotiques et à « homéoboîtes », dits aussi gènes Hox. Avant qu'ils ne soient identifiés dans les années 1980, leurs effets étaient connus, ce qui favorisa la théorie dite « du monstre prometteur » de Goldschmidt, reprise de façon bien naïve pour soi-disant expliquer les origines de notre bipédie. Aujourd'hui, ces gènes expliquent les relations avec les « plans d'organisation » des organismes et contribuent à la théorie moderne dite *évo-dévo* (évolution et développement).

Ces avancées concernant le vivant – ou presque pour Neandertal – ont bousculé les recherches portant sur les origines de la lignée humaine et, à l'autre extrémité de notre arbre généalogique, sur celles d'*Homo sapiens*.

Il devient de plus en plus évident que l'homme n'est pas une espèce aussi distincte des grands singes qu'on le croyait. Les classifications édifiées à partir des molécules – la systématique moléculaire – et les chromosomes mettent en évidence une parenté très étroite entre les hommes et les chimpanzés. Il ressort que l'espèce la plus proche de nous dans la nature actuelle est le chimpanzé. En termes de relations de parenté, ils sont plus proches de nous que des gorilles ! Cela signifie que nous avons un dernier ancêtre commun exclusif.

On commence à peine à se faire à cette idée qu'arrivent le séquençage du génome de l'homme en 2002 et celui du chimpanzé en 2005. Et là, surprise ! L'homme et le chimpanzé ne possèdent pas plus de paires de bases que les souris, un peu plus de 3 milliards, et, qui plus est, un nombre restreint de vingt-cinq mille gènes ! À moins de réduire toutes les différences connues entre les hommes et les chimpanzés à quelques centaines de gènes – un réductionnisme ridicule qui postule que le génome des chimpanzés n'a pas évolué puisqu'on l'identifie de fait à celui de notre ancêtre commun ; certains n'hésitant pas à interpeller les gènes miracles de la bipédie ou du langage comme FOXP2 –, on est confronté à une réalité aussi nouvelle que complexe sur ce que sont les gènes, les relations entre les gènes et les correspondances entre ces derniers avec la morphologie, la locomotion, les âges de la vie, le cerveau et la cognition, etc. Les études en génomique comparée investissent un champ nouveau d'interrogations sur la reconstitution du génome ancestral aux hommes et aux chimpanzés, l'évolution de leurs génomes respectifs et tout un domaine convoquant les sciences de la complexité : l'épigénétique.

Au risque de surprendre, l'idée que certains grands singes sont plus proches de l'homme ne date pas d'hier. Les naturalistes et surtout les philosophes du XVIIIe siècle se montrent fascinés par les chimpanzés et les orangs-outans nouvellement arrivés en Europe. Un siècle plus tard, c'est au tour du gorille, qui suscite la « guerre du gorille » dans les années 1850. Certains, comme Richard Owen, ne peuvent concevoir que l'homme puisse descendre d'un tel monstre – naissance de la légende de King Kong –, alors que d'autres, comme Thomas Huxley, y voient la preuve d'une très grande proximité. En se fondant sur les travaux de son ami Huxley, Charles Darwin considère que les grands singes africains, notamment les chimpanzés, sont plus proches de l'homme que des autres grands singes. Il en tire de nombreuses conséquences qui, quant à elles, ne seront prises en considération qu'un siècle plus tard, comme nos origines africaines ou celles de nos comportements. Donc, « l'homme ne descend pas du singe » et, comme la génétique comparée et la systématique moléculaire ne s'embarrassent pas des apparences, on finit par consolider nos relations de parenté avec les grands singes actuels ; bien que toutes les implications quant à nos origines et les reconstitutions de notre dernier ancêtre commun avec les chimpanzés ne soient pas encore complètement appréhendées par les paléoanthropologues.

L'arrivée de la génétique dans le champ élargi de la paléoanthropologie a soulevé et continue à entretenir de vives controverses. On a même évoqué une « querelle des anciens et des modernes ». Celles-ci persistent autour du dernier ancêtre commun aux hommes et aux chimpanzés. Les choses se passent beaucoup mieux autour des derniers hommes, Neandertal et Cro-Magnon, en rappelant qu'il en est toujours ainsi quand une nouvelle discipline investit un champ de recherches déjà bien balisé, comme l'archéologie historique confrontée aux textes ou, pour revenir à notre sujet, l'arrivée des méthodes de datation absolue en paléoanthropologie et en préhistoire. Ainsi, les estimations données par la génétique sur l'âge de séparation entre la lignée néandertalienne et la nôtre s'accordent assez bien avec les fossiles et l'archéologie préhistorique. Ce genre d'accord est plus important qu'il n'y paraît puisque, si deux disciplines aux méthodes indépendantes arrivent à des résultats similaires, on parle alors de consilience. S'il y a désaccord, il ne sert à rien de mettre en avant une « querelle des anciens et des modernes ». Il appartient plutôt à chaque discipline de reconsidérer ses paradigmes et ses méthodes.

Aujourd'hui, les paléoanthropologues et les préhistoriens ont intégré les approches venant de la génétique et de la linguistique dans leurs dimensions comparées et historiques autour des origines de notre espèce et, surtout, de son déploiement. Si les fossiles restent cruciaux pour déterminer les origines géographiques et temporelles de notre espèce, ils se révèlent hélas trop peu nombreux pour suivre les modalités des peuplements de la fin de la préhistoire, surtout pour les « Nouveaux Mondes » comme l'Australie, la Nouvelle-Guinée, les Amériques et l'Océanie.

Cela ne relègue en rien les sciences historiques, notamment l'archéologie, à un rôle auxiliaire. Il faut comprendre que ces dernières sont des disciplines de faible occurrence et que toute nouvelle découverte peut changer les modèles existants avec des incidences sur les autres disciplines, obligeant à réajuster leurs modèles, comme pour les datations. Car l'archéologie, comme toutes les autres disciplines, s'est considérablement enrichie par l'apport de diverses approches expérimentales proposées par les avancées des technologies pour l'exploitation et l'analyse des vestiges les plus infimes – comme l'étude chimique des sols qui révèle les usages et les pratiques dignes des « scènes de crime », rappelant au passage que la police scientifique s'est inspirée au départ de la paléoanthropologie et de l'archéologie, avant de développer ses propres méthodes, qu'on utilise en retour en paléoanthropologie et en préhistoire – et aussi pour l'interprétation des objets et des gestes grâce aux sciences cognitives.

Ces quelques remarques décrivent à peine le dynamisme des recherches autour des origines de l'homme, notamment de notre espèce. Il en est de même pour toutes les périodes connues de la lignée des hominidés, même si les disciplines associées au vivant – génétique et linguistique – n'interviennent plus. Néanmoins, on les retrouve autour des origines de la lignée humaine, avec la génétique et l'éthologie.

L'éthologie

Nous avons déjà évoqué l'essor de l'éthologie au sens large, qui couvre plusieurs sous-disciplines. Si la France est un pays fier d'une très grande tradition en préhistoire et en paléoanthropologie, elle comble à peine son retard en génétique, notamment en génétique comparée, ce qui est directement lié à l'absence d'éthologie digne de ce nom. C'est d'autant plus dommage qu'il existe une longue et belle tradition de sciences naturelles intéressées par les animaux et leurs mœurs, d'Aristote et son *Traité des animaux* à Buffon et son immense *Histoire naturelle*. Le terme « éthologie » tire son étymologie d'*ethos*, qui signifie « mœurs » en grec, ce qui donne aussi « éthique ». C'est Geoffroy Saint-Hilaire qui propose ce terme pour l'étude des mœurs des animaux dans la nature en 1854. Hélas, après la célèbre controverse entre lui et Georges Cuvier en 1830, la biologie française s'éloigne des théories transformistes et se concentre sur l'étude des mécanismes biologiques contrôlés en laboratoire. Cette grande école connaît des savants prestigieux – Georges Cuvier, Claude Bernard, Louis Pasteur, etc. –, mais passe complètement à côté de la révolution paradigmatique portée par Darwin et l'éthologie.

L'affaire se complique avec l'introduction en France de la pensée darwinienne déformée par la conception d'Herbert Spencer. À la fin du XIXe siècle, Alfred Espinas est un des premiers à évoquer la sociobiologie en défendant l'idée que l'étude des sociétés animales peut contribuer à mieux comprendre les sociétés humaines. Bien que sociologique, son approche suscite une forte réaction, notamment de la part d'Émile Durkheim qui réaffirme le fait social et détache la sociologie de la biologie, qui devient une science exclusivement humaine. Une énorme confusion née d'une réaction contre la pensée de Spencer – que Darwin n'appréciait guère[32] – et qui aboutit à un antidarwinisme primaire injustifié de la part des sciences humaines en France, qui se nourrit au passage de la pensée dualiste héritée de Descartes. D'où les anathèmes de « biologisme » et de « réductionnisme » qui entourent la sociobiologie. Cette attitude persiste, non pas du côté des sciences et des anthropologues évolutionnistes, mais dans le champ des « humanités » à partir de postulats philosophiques comme celui d'animal ou d'animalité, devenus complètement erronés devant les avancées de l'éthologie en général et tout particulièrement celle des grands singes (*cf.* « L'animal et le philosophe », seconde partie).

Le premier traité d'éthologie qui compare l'homme et les autres espèces, en l'occurrence les singes, est *La Descendance de l'homme en relation avec la sélection sexuelle* (1871) et *L'Expression des émotions chez l'homme et l'animal* (1872), tous les deux par Charles Darwin. Son projet de recherche autour des origines de nos comportements et de nos capacités mentales supérieures sera repris par son jeune protégé John Romanes. Cependant, en l'absence de véritable démarche scientifique – méthodologie, concepts, etc. –, l'éthologie à peine naissante attendra un demi-siècle, ce qui correspond au renouveau et aux avancées considérables de la théorie synthétique de l'évolution à partir des années 1940.

Deux grandes traditions scientifiques abordent l'étude des animaux, leurs comportements et leurs capacités mentales.

L'une dérive de la psychologie et donne la psychologie animale avec des recherches sur quelques espèces et en laboratoire. L'autre s'intéresse aux comportements des animaux dans leurs conditions naturelles ou proches.

La psychologie animale s'efforce de mettre en évidence les mécanismes qui déclenchent les comportements, avec une démarche expérimentale qui s'apparente à la physiologie. (Elle se focalise sur les « causes proximales », celles qui suscitent les comportements.) Son courant le plus important est le béhaviorisme de Pavlov, Watson et surtout Skinner, qui connaît un développement considérable aux États-Unis. Ce sont toutes les études sur l'apprentissage, le conditionnement, le renforcement, le stress, etc. Pour eux, qu'importe l'espèce puisque les mécanismes sont les mêmes. En l'occurrence, le modèle standard repose principalement sur le rat de Norvège et quelques pigeons. On se fonde sur le modèle de l'animal machine et on ne s'intéresse pas au cerveau en tant que tel, réduit à une sorte de boîte noire dans laquelle entrent des stimuli et dont sortent des réponses. On s'en doute, ce genre de recherche s'accorde avec la tradition physiologico-mécaniste de la biologie en France, qui recoupe celle des instincts chère à de grands entomologistes comme J.-H. Fabre. Le film *Mon oncle d'Amérique* d'Alain Resnais, inspiré des travaux de Laborit, illustre cette tradition. Une tradition fondamentalement non évolutionniste – si ce n'est parfois ouvertement antiévolutionniste et antidarwinienne – puisqu'elle suppose que les mécanismes sont les mêmes quelle que soit l'espèce et qu'ils ne peuvent varier – donc évoluer – comme ces instincts censés êtres fixés.

L'autre école est issue de la zoologie et des sciences naturelles. Ses fondateurs sont le Hollandais Nikolas Tinbergen et les Autrichiens Konrad Lorenz et Karl von Fritz, qui recevront les prix Nobel de physiologie et de médecine en 1973 pour l'ensemble de leurs travaux. D'autres noms méritent d'être cités comme von Uexküll et Irenäus Eibl-Eibelsfeldt qui s'intéressaient aussi au cas de l'homme. Leurs recherches débutent dans les années 1930 et se développent à Oxford et à Cambridge avec le soutien de Robert Hinde, John Haldane et Julian Huxley. On doit à ce dernier et au professeur de Lorenz, Oskar Heinroch, la notion d'éthogramme, c'est-à-dire de protocoles pour relever et noter les comportements des individus, ce qui produit des données qui peuvent être vérifiées, reproduites et traitées par les méthodes statistiques. L'éthologie devient une science à part entière de la biologie et s'inscrit résolument dans les théories de l'évolution. Elle s'intéresse aux causes proximales, mais aussi aux différentes espèces en fonction de leurs relations phylogénétiques et aussi à l'évolution des comportements et à leur signification adaptative (causes ultimes).

On aura compris que l'intérêt pour l'étude des comportements des animaux repose sur des présupposés très forts selon les traditions philosophiques et universitaires des pays. La psychologie animale et le béhaviorisme aux États-Unis, l'éthologie en Europe du Nord et un très faible intérêt institutionnel dans les pays du sud de l'Europe et les pays catholiques. Après la Seconde Guerre mondiale, l'éthologie naissante – comme la génétique – sera étouffée en France par des personnalités comme Pierre-Paul Grassé, à la fois pour des raisons religieuses et politiques – et une détestation revendiquée de la théorie darwinienne de l'évolution. Il en est de même pour les chercheurs influencés par le marxisme, mais pour d'autres raisons. L'éthologie et la génétique seront donc coincées entre le goupillon et le marteau. La génétique finira par se développer avec une belle école récompensée par le prix Nobel attribué à André Lwolf, François Jacob et Jacques Monod en 1965, ces deux derniers œuvrant pour le développement des théories modernes de l'évolution en France. Ce n'est hélas pas le cas pour l'éthologie, malgré les efforts et la qualité de belles unités de recherche à Rennes, Strasbourg et, aujourd'hui Toulouse et Marseille. Le problème en France, c'est que la philosophie, la religion et la politique se mêlent trop de ce doit être la science, comme en témoignent les controverses idéologiques autour de la sociobiologie.

L'éthologie actuelle repose sur deux disciplines : l'écologie comportementale et la sociobiologie. L'*écologie comportementale* s'appuie sur la méthode de Tinbergen qui dissocie les causes des comportements (causes proximales), leurs fonctions (leur utilité ou signification adaptative), le développement au cours de l'ontogenèse (âge, apprentissage, imitation, éducation) et leur signification évolutive et phylogénétique (causes ultimes). Quant à la *sociobiologie*, à laquelle s'associe le nom d'E. O. Wilson, son intérêt s'occupe des fondements biologiques et donc génétiques des comportements. Les hommes n'étant pas des fourmis, tout le monde s'accorde pour éviter toute forme de réductionnisme génétique avec la formule un gène = un comportement. Mais on sait très bien en médecine et en psychologie que des mutations génétiques provoquent des perturbations, parfois très graves, des comportements. (Il y a cependant une grave confusion entre des mutations qui modifient des comportements et l'idée que des gènes déterminent des comportements. Un fusible qui saute exprime le dysfonctionnement d'une installation, mais ce n'est pas le fusible qui fait fonctionner l'installation. Il en va exactement ainsi du gène FOXP2 qui affecte le langage et l'expression d'une multitude de gènes.) N'en déplaise aux contempteurs antidarwiniens primaires de la sociobiologie, cette discipline à permis de repenser les différents modes de sélection naturelle – sélection de parentèle, sélection stratégique – et de s'intéresser à nouveau à la sélection sexuelle au travers des stratégies de reproduction des femelles et des mâles. En abordant la question de l'héritabilité des comportements, la sociobiologie provoque une avancée conceptuelle considérable dans les théories de l'évolution comparable à celle de Weismann qui introduit la notion d'hérédité dans la théorie de Darwin il y a plus d'un siècle. E. O. Wilson, s'inscrivant dans la tradition des travaux ouverte par William Hamilton et Robert Trivers sur l'altruisme et la sélection de parentèle, propose ce qu'il appelle la *nouvelle synthèse* ; évoquant en cela le renouveau des théories darwiniennes avec la théorie synthétique des années 1940. Si la sociobiologie a connu des dérives dues à son principal protagoniste, les choses se sont considérablement apaisées. Nous verrons que les résultats sur le séquençage du génome chez l'homme et les chimpanzés comme ce que nous savons sur la complexité de leurs comportements sociaux et de leurs capacités cognitives récusent toute forme de réductionnisme (*cf.* seconde partie).

Aujourd'hui, les différentes approches de la psychologie animale et de l'éthologie se complètent sous l'impulsion des sciences cognitives avec l'émergence de sous-disciplines selon que les méthodes d'expérimentation ou d'observation sont contrôlées ou non, si ces recherches sont menées avec un ou quelques individus d'une espèce ou bien avec des individus en groupes sociaux confinés dans de grands enclos ou dans leur milieu naturel, etc. Par exemple, les mécanismes neuronaux sont-ils les mêmes chez les tous les singes ou seulement chez quelques grands singes et les hommes (*cf.* « La maladie d'Alzheimer », seconde partie) ? L'empathie et l'altruisme s'observent-ils chez toutes les espèces ou seulement chez quelques-unes et, si c'est le cas, ont-elles un ancêtre commun exclusif ou pas ? Les expériences menées sur des populations en semi-liberté valent-elles pour des études en milieu naturel ? Toutes ces approches sont aussi fructueuses que sujettes à des controverses comme entre ceux qui étudient des communautés de chimpanzés en liberté et sans interférence, ceux qui favorisent des situations particulières en leur fournissant des nourritures et ceux qui suscitent des événements particuliers et contrôlés avec des groupes en captivité[33].

En ce qui concerne les origines de la lignée humaine, il importe de connaître les comportements sociaux et cognitifs des espèces les plus proches de nous, en l'occurrence les chimpanzés et les autres grands singes. Il s'agit de reconstituer le « sociotype ancestral »[34]. L'*écologie comportementale* y contribue puisqu'elle s'intéresse aux fondements écologiques et évolutionnaires des comportements. On note que l'on passe d'une éthologie de l'individu ou de quelques individus à une éthologie sociale avec une diversité d'individus. Comme le rappelait Darwin avec une belle constance, regardons les variations comportementales cognitives, susceptibles de sélection et donc d'évolution.

Il n'est évidemment pas possible de rendre compte de toutes ces disciplines et de leurs avancées. Je me limiterai à quelques résultats qui interfèrent avec la reconstitution des origines de la lignée humaine, notamment ceux qui bousculent trop d'affirmations sur ce que sont l'homme et son évolution en l'absence totale de connaissances sur les espèces les plus proches de nous dans la nature actuelle.

• Dans les années 1950, les pionniers de la grande école japonaise d'éthologie observent que des macaques de l'île de Koshima, en l'occurrence une femelle nommée Imo, s'emparent de patates douces et les lavent dans l'eau, puis dans l'eau de mer, ce qui donne un goût plus salé. Ce comportement est imité et se diffuse, devenant bientôt une tradition. Les chercheurs japonais parlent de « proto-culture », ce que leurs collègues occidentaux railleront au nom du dualisme homme/animal. Après plus d'un demi-siècle, ce sont bien les Japonais et les macaques qui avaient raison.

• Au début des années 1960, Louis Leakey incite des jeunes femmes à faire des recherches de terrain pour observer les grands singes dans leurs milieux naturels : Jane Goodall chez les chimpanzés, Diane Fossey chez les gorilles et Biruté Galdikas chez les orangs-outans. D'autres suivront chez d'autres espèces, comme Shirley Strum avec les babouins, Sarah Hrdy avec les entelles…

• Au milieu des années 1960, Jane Goodall décrit la fabrication de tiges pour pécher les termites ou les fourmis chez les chimpanzés. Cette « pêche aux insectes » fait intervenir une action préméditée avec fabrication et usage d'outils.

• Quelques années plus tard, l'équipe de Goodall rapporte la chasse et le partage de nourriture chez les chimpanzés. Entre-temps, d'autres équipes de différentes nationalités et internationales font les mêmes observations chez d'autres populations de chimpanzés.

• En 1982, Frans de Waal publie *La Politique du chimpanzé* (traduit en français en 1987) qui révèle la complexité des relations sociales chez les chimpanzés du zoo d'Arnhem aux Pays-Bas, ce que confirment les observations de la communauté sauvage de Mahale, en Tanzanie, par l'équipe de Junichero Itani et Toshisada Nishida.

• À Mahale ainsi qu'à Gombe, Itani et Jane Goodall et leurs équipes sont les témoins de manœuvres délibérées de mâles coalisés qui agressent et tuent les mâles de la communauté voisine. Une étude récente, publiée dans *Current Biology* en juin 2010, fait une synthèse de ces comportements de guerre intercommunautaire également observés à Kibale, en Ouganda.

• Publication du grand livre de Jane Goodall *The Chimpanzees of Gombe* en 1986 et du livre collectif *Primates Societies* sous la direction de Smuts et coll. l'année suivante.

• Christophe et Edwidge Boech redécouvrent les chimpanzés de Côte d'Ivoire qui utilisent des outils de pierre pour briser des noix. Toujours en Afrique occidentale, d'autres équipes, comme celle du Japonais Matsuzawa, observent des chimpanzés qui préfèrent se servir de bâtons pour briser des noix.

• David Hunt remarque que les chimpanzés se déplacent souvent debout, notamment dans les arbres. Et si les aptitudes aux bipédies descendaient tout droit des arbres, comme le suggérait Darwin en 1871 ?

• Les études menées en psychologie dite animale, renouvelées par les sciences cognitives, mettent en évidence les aptitudes cognitives pour la communication symbolique chez tous les grands singes, notamment avec les travaux de Sue Savage-Rambaugh avec le bonobo mâle Kanzi, mais aussi leurs capacités à faire des évaluations numériques et des calculs mathématiques, la chimpanzé femelle Aïe dans le laboratoire de Matsuzawa au Japon.

• À la suite d'une grande synthèse collective, les différentes équipes d'éthologues qui suivent différentes communautés de chimpanzés depuis plus de deux décennies publient un article majeur dans la revue *Science* en 1999 qui établit définitivement que les chimpanzés ont des traditions et des cultures[35].

• Quelque temps plus tard, Karel Van Schaik rapporte aussi des comportements culturels chez les orangs-outans, tandis que des observations ponctuelles décrivent des usages d'outils par les gorilles dans la nature. Il s'avère que tous les grands singes hominoïdes sont capables d'inventer de nouveaux comportements, d'en faire des traditions et des cultures[36].

• Frans de Waal poursuit ses recherches en s'intéressant aux comportements de réconciliation et de négociation chez les primates et tout particulièrement chez les chimpanzés, avec *Le Bon Singe* paru en France en 1997.

• À partir des années 2000, les bonobos, ou chimpanzés graciles, excitent les médias avec leurs mœurs apparemment aussi aimables que sexuelles. Cela rassure tous ceux qui s'effraient des penchants violents des chimpanzés mâles (*Demonic Males* de McGrew, 1998). Hélas pour le rousseauisme béat inspiré de bons bonobos, des observations récentes révèlent qu'ils possèdent aussi des inclinaisons pour la violence et la chasse[37], certes bien moins que chez les autres chimpanzés et les hommes.

• En 2010, de Waal publie un grand livre intitulé *L'Âge de l'empathie*, qui montre que l'empathie, la sympathie, le partage, les négociations et les entraides calculées ou non et des comportements autour de la mort se retrouvent chez de nombreux grands singes, mais aussi de singes, sans oublier des espèces phylogénétiquement plus éloignées, comme les éléphants et les dauphins.

• Aujourd'hui, toutes ces observations commencent à être bien connues, même si certaines sont très récentes, grâce des émissions de télévision[38] et des livres collectifs[39]. Cependant, elles ne sont pas encore intégrées en paléoanthropologie, notamment à propos de la reconstitution de notre dernier ancêtre commun avec les chimpanzés et leur répertoire locomoteur (bipédie) ou même en préhistoire avec la persistance de l'idée que l'outil est consubstantiel du genre *Homo*.

En attendant une nouvelle synthèse

Le choix des découvertes sélectionnées est certainement discutable et loin d'être exhaustif. Il reflète à peine les avancées dans toutes ces disciplines et leur dynamisme. La paléoanthropologie au sens large est multidisciplinaire. Chaque discipline se réfère à ses problématiques et se confronte à une interdisciplinarité soulevant des questions épistémologiques qui, évidemment, dépassent chaque discipline (sans oublier les ingérences de disciplines non scientifiques, comme la philosophie et la théologie, qui nient parfois la légitimité de telles approches pour étudier et connaître l'homme). Ainsi, les avancées des connaissances sur les origines et l'évolution de l'homme ne reposent pas que sur les progrès disciplinaires, mais aussi sur l'intégration de toutes ces contributions dans ce qu'on appelle l'anthropologie évolutionniste, avec la création en 1988 d'une revue qui lui est dédiée : *Evolutionary anthropology.*

Comment intégrer toutes ces avancées des connaissances ? Il y a des enjeux considérables qui interpellent l'épistémologie, puisque l'épistémologie des théories de l'évolution reste encore mal comprise en raison de ses aspects actualistes et historiques[40]. C'est donc une évidence, depuis Darwin : ce n'est que dans le cadre des théories de l'évolution qu'une telle synthèse, reposant sur la consilience et la réfutabilité, peut se faire. Le chapitre qui suit évoque les grandes avancées des théories de l'évolution au cours des dernières décennies, certaines étant stimulées par la génétique et l'éthologie, en d'autres termes entre les aspects les plus fondamentaux et les plus complexes de ce que nous sommes. Le temps est arrivé d'une véritable anthropologie évolutionniste.

3

L'ÉVOLUTION DE L'ÉVOLUTION

J'ai fait mes études de troisième cycle au laboratoire de paléontologie des vertébrés et de paléontologie humaine de l'université Pierre-et-Marie-Curie. C'était l'un des meilleurs à l'époque. L'enseignement de la systématique ou science des classifications était assuré par Pascal Tassy et celui qui portait sur les théories de l'évolution par Charles Devillers. Venant de la physique, je n'étais pas préparé à la complexité de la « systématique phylogénétique », dite aussi « cladistique », qui faisait l'objet de débats très vifs dans la communauté des chercheurs et dont se mêlaient assez peu les paléoanthropologues. Je n'aurais jamais imaginé que classer les espèces puisse être aussi complexe en termes de concepts, de méthodes, d'épistémologie et d'outils[1]. Par ailleurs, je suivais avec passion le cours consacré à la théorie synthétique de l'évolution, sans savoir que cette théorie, appelée aussi néodarwinisme, devenait très contestée, non pas par les créationnistes – cela viendra plus tard –, mais par de nouvelles approches avec, pour principaux protagonistes,

Stephen Gould et Niles Elredge (équilibres ponctués), Motoo Kimura (théorie neutraliste), Richard Dawkins (gène égoïste), E. O. Wilson (sociobiologie), etc.

La théorie synthétique de l'évolution a mis un terme à la longue éclipse de la théorie de l'évolution de Charles Darwin fondée sur le mécanisme de la sélection naturelle. En fait, très peu personnes, même parmi les amis et soutiens de Charles Darwin – à l'instar de Thomas Huxley –, ont compris le mécanisme de la sélection naturelle[2]. Pourtant, il repose sur trois faits que jamais personne ne conteste : *premièrement*, chez les espèces sexuées, tous les individus sont différents les uns des autres ; *deuxièmement*, ces différences sont en partie héritables car les enfants ressemblent en partie à leurs parents ; *troisièmement*, les individus ne peuvent pas se reproduire sans que les populations ne rencontrent de contraintes démographiques. Pour diverses raisons – parasites, accès aux nourritures et aux partenaires sexuels, résistances aux maladies, prédateurs et circonstances diverses –, certains individus laissent une plus grande descendance que d'autres. Toutefois, du temps de Darwin, on ignorait les sources de la variation des caractères – la variabilité – et lui-même s'en est remis à l'idée que l'environnement modifie les caractères des individus et que ces modifications se transmettent à la descendance, ce qu'il appelle la « pangenèse ». Il est difficile d'expliquer, en effet, que la variation se maintienne si l'environnement reste stable. Le concept d'évolution graduelle et continue par sélection de petites variations – ou gradualisme darwinien – se heurte à de grandes difficultés[3]. Les seuls qui ont porté le flambeau après la mort de Darwin étaient Alfred Wallace – le co-inventeur de la sélection naturelle qui crée le terme de *darwinisme* pour affirmer que tous les mécanismes de l'évolution s'expliquent par la seule sélection naturelle, ce que ne prétendait pas Darwin lui-même – et August Weismann, qui a établi la différence entre génotype et phénotype. Il a introduit dans la théorie de l'évolution ce qui lui manquait cruellement, les lois de l'hérédité ou de la transmission des caractères ; c'est le « néodarwinisme » qui, malgré cela, s'est rapidement éclipsé alors qu'émergeait la génétique.

À la veille de la publication de *L'Origine des espèces*, Huxley a fait remarquer à Darwin qu'il encombrait sa théorie d'un fardeau inutile, suggérant que l'évolution pouvait se faire rapidement, par sauts évolutifs (saltationnisme). Mais comment les expliquer ? La génétique va s'emparer de ces questions, ce qui a entraîné des controverses considérables jusqu'à la synthèse des années 1940.

Darwin n'était par darwiniste et il pensait que d'autres mécanismes entraient en jeu, comme la sélection sexuelle. On touche ici à l'un des paradoxes de la grande histoire des théories de l'évolution. On l'a déjà évoqué, Darwin propose un mécanisme d'évolution par voie de sélection naturelle comportant des changements graduels qui restent mal compris. On parle de « lutte pour la survie », de « survie du plus apte », sans oublier le terme « évolution », qui n'apparaît que dans la sixième et dernière édition de *L'Origine des espèces*. Certes, il finit par reprendre ces expressions qui s'imposent à cause de l'influence d'Herbert Spencer. Seulement, malgré les apparences, Spencer n'est pas darwinien, mais lamarckien. Toute l'évolution selon Spencer traduit une tendance au progrès, avec l'homme au faîte de ce processus, théorie parfaitement adaptée à la pensée de la société victorienne. Pour couronner le tout, l'expression « l'homme descend du singe » parachève la distorsion de la pensée darwinienne. Darwin n'est pas encore mort que la pensée évolutionniste a déjà presque tout oublié de sa théorie.

C'est encore plus dramatique et encore plus lourd de conséquences pour l'évolution dite de l'homme. Car c'est bien la grande question ! Sans aucune exagération, de Darwin à Gould, persiste une conception gradualiste et progressiste de l'évolution. Même si les mécanismes sont mieux élucidés – sélection naturelle, sélection sexuelle, dérive génétique, spéciation, etc. –, la conception de l'histoire de la vie reste fixée sur l'échelle naturelle des espèces : le scalisme. En fait, l'idée d'évolution, surtout appliquée à l'homme, conserve les quatre concepts non scientifiques déjà évoqués et dénoncés par Darwin : l'essentialisme, l'anthropocentrisme, le finalisme et le scalisme. L'expression « l'homme descend du singe » ne fait pas partie du langage de Darwin et renvoie à ces quatre concepts que l'on retrouve encore de nos jours dans presque toutes les reconstitutions de l'évolution de la lignée humaine, même en paléoanthropologie.

Au risque de surprendre, ni Huxley en son temps, ni Gould plus récemment, ni Patrick Tort en France – qui a tant œuvré pour faire connaître la pensée anthropologique de Darwin en France – ne sont allés aussi loin dans la voie scientifique ouverte par Darwin à propos des origines de l'homme esquissées dans *La Descendance de l'homme en relation avec la sélection sexuelle* (1871) et *L'Expression des émotions chez l'homme et l'animal* (1872). Certes, ils ne sont pas anthropologues ni paléoanthropologues ; mais ils se gardent bien de toucher aux origines de l'homme, avec tout ce que cela implique pour les origines de nos comportements comme de nos capacités cognitives.

En 1893, Huxley donne une Romanes Lecture intitulée *Evolution and Ethics*, dans laquelle il soutient l'hypothèse que la morale est une spécificité de l'homme ; idée reprise par son petit-fils Julian Huxley – qui participe à la grande synthèse en lui donnant le nom de « théorie synthétique » – dans une autre Romanes Lecture intitulée cette fois *Evolutionary Ethics* en 1943, exactement un demi-siècle après son grand-père. Selon une tradition qui remonte à Aristote, l'homme serait l'animal qui aurait quelque chose en plus – un animal-plus comme disait Heidegger –, en fait un grand singe-plus, selon les Huxley, et ce plus serait la morale. (Julian Huxley était aussi un grand ami de Teilhard de

Chardin ; il était sensible à l'idée d'hominisation, qui selon ce dernier plaçait l'homme dans la noosphère. D'où l'invention de la classe particulière des *Psychozoa* pour les seuls hommes.) Quant aux réticences de Gould et de Tort, elles proviennent du fait qu'ils ne sont pas des spécialistes de ces questions, et aussi des influences marxistes sur leur pensée, Marx ayant affirmé que l'homme n'est que la résultante du fait social, évacuant de fait toute notion d'origine naturelle des fondements comportementaux, sociaux et moraux des sociétés humaines.

Un formidable malentendu règne donc autour de Darwin et de sa théorie appliquée à l'homme. La faute en revient à Spencer, qui a utilisé l'idée d'évolution pour soutenir sa vision libérale du progrès et le darwinisme social. Le malheur est que l'œuvre de Darwin est arrivée en France par l'intermédiaire des écrits de Spencer traduits par Hippolyte Taine. La sociologie et les sciences humaines naissantes ont réagi et ont réaffirmé, avec justesse, l'importance du fait social et des représentations mentales chez l'homme. Mais, dans l'affaire, on a complètement perdu Darwin et son programme de recherche défini dans les deux livres de 1871 et 1872.

Charles Darwin rencontre John Romanes en 1874. Il lui donne le manuscrit de textes rédigés sur les origines de nos capacités mentales, prévus initialement pour *L'Origine des espèces*, mais jamais publiés[4]. Dans une lettre, Darwin l'enjoint de surtout s'intéresser aux variations, matière première de la sélection et de l'évolution. Romanes publiera ces textes en 1884 en annexe de son livre intitulé *Mental Evolution in Animals*, deux ans après la mort de son mentor. Il écrit ceci : « On comprend comment, partie de si haut, la psychologie du singe peut engendrer celle de l'homme. » Où donc était passée la psychologie du singe ?

Et pourquoi personne ne s'engage-t-il dans ce programme de recherche, dont les fondements sont on ne peut plus simples d'un point de vue scientifique et épistémologique ? Après Romanes, les études portant sur les animaux et leurs capacités de réaction sont dominées par le béhaviorisme, qui ne s'intéresse qu'aux stimuli, aux réponses et à l'apprentissage par le conditionnement. Qu'importe l'animal et l'espèce, puisque ce sont en fait des machines ou des automates non pensants. On n'a que faire de ce qui se passe dans leur cerveau ! L'éthologie, comme on l'a vu, ne s'est développée que depuis un demi-siècle. Et ce n'est qu'à partir des années 1970 qu'elle s'est rapprochée de la paléoanthropologie, plus à propos des australopithèques que des hommes.

Dans une approche aussi phylogénétique qu'impérative, il faut que les études sur les chimpanzés et sur la lignée humaine convergent vers notre dernier ancêtre commun. Du côté des chimpanzés, c'est Frans de Waal qui reprend le flambeau éteint depuis Darwin. Quant à moi, du côté de la lignée humaine, je me suis aperçu que très peu de paléoanthropologues avaient lu les livres de Darwin de 1871 et 1872. Certains de mes collègues éthologues spécialistes des grands singes ignoraient même des textes comme l'« Esquisse biographique d'un jeune enfant » publié dans la revue *Mind* en 1877 et qui annonçait le travail de Jean Piaget !

Darwin n'a pas tout dit, comme le lui reprochent les créationnistes du haut de leur ignorance prétentieuse, mais il a défini un programme de recherche parfaitement logique qui a été ignoré pendant un siècle, qui stipule clairement que l'espèce la plus proche de nous est le chimpanzé d'Afrique, que nos origines se trouvent en Afrique et que les fondements de nos comportements et même de nos capacités mentales dites supérieures – comme les notions de bien et de mal – doivent remonter à nos « instincts sociaux » ancestraux. On a perdu un siècle et, à cause de nos exactions dénuées de toute morale, les chimpanzés sauvages auront disparu avant que nous ne les connaissions vraiment. Le chemin des origines est barré par des interdits, des chausse-trapes et bien des obstacles qui, comme nous le verrons, nuisent aussi gravement à la carrière des paléoanthropologues qui s'attaquent à cette question. Darwin, dans une lettre à son ami Joseph Hooker, écrit qu'il ressent l'effet d'avouer un meurtre. C'est le meurtre de la métaphysique, qui déteste que les sciences touchent à la question des origines. Pas besoin d'avouer, on s'en charge ! Certes, on ne brûle plus ceux qui rapprochent l'homme des singes, comme l'infortuné Lucilio Vanini à Toulouse en 1619, qui fut accueilli en son temps par le Collège du Roi, notre Collège de France. Voilà qui n'est pas de bon augure pour la fin de ma piètre carrière, déjà passablement compromise par la faute de mes passions simiesques.

Revenons aux théories de l'évolution et à leur évolution depuis une trentaine d'années. Il n'est pas inutile de rappeler la révolution de la systématique portée par la cladistique et ses conséquences et, dans un second temps, de suivre les grandes avancées des théories de l'évolution. Car, contrairement à une habitude encore très tenace venant à la fois du scalisme et de la systématique évolutionniste, il faut partir de la systématique, qui ne se préoccupe que de classer en ne formant aucune hypothèse sur ce qu'a été l'évolution pour ensuite, seulement ensuite, essayer de reconstituer celle-ci.

La révolution de la cladistique

La systématique est la discipline qui s'occupe de la diversité des organismes actuels et passés, ainsi que de leurs relations. Son but est de proposer des classifications. L'idée que les espèces appartiennent à des catégories est universelle. La *systématique évolutionniste* range les espèces dans des catégories, les taxons, d'après leurs ressemblances anatomiques et leur niveau d'adaptation, ce qui donne des grades. Les gorilles, les chimpanzés, les bonobos et les orangs-outans se retrouvent dans le grade des grands singes adaptés à la vie dans les forêts. Ils se suspendent dans les arbres et se déplacent à quatre pattes, partiellement redressés quand ils sont au sol. C'est la famille des pongidés, à côté de laquelle on trouve celle de l'homme, celle des bipèdes adaptés à la vie dans des milieux plus ouverts, ou hominidés. Selon une telle classification, les origines de la lignée humaine sont à chercher dans le passage de la forêt à la savane, avec à la clé l'acquisition de la bipédie. Le concept de chaînon manquant est lié à cette systématique.

La systématique phylogénétique s'intéresse aux relations de parenté. Deux espèces ou deux lignées sont dites sœurs, si elles partagent exclusivement les mêmes caractères évolués ou dérivés. Il n'y a pas d'*a priori* sur l'évolution ! Les grades disparaissent pour céder la place aux clades ! On classe d'abord, on s'intéresse à l'évolution ensuite. C'est la cladistique. Cette révolution conceptuelle est soutenue par l'émergence de la systématique moléculaire. En construisant des classifications sur le matériel héréditaire – hier les groupes sanguins, aujourd'hui le séquençage du génome –, aucun *a priori* n'est possible comme avec l'anatomie ou l'écologie. Les classifications actuelles livrent un tableau de famille qui révèle que la lignée des chimpanzés est bien sœur de celle des hommes. Celle des gorilles est une branche « cousine » de celle des chimpanzés et des hommes. Cela signifie que les chimpanzés et les hommes partagent un dernier ancêtre commun, ou DAC exclusif. Le chaînon manquant est mort, vive le DAC ! Grâce à cette approche, on peut faire trois hypothèses sur le DAC : estimer son âge à l'aide de l'horloge moléculaire, qui se situe entre 7 et 5 millions d'années ; suggérer son origine géographique en s'appuyant sur le principe de vicariance, comme le fit Darwin, et c'est l'Afrique ; enfin, faire une reconstitution des caractères du DAC en reconstituant le plus grand dénominateur commun de ceux partagés par tous ses descendants : hommes, chimpanzés, hominidés fossiles. De ces relations phylogénétiques fondées sur les relations de parenté, il découle que les origines de la lignée humaine sont à chercher... dans des milieux arborés, ce qu'indiquent des fossiles comme Toumaï et *Orrorin* et *Ardipithecus*. Le passage de la systématique évolutionniste à la systématique phylogénétique, soutenue par la systématique moléculaire, montre que les sciences évoluent à la fois en forgeant de nouveaux concepts et en inventant de nouveaux outils. C'est toute la grandeur de la théorie de l'évolution.

À l'instar des disciplines historiques évoquées précédemment, celles du vivant bousculent les schémas, trop souvent archaïques, qui entourent les origines de la lignée humaine. Les paléoanthropologues n'apprécient pas toujours cette ingérence, comme le concept d'horloge moléculaire, qui les oblige à repenser et à redéfinir le dernier ancêtre commun aux hommes et aux chimpanzés. Depuis plus de quinze ans, je me suis efforcé de prévenir mes collègues sur l'inanité d'un schéma évolutionniste fondé sur l'anthropocentrisme, l'échelle des espèces et le mépris des avancées les plus élémentaires en systématique (sans oublier l'éthologie). Les chimpanzés actuels ne sont pas nos ancêtres ; ils ont évolué, eux aussi, depuis notre DAC.

Par une sorte de distorsion cognitive déjà évoquée, plus on se rapproche de l'homme, plus les archaïsmes inculqués par d'autres modes de pensée du monde, comme la philosophie et la théologie marquées par la métaphysique, viennent entraver les avancées des connaissances et la compréhension de notre évolution. Les archaïsmes ne viennent pas des fossiles, mais de nos cultures historiques ! Car, comme le rappelait Stephen Jay Gould en référence à Thomas Kuhn, en science, les avancées ne reposent pas que sur des faits, mais sur la façon de les organiser dans un paradigme heuristique et réfutable. Les croyances ne sont pas, par définition, réfutables et n'ont rien à faire en science ! Mais on a beau, comme le suggérait Gould[5], rappeler la séparation des magistères, notamment entre sciences et religions, le cas de l'homme continue à poser problème.

Une brève histoire des théories de l'évolution[6]

DU FIXISME AU TRANSFORMISME

Les historiens aiment à débusquer des précurseurs de l'évolution ou, plus précisément, de la non-fixité des espèces. Citons Anaximandre et Héraclite pour la Grèce classique, Al Kaldun pour le monde musulman, Vanino Vanini à l'âge classique sans oublier les libertins, comme Cyrano de Bergerac (le vrai), dont un certain Erasmus Darwin à la fin du XVIIIe siècle. Une vraie réflexion sur la non-fixité des espèces s'élabore au siècle des Lumières avec Maupertuis et surtout Georges Buffon. Ce dernier conserve l'idée d'espèce typologique et essentialiste tout en s'intéressant à la variabilité. En élargissant ses observations, il admet que les individus finissent par s'éloigner du type originel ou idéal en réponse à des différences de milieu. L'espèce n'est donc pas fixe et subit ce qu'il nomme une « dégradation ».

Qu'est-ce qu'une espèce ?

Les biologistes adoptent couramment la notion d'*espèce biologique* qui, par définition, réunit les individus de différentes populations qui peuvent se reproduire entre eux. Pour une majorité de naturalistes avant Darwin, une espèce est essentialiste – elle correspond à une entité stable – et les individus qui la composent présentent des variations autour de l'essence. D'Aristote à Darwin, les individus d'une espèce descendent d'un couple originel unique, une idée que l'on retrouve dans l'épisode de l'arche de Noé. Les individus d'une même espèce se retrouvent plus sur des critères de ressemblance que d'interfécondité. Il y a de la variabilité mais autour d'un type. L'*espèce typologique* se définit à partir d'un type, ce que font encore les paléontologues quand ils ne disposent que de rares fossiles.

Charles Darwin est le premier à adopter une conception dynamique de l'espèce composée d'un ensemble d'individus différents et interféconds. C'est l'inverse de la notion d'*espèce essentialiste*. Dorénavant, la variation autour du type n'est pas un écart, mais la règle. La sélection naturelle agit sur la variabilité, ce qui implique que l'espèce n'est pas stable mais évolue, d'autant que la variabilité elle-même est héréditaire. La définition actuelle de l'espèce biologique est établie dans le cadre de la théorie synthétique de l'évolution avec les notions de barrières entre espèces et de formation des espèces ou spéciation. L'espèce devient une unité de la classification et de l'évolution. Cependant, l'espèce n'existe pas en soi. Elle résulte d'un ensemble de populations avec des individus interféconds à un moment de l'histoire de celles-ci.

Élève de Buffon, Jean-Baptiste de Lamarck propose la première théorie cohérente de la modification des espèces en 1802, fondant ainsi la biologie, dont il invente le terme. La théorie de la transformation des espèces de Lamarck est développée dans *La Philosophie zoologique* (1809). Si l'auteur dégage les sciences naturelles de la théologie, il admet un concept philosophique profondément ancré dans la pensée occidentale, à la fois lié au vitalisme et au finalisme, qu'il présente comme une tendance à se perfectionner. Il existerait donc un *facteur interne*, profondément inscrit dans les fondements de la vie. Seulement cette tendance à se perfectionner ne se manifeste qu'au gré des circonstances ou, en des termes plus modernes, des changements de milieu. Le *transformisme* de Lamarck repose sur une dialectique fondamentale qui s'articule à la rencontre des facteurs internes et des facteurs externes. Ce principe est conservé dans les théories actuelles de l'évolution, mais selon des mécanismes qui écartent toute référence à des concepts philosophiques (vitalisme, transcendance, téléologie, immanence...).

Il existe une formidable ambiguïté historique autour de l'œuvre de Lamarck. S'il ne fut pas le savant maudit de la doxographie habituelle, il fut sévèrement critiqué par Georges Cuvier, créationniste notoire qui refuse toute idée de transformation des espèces. Le fondateur de l'anatomie comparée et de la paléontologie admet qu'il a existé différentes périodes de l'histoire de la vie sur la Terre séparées par des catastrophes comme autant de « révolutions du globe » (1805). Bien qu'il y ait des ressemblances manifestes entre les espèces d'une période et celles des périodes précédentes ou suivantes, Cuvier rejette toute idée de transformation.

À la fin des années 1830, l'Académie des sciences de Paris organise un débat scientifique qui oppose Georges Cuvier à Étienne Geoffroy Saint-Hilaire ; l'un est fixiste, l'autre transformiste. La controverse a un retentissement international et sanctionne durablement toute idée de transformation des espèces en France. En Angleterre, Charles Lyell, le fondateur de la géologie moderne, introduit le catastrophisme de Cuvier pour mieux le critiquer. Par contre, il s'intéresse à Lamarck dont les idées transformistes font écho à ses principes d'*uniformitarisme* : les forces qui agissent dans la nature actuelle sont celles qui agirent au cours de l'histoire de la Terre et de la même manière. Seulement, les idées de Lamarck sont vivement rejetées par la société anglaise qui défend ses traditions et qui se défie de cette théorie issue du creuset honni de la Révolution française.

Le catastrophisme est une théorie d'essence fixiste qui sera reprise par les créationnistes en raison de son analogie évidente avec le déluge biblique. Il est considéré comme scientifique car associé à l'immense réputation de Cuvier et donc se retrouvera dans la science créationniste. Quant au transformisme de Lamarck, c'est moins son principe que le recours à une « tendance à perfectionner » qui sera repris par les partisans du dessein intelligent. Car, à la suite des travaux de Charles Darwin, la grande majorité des évolutionnistes redécouvrira l'œuvre de Lamarck.

L'ÉVOLUTIONNISME ET LA SÉLECTION NATURELLE

Charles Darwin propose une théorie évolutionniste matérialiste débarrassée de tout présupposé théologique ou philosophique. (Cela ne signifie pas que la méthode de Darwin s'affranchisse de toute tradition philosophique sur le plan épistémologique.) Dans *L'Origine des espèces au moyen de la sélection naturelle,* publié en 1859, il propose un processus qui fait intervenir le couple variation/sélection. Sur la base de ses propres observations et en se référant au travail des éleveurs, il sait que les individus des espèces sexuées présentent des différences. Les éleveurs doivent toujours exercer une sélection pour écarter les individus qui s'éloignent du type qu'ils désirent maintenir. Darwin se saisit de cette analogie pour l'installer dans la nature, d'où le nom de *sélection naturelle.* Seulement il n'existe pas de sélectionneur dans la nature. La sélection résulte du fait qu'à chaque génération il naît plus d'individus que ne peuvent en supporter les ressources de l'environnement, une idée qu'il emprunte à Thomas Malthus.

Comment fonctionne la sélection naturelle ? Les individus sont tous différents les uns des autres. Ils possèdent des caractères distincts qui, selon les conditions du milieu, en avantagent certains ou en défavorisent d'autres face aux agents infectieux, aux maladies, aux prédateurs, à l'accès aux nourritures ou encore aux partenaires sexuels. Ceux qui survivent se reproduisent et transmettent leurs caractères à la génération suivante.

En des termes plus modernes, les individus naissent avec un patrimoine génétique différent. Ceux qui atteignent l'âge de la reproduction (viabilité) engendrent une descendance plus ou moins nombreuse (fécondité) porteuse d'une partie de leurs gènes. Ce ne sont donc pas les individus qui évoluent – puisque le génotype ne change jamais –, mais la fréquence relative des gènes d'une génération à l'autre, ce qu'on appelle la *microévolution.* Darwin pense qu'au fil du temps la microévolution suffit à expliquer l'apparition de nouvelles espèces, voire de nouvelles lignées, ce qu'on appelle la *macroévolution*. Cela suppose un processus graduel plus ou moins régulier, le *gradualisme phylétique*. Charles Darwin n'admet pas l'idée de changements rapides ou de sauts dans l'évolution, le *saltationnisme*. Il est évident que ce principe gradualiste pose de réelles difficultés entre la micro- et la macro-évolution avec en filigrane la question du mode d'apparition de nouvelles espèces ou lignées, la *spéciation*.

Il traîne un vaste corpus d'idées fausses autour de la sélection naturelle. À cause de la référence au travail des éleveurs s'ensuivent des dérives idéologiques comme le *darwinisme social* et l'*eugénisme* que nous évoquerons plus bas. Nombreux encore sont ceux qui voient dans la sélection naturelle un processus implacable – une sorcière aux griffes rouges de sang, selon le poète Tennyson – qui élimine les individus les moins *aptes*. Le concept de *survie du plus apte* sera repris par Darwin à la suite des recommandations d'Herber Spencer et Russel Wallace, le co-inventeur de la sélection naturelle. On a parfois tort d'écouter ses amis. L'idée de survie du plus apte entraîne un raisonnement circulaire que ne manqueront pas d'épingler les contempteurs de la théorie de l'évolution, mais aussi quelques épistémologues comme Karl Popper ; bien que lui-même se soit mépris sur ce qu'est la sélection naturelle[7].

La sélection naturelle n'est pas une loi en soi, comme en physique (loi nomologique). Il n'y a sélection que dans le cadre de relations entre les individus et leur milieu. Selon une vision aussi fausse que caricaturale, ce n'est pas la loi du plus fort, ce n'est pas l'élimination des concurrents, ce n'est pas la compétition à outrance. La sélection naturelle exprime tout simplement le fait que certains individus laissent une plus grande descendance que d'autres. Un virus ou une bactérie tuent des individus sans que ceux-ci soient en concurrence active entre eux ; un prédateur tombe sur un individu indépendamment de ses compétences sociales ou non au sein de son groupe ; la consommation d'un aliment toxique n'est pas imposée par les autres. On ne saurait aussi oublier la chance et la malchance : un singe qui saute sur une branche pourrie risque de peu contribuer au devenir de son espèce. Il y a aussi de la compétition comme pour accaparer les meilleures ressources de nourriture, occuper les abris les mieux protégés ou pour accéder a des partenaires sexuels ; ce qui nous amène à la *sélection sexuelle.*

Charles Darwin publie *La Descendance de l'homme en relation avec la sélection sexuelle* en 1871. Chez certaines espèces, on observe de grandes différences morphologiques entre les mâles et les femelles, le *dimorphisme sexuel*, comme chez les paons, les lions, les cervidés ou encore les gorilles[8]. La grande taille des mâles et leurs caractères de dissuasion – bois, cornes, canines – proviennent de la sélection pour des mâles plus puissants capables d'écarter les autres mâles pour l'accès aux femelles. Quant à ces dernières, elles exercent aussi une sélection dont les effets se voient dans les plumages, les toisons et toutes sortes d'ornements. La *compétition entre les mâles* et le *choix des femelles* sont pour Darwin une source de variabilité. Darwin est moins « darwiniste » que ses contemporains car il ne pense pas que la sélection naturelle puisse rendre compte de toute l'évolution, notamment des différences entre les populations humaines.

Charles Darwin apporte une contribution fondamentale à la théorie de l'évolution en inventant et en décrivant ce qu'on appelle ses processus externes : la sélection naturelle, la sélection sexuelle et les circonstances ou la chance. Ces *facteurs externes de l'évolution* sont nommés ainsi car étant hors de l'organisme. C'est une théorie matérialiste qui ne fait intervenir aucun but. Reste une question fondamentale non résolue par Darwin : la source de la variabilité.

Lamarck *versus* Darwin

L'historiographie officielle et les rivalités nationalistes ont accouché d'images très tranchées entre Lamarck et Darwin. Ce dernier prétend qu'il a peu lu son collègue français et qu'en tout état de cause cela ne lui a pas apporté grand-chose. C'est faux car il eut connaissance d'une partie des travaux de Lamarck grâce à Robert Grant lorsqu'il était étudiant à Édimbourg et à Charles Lyell. On attribue à Lamarck l'invention de la première théorie de la transformation des espèces. Seulement s'il admet l'idée d'une généalogie entre les espèces, elle s'appuie sur le concept de l'échelle naturelle des espèces, la *scala natura*. Ce qu'on appelle le scalisme reproduit une conception linéaire et hiérarchique de l'organisation du vivant héritée d'Aristote, de saint Thomas d'Aquin et de Leibniz avant de s'insinuer en biologie avec Charles Bonnet, Herbert Spencer et Ernst Haeckel. L'expression « l'homme descend du singe » vient de là. Lamarck bascule l'échelle des espèces actuelles dans le temps et laisse à ce dernier le rôle d'en assurer la réalisation. Le scalisme reste encore très présent en paléoanthropologie avec le concept d'hominisation. Il suffit de changer les termes et on a le dessein intelligent.

De son vivant, Darwin assiste impuissant au renouveau de la pensée de Lamarck, le *néolamarckisme*, que ce soit en Angleterre, en Allemagne, aux États-Unis et bien évidemment en France. Les traductions de *L'Origine des espèces* par Clémence Royer ou par Ernst Haeckel instillent les idées de progrès et de finalisme. En fait, toute la biologie de la fin du XIXe et du début du XXe siècle sera marquée par la conception de Haeckel. On lui doit le célèbre aphorisme « l'ontogenèse récapitule la phylogenèse », reprenant en cela une vielle idée de l'Occident qui admet que l'homme – le microcosme – résume à lui seul le cosmos – le macrocosme. Haeckel est un immense scientifique qui, comme Cuvier, fera avancer les sciences mais régresser la théorie de l'évolution. Pour lui il n'existe qu'une seule vraie phylogénie, celle qui aboutit à l'homme. Toute l'histoire de la vie se retrouve dans l'ontogenèse de l'homme – la *récapitulation* – selon une loi « biogénétique fondamentale ». En cela, Haeckel renoue avec l'acception ancienne du terme « évolution » qui n'apparaît que dans la sixième édition de *L'Origine des espèces*. Ce terme vient du latin *evolvere* qui signifie « dérouler », comme dérouler un film. Utilisé par Charles Bonnet au XVIIIe siècle et repris par Spencer, « évolution » signifie alors qu'il existe un plan interne à la vie, un processus inscrit dans une conception finaliste de la vie. Cette idée séduit facilement les

biologistes qui étudient l'ontogenèse et tout particulièrement l'embryogenèse, le développement de l'individu depuis l'œuf jusqu'à l'âge adulte portant en lui-même une finalité. Il y a donc un glissement conceptuel vers la téléologie. On doit attendre Jacques Monod et l'invention du terme « téléonomie » pour sortir de cette attraction finaliste.
Lamarck serait bien surpris de lire ces lignes. Le néolamarckisme rassemble sous une bannière hétéroclite toutes les théories et les concepts qui s'opposent à la sélection naturelle et qui n'appartiennent pas à la biologie comme l'idée de tendance ou de loi interne, le finalisme, la téléologie, etc. En France, Anne d'Ambricourt-Malassé remporte beaucoup de succès en affirmant – sans démonstration scientifique – qu'il existe une loi interne dont l'expression se lirait dans la flexion de la base du crâne de l'homme, siège de l'âme d'après Descartes. Cette loi dite « biodynamique fondamentale » traduirait une vraie phylogenèse. À croire que les changements de siècle sont propices à la résurgence cyclique de ces billevesées mystico-scientifiques. Précisons que Haeckel s'intéressait à la théorie darwinnienne, certes selon ses conceptions, et a contribué à la diffusion de la théorie de l'évolution. Anne d'Ambricourt-Malassé est embarquée dans une croisade antidarwinienne qui fait le lit du dessein intelligent et du créationnisme.
Après tant de dérives, on a perdu aussi bien Lamarck que Darwin. On dit de Lamarck qu'il fonde sa théorie sur la *transmission des caractères acquis*. Les individus s'adapteraient à de nouvelles conditions du milieu grâce à leur tendance à se perfectionner. Autrement dit « la fonction crée l'organe » et ce caractère est transmis à la génération suivante. Les individus sont donc actifs tout comme l'environnement qui favorise l'apparition de nouveaux caractères. (C'est encore l'idée archaïque qui traîne autour des origines de l'homme en affirmant qu'un ancêtre simiesque encore semi-redressé sorti de la forêt se serait redressé pour voir au-dessus des hautes herbes, adoptant et transmettant la bipédie à sa glorieuse descendance.) On dit de Darwin qu'il a compris que les individus sont tous différents les uns des autres, que le seul rôle de l'environnement est de sélectionner. Les individus sont passifs. On dit aussi que, chez Lamarck, les lignées sont indépendantes et suivent toutes le même schéma hérité du scalisme alors que chez Darwin toutes les lignées se rejoignent selon un arbre phylogénétique.
En fait, les différences ne sont pas aussi nettes. S'il est vrai que Darwin a très clairement dégagé la notion de phylogénie tout en précisant que nos classifications proviennent de l'évolution, il faudra attendre un siècle pour comprendre et appliquer ces concepts fondamentaux dans les théories modernes. Il est donc injuste de fustiger Lamarck sur ce point.

De même, en tant que disciple de Buffon, Lamarck connaissait l'importance de la variabilité et de ce que cela implique face aux conditions du milieu. Sa « tendance à se perfectionner » est une formulation imparfaite entre l'idée de progrès et une propriété propre à la vie que les connaissances de son époque ne permettent pas de préciser. Enfin, il est encore plus injuste de marquer la théorie de Lamarck du fer honteux de la croyance aux caractères acquis et à leur transmission. Tous les naturalistes des XVIIIe et XIXe siècles admettent ces concepts, dont Charles Darwin qui, ne pouvant pas expliquer la persistance des variations, en était arrivé à proposer la théorie de la *pangenèse*. L'expression « il faut rendre à César ce qui est à César et à Dieu ce qui est à Dieu » prend toute sa pertinence. Sauf que les affaires entre Lamarck et Darwin sont trop polluées par des idées qui n'ont rien à faire en biologie.

DU NÉODARWINISME À LA THÉORIE SYNTHÉTIQUE DE L'ÉVOLUTION

Si Charles Darwin dégage les facteurs externes de l'évolution, il se trouve fort ennuyé par la source de la variabilité, recourant comme tous ses contemporains à l'idée de la transmission des caractères acquis. Il ignore les travaux de Gregor Mendel – dont il avait pourtant un mémoire – sur l'hérédité des caractères chez les petits pois. C'est Auguste Weissmann qui élimine définitivement l'idée de caractère acquis en démontrant la distinction entre les cellules somatiques et les cellules germinales. Seules ces dernières se transmettent au fil des générations. En des termes plus modernes, quoi qu'il advienne à notre phénotype, seul le génotype – plus précisément une partie de celui-ci – se transmet au fil des générations. C'est le *néodarwinisme*.

Au tournant du XXe siècle, Hugo de Vries, Thomas Morgan et d'autres redécouvrent les lois de Mendel et inventent la génétique. La source de la variabilité vient des *mutations*, sans qu'on en connaisse les causes. Les concepts de gène et de mutation permettent de résoudre un paradoxe : les gènes sont à la fois le support de l'hérédité et de la variabilité. Des chercheurs mettent en évidence les effets de ces mutations, le plus souvent déformantes, invalidantes ou délétères. D'autres mutations proposent de nouveaux caractères parfois spectaculaires, ce qui conduit Richard Goldschmidt à parler de « monstres prometteurs ». Cela conduit à la théorie *mutationniste*. Seulement ces mutations sont aussi ponctuelles que rares, ce qui pose le problème de leur diffusion au sein de la population, notamment en relation avec la sélection sexuelle. Cette théorie tombe en désuétude avant de réapparaître à la fin du XXe siècle. Deux modèles s'affrontent, celui du mutationnisme de De Vries et William Bateson et celui du gradualisme défendu par Karl Pearson. C'est ce dernier qui l'emporte avec le développement de la génétique des populations et ses outils mathématiques fondés sur les statistiques.

Lors de réunions à Harvard à partir des années 1940, des spécialistes de la génétique des populations, de la paléontologie et de la systématique (zoologie) rapprochent leurs disciplines et fondent la *théorie synthétique de l'évolution* appelée aussi *néodarwinisme*. Cette fois, les chercheurs disposent d'une explication sur les origines de la variabilité à partir des mutations et des recombinaisons génétiques et chromosomiques. Les études sur le polymorphisme, grâce à l'électrophorèse, révèlent l'étendue de cette variabilité au sein des populations sur lesquelles agit la sélection naturelle. Très vite, les chercheurs se satisfont de cette variabilité qui permet aux populations de s'adapter, stimulant des recherches sur l'adaptation, le *programme adaptationniste*.

L'essor de la génétique et tout particulièrement de la génétique des populations favorise une approche populationnelle de l'évolution et du gradualisme. Les découvertes de la structure de l'ADN, du code génétique et de la transcription confortent le dogme de la biologie moléculaire : les informations ne passent que de l'ADN vers les protéines. L'environnement ne modifie pas le matériel génétique. Le taux de mutation et le polymorphisme suffisent à expliquer la variabilité sur laquelle opère la sélection naturelle et, partant, l'adaptation.

Toutes les différences mises en évidence depuis le niveau moléculaire jusqu'aux comportements en passant par la physiologie, la morphologie et même les capacités cérébrales sont interprétées en fonction des différences d'environnement. Pour les origines de la lignée humaine, tous les grands singes – orangs-outans, gorilles et chimpanzés – représentent un grade homogène, celui des grands singes adaptés à la vie dans les forêts ou pongidés, alors que les hommes et leurs ancêtres connus, comme les australopithèques, composent le grade des grands singes qui marchent redressés dans les savanes ou hominidés. La notion de grade s'appuie sur la systématique évolutionniste, qui classe les espèces à la fois d'après leurs ressemblances mais aussi leurs adaptations. Autrement dit, les taxons traduisent une certaine idée de l'évolution qui reprend le bon vieux scalisme. La théorie synthétique est bien un néodarwinisme redonnant la primauté à la sélection naturelle et au gradualisme.

LE RETOUR DES FACTEURS INTERNES ET DES VIEUX DÉMONS

Stephen Gould publie *Ontogeny and Phylogeny* en 1977. Ce livre marque le retour des études évolutionnistes sur l'ontogenèse après un demi-siècle de purgatoire. Le désaveu correspond à l'essor de la théorie synthétique et surtout à une saine réaction face aux abus délirants des théories mutationnistes comme des théories en quête de facteurs internes ou intrinsèques de l'évolution. Ernst Haeckel pensait que l'ontogenèse de l'homme passait par toutes les étapes de la phylogenèse pour les dépasser. C'est la récapitulation. Mais une autre théorie apparaît dans la première moitié du XXe siècle, la *néoténie*.

C'est le même principe que la récapitulation, sauf qu'on va dans l'autre sens. L'idée repose sur la ressemblance entre la forme générale du crâne d'un homme adulte avec celui d'un jeune grand singe. En fait, tous les jeunes grands singes possèdent une boîte crânienne volumineuse avec un os frontal redressé qui domine une face courte et en retrait. Ces proportions changent considérablement chez les grands singes au cours de la croissance, pas chez l'homme. D'où l'idée que l'homme à l'âge adulte conserve des caractères juvéniles, ce qu'on appelle la *néoténie*.

Les principaux artisans de cette théorie dite de la *fœtalisation* sont Ashley Montaigu et surtout Louis Bolk, antidarwinien convaincu. Il est évident que si une telle ressemblance peut convaincre pour les proportions du crâne en vue latérale, il reste difficile d'imaginer que les longues jambes des hommes soient un caractère juvénile ou *pédomorphique* hérité d'un ancêtre proche des grands singes. Ce genre d'analogie fantaisiste interpelle aussi des études plus sérieuses sur la morphologie, comme celles de D'Arcy Thomson, à qui on doit un schéma célèbre montrant des profils en seule vue latérale de crânes d'hommes et de grands singes jeunes et adultes. La théorie de la néoténie séduit car, comme pour la récapitulation, elle invoque l'existence d'une loi interne. D'un auteur à l'autre, et parfois chez les mêmes auteurs, la récapitulation et la néoténie sont convoquées pour expliquer l'apparition des mêmes caractères. Comme toujours, la morphologie comme la néoténie sont bonnes à prendre puisqu'elles induisent les idées de tendance et de plan. La théorie synthétique n'avait que faire de ces fantaisies mystico-morphologiques et de leur charabia abscons, sans oublier les dérives racistes associées.

Gould ose rouvrir la question des contraintes morphologiques liées aux plans d'organisation, au développement et à la croissance au cours de l'ontogenèse. À la fin des années 1970, il publie avec Richard Lewontin, l'un des principaux artisans de la théorie synthétique de l'évolution, un article très critique envers le programme adaptationniste[9]. Il est évident que les organismes ont une histoire et que leur héritage phylogénétique impose des contraintes à leur variabilité et donc à leur adaptabilité. L'adaptation est contrainte par le « triangle de Seilacher », ou triangle des adaptations entre les contraintes historiques, fonctionnelles et structurales[10]. Par contrainte, il faut entendre un « jeu des possibles », selon l'expression de François Jacob. Gould suscite un renouveau des études sur la taille et la forme des organismes dans l'évolution, l'*allométrie*, dynamisée par l'essor des méthodes de la biométrie avec l'aide de l'informatique. Les années 1980 connaissent un grand engouement pour ce qu'on appelle désormais les *hétérochronies*. Ce terme peu séduisant décrit comment, en altérant les périodes de la vie – gestation, sevrage, enfance, maturité sexuelle ou somatique – et en faisant varier leurs durées relatives comme leurs taux de croissance, on obtient des différences morphologiques considérables entre les sexes d'une même espèce ou entre espèces apparentées. Pour prendre un exemple bien connu, les trois grands singes africains – les bonobos, les chimpanzés et les gorilles – présentent une grande diversité de tailles corporelles entre espèces et aussi entre les sexes de chaque espèce. Les études biométriques montrent que, dans leurs proportions corporelles, tous ces grands singes africains présentent des morphologies générales qui correspondent à différents stades d'une même courbe de croissance. Si les hétérochronies n'expliquent pas tout, elles apportent une explication aussi simple qu'élégante sur des changements morphologiques apparemment spectaculaires obtenus non pas par mutation – on ne connaît pas de gène des hétérochronies –, mais sur leur expression ou leur régulation.

Ces recherches permettent de sortir d'une réelle difficulté. La théorie synthétique attribuait la variabilité aux mutations génétiques. Or le taux de mutation s'avère assez faible et les antidarwiniens comme René Thom ou Marco Schützenberger n'ont pas tort de souligner que les mutations peuvent difficilement expliquer la variabilité et l'adaptation au cours de l'évolution. Il faut admettre que notre patrimoine génétique contient un très grand nombre de gènes – plusieurs centaines de milliers pour l'homme – ou bien invoquer une variabilité et une plasticité au-dessus du gène. Nous verrons que l'évolution a favorisé ces dernières.

Les antidarwiniens en quête de toutes sortes de lois internes et de finalismes se saisissent immédiatement des travaux de Gould, mais en les détournant à dessein. En France, c'est l'œuvre de Jean Chaline et d'Anne d'Ambricourt-Malassé. Le premier a le mérite d'introduire ces facteurs internes de l'évolution trop négligés par la théorie synthétique. Mais il se laisse séduire par les sirènes téléologiques allant jusqu'à contester le rôle sélectif de l'environnement, seul face à toute la communauté internationale des géologues et des paléoanthropologues. Car Gould a toujours insisté sur l'interaction entre ces facteurs internes et l'environnement comme sur leur signification adaptative. On doit aussi à Chaline le retour du monstre prometteur et de la théorie mutationniste ou chromosomique du début du XXe siècle qui fait intervenir un mâle nanti d'une mutation magique qui le rend bipède et qui se reproduit avec toutes les femelles. Ailleurs, c'est la bipédie qui apparaît par la grâce de quelques remaniements chromosomiques. Chaline renoue avec l'idée de *transmutation* des espèces. Toutes ces idées sont non testables et, de plus, vont à l'encontre de ce qui est connu en génétique du développement et en éthologie. La seule intention antidarwinienne suffit à cautionner ces idées extravagantes. Quant à Anne d'Ambricourt Mallassé, il s'agit d'une quête mystique d'une « loi biodynamique fondamentale » en reprenant sans aucune modification les visions de Haeckel et surtout de Bolk en changeant à peine la terminologie. Elle va jusqu'à prétendre que personne avant elle n'avait regardé l'évolution de la base du crâne alors que c'est l'une des régions les plus anciennement étudiées depuis deux siècles. Il y a confusion entre révélation et recherche scientifique.

Les études portant sur les hétérochronies et sur les allométries doivent s'inscrire dans un cadre phylogénétique afin de reconstituer ce que Darwin appelait la « descendance avec modification ». Continuer à rechercher des analogies morphologiques dans une comparaison superficielle entre les grands singes actuels et l'homme actuel, c'est passer allègrement sur la grande diversité des espèces fossiles découvertes depuis plus d'un siècle. Mais, après tout, quel besoin de tous ces fossiles puisque le chemin de l'hominisation était déjà tout tracé ? Quand on regarde ce qu'étaient les plus anciens fossiles connus de la lignée humaine, comme *Orrorin* et Toumaï, l'évolution de notre anatomie crânienne ne suit pas un dessein tout tracé entre l'homme et le chimpanzé. Car tous ces auteurs oublient un détail : les chimpanzés ne sont pas nos ancêtres, ce qui signifie qu'ils ont évolué eux aussi. Rappelons cette évidence tant négligée : les chimpanzés et les hommes actuels ont un même dernier ancêtre commun et, depuis ce temps-là, entre 5 et 7 millions d'années, ils ont évolué en divergeant de leur côté comme nous du nôtre. L'étude des hétérochronies n'a pas de pertinence dans un cadre phylogénétique.

Gould n'a eu de cesse de dénoncer le finalisme et le scalisme. En 1982, il a proposé avec Elizabeth Vrba le concept d'*exaptation*, l'antithèse de toute considération à la fois sur les causes initiales et les causes finales[11]. Les exaptations sont des caractères qui n'ont pas été sélectionnés pour la fonction ou l'adaptation qu'elles assument chez une espèce. Ils sont associés à d'autres caractères adaptatifs en raison des contraintes de construction des organismes. L'aptitude à la marche debout ou bipèdie est un caractère lié au répertoire locomoteur de la superfamille des grands singes ou hominoïdes qui se suspendent dans les arbres et grimpent verticalement le long des troncs d'arbre. Elle fait partie de la plasticité du répertoire locomoteur. Ce mode de locomotion est plus ou moins utilisé par les grands singes actuels. Par contre, il a été sélectionné au cours de notre évolution et est devenu très spécialisé. M'inspirant de Gould, j'ai insisté dans mes travaux sur les origines de la lignée humaine sur la distinction entre l'origine des caractères et celle de leur évolution. Actuellement, les études sur les « aptations », qui s'intéressent aux adaptations et aux exaptations, s'inscrivent dans le cadre phylogénétique (l'histoire) et prennent en compte les contraintes de structure et de fonction, ce qu'on appelle le « triangle de Seilacher[12] ». Cette reconsidération du programme adaptationniste fait l'objet de vifs débats, notamment autour du concept d'exaptation[13].

Stephen Gould et Niels Eldredge reconsidèrent le dogme du gradualisme de la théorie darwinienne[14]. En s'appuyant sur l'étude de l'évolution d'espèces d'invertébrés fossiles, ils mettent en évidence des périodes de relative stabilité ou d'équilibre entrecoupées de phases de changements rapides, des ponctuations. C'est la *théorie des équilibres ponctués*. Cette approche saltationniste s'accorde mieux avec la macroévolution que le gradualisme phylétique. Du côté de la paléontologie, l'absence de fossile entre des lignées apparentées devient une donnée, exprimant une période relativement rapide de changements chez des populations périphériques (spéciation périphérique, effet fondateur, dérive génétique, etc.), donc de petit effectif, ce qui réduit d'autant les chances de trouver des fossiles intermédiaires. Cela ne signifie pas qu'il n'existe pas de formes de transition, mais que les probabilités de les retrouver sont minces !

Cette théorie a eu de grandes répercussions en paléoanthropologie. Au début des années 1980, une majorité de chercheurs voyait une seule grande lignée humaine avec des modifications graduelles depuis *Homo habilis* jusqu'à *Homo sapiens*[15]. La systématique phylogénétique et la théorie des équilibres ponctués ont permis de mettre en évidence la diversité des espèces fossiles de notre lignée, parfois avec quelques excès. Grâce à ces concepts, on arrive à mieux cerner les origines du genre *Homo* avec l'émergence assez soudaine des premiers vrais hommes, les *Homo ergaster*, ce qui s'apparente à un bel exemple d'équilibre ponctué. Puis, les recherches allant de l'avant, on a découvert des fossiles qui présentent une mosaïque de caractères intermédiaires entre *Homo habilis* et *Homo ergaster*[16]. Cela ne remet pas en cause l'apparition relativement rapide du genre *Homo*, mais cela prend tout de même du temps à l'échelle de l'évolution. En revanche, l'évolution de la lignée néandertalienne répond mieux à un modèle gradualiste.

Gould réhabilite les recherches sur la morphologie et sur l'ontogenèse dans le cadre de la théorie darwinienne, mais en la modifiant considérablement (équilibres ponctués). Les contraintes de construction des organismes limitent le jeu des possibles tout en étant une source de plasticité. L'expression de Jacques Monod « le hasard et la nécessité » devient plus précise. À la variabilité des mutations – le hasard – s'ajoute celle de contrainte et de plasticité associées à la génétique du développement. Quant à la nécessité, il s'agit toujours de la sélection naturelle mais aussi de la sélection sexuelle, sachant que l'histoire de la vie est contingente. Autrement dit, des lignées et des plans d'organisation ont pu être « sélectionnés » au cours de l'évolution à la suite de catastrophes ou de goulots d'étranglement. Depuis les années 1990, on parle de la *théorie évo-dévo* pour évolution et développement dans le cadre des contraintes phylogénétiques et en s'appuyant sur les avancées de la génétique du développement.

Les autres théories et les théories actuelles

Dans tout ce qui précède, on a suivi l'évolution des théories de l'évolution en évoquant les espèces sexuées. Mais les bactéries sont des êtres unicellulaires, sans sexualité et sans développement. Le modèle mutation/sélection, sans oublier la contingence, suffit. La notion d'espèce s'avère plus complexe chez les plantes, notamment en raison de la possibilité de duplication des chromosomes, qui fait partie de leur adaptabilité. Chez les animaux, mais pas tous, le nombre de chromosomes est stabilisé chez les espèces et fait partie de la barrière entre espèces. Ces précisions étant faites, les concepts de la théorie de l'évolution suffisent à expliquer cette formidable diversité du vivant. « Rien n'a de sens en biologie en dehors de la théorie de l'évolution », selon l'expression de Theodosius Dobzhansky.

Les théories de l'évolution évoluent pour intégrer les avancées des connaissances dans les dizaines de disciplines des sciences de la vie et de la Terre. Des avancées spectaculaires en génétique avec le séquençage du génome de l'homme et des grands singes, en sciences cognitives, en éthologie et en écologie obligent à adapter une théorie qui, plutôt que de se disperser, se renforce tant ses principes sont bien établis.

De ce qui précède, on retient des avancées qui doivent beaucoup à Gould et à ses collègues sur de vieilles questions délaissées par la théorie synthétique. Aujourd'hui, on évoque beaucoup les communautés écologiques et la théorie de la Reine rouge de Leigh Van Valen[17]. Cette « loi » décrit les phénomènes de coévolution qui impliquent des stratégies de reproduction et des « coadaptations[18] ».

La théorie neutraliste. Les connaissances plus précises de la structure du génome mettent en évidence que seule une partie de l'ADN code pour les protéines, les *exons.* Toute une partie du génome, très importante chez les primates et l'homme, ne semble pas s'exprimer, les *introns.* Ces régions apparemment muettes ne sont donc pas soumises à la sélection, elles sont neutres, d'où la théorie dite « neutraliste » de l'évolution proposée par Kimura dans les années 1970. L'expression « évolution neutre » résonne comme un oxymore[19]. En fait, il y a évolution au niveau du génome puisque les introns sont libres de muter et de se dupliquer.

Depuis, les généticiens ont mis en évidence des gènes et des lignées de gènes qui se dupliquent au sein du génome. Il apparaît que ces régions ne sont pas si neutres, non pas pour coder des protéines, mais dans le jeu complexe de la régulation et de l'expression des exons. Un très bel exemple est celui de l'apparition de la vision colorée trichromique chez les singes, à la suite de la duplication d'un gène sur le chromosome X. L'étude de l'évolution du génome est devenue une discipline à part entière.

Le gène égoïste. À partir des années 1960 apparaît une école qui tente de rapporter l'évolution au niveau des gènes avec William Hamilton et Richard Dawkins[20]. Le principe : l'évolution, depuis les gènes jusqu'aux comportements, se ramène à la seule diffusion des gènes. Selon une expression célèbre, les individus ne sont en fait que des valises dont le but ultime consiste à assurer la seule diffusion des gènes dont ils sont porteurs. Les gènes ne sont pas égoïstes en soi, mais tous les phénomènes du vivant n'ont qu'une raison ultime, la multiplication des gènes. Cette théorie soulève de fortes controverses, surtout de la part des anthropologues. Comment des êtres conscients comme nous pourraient-ils agir à leur insu pour le compte de gènes qui, quant à eux, sont dénués de toute intentionnalité ? À moins de sombrer dans un réductionnisme génétique dépassé, il faut interpréter cette théorie comme un principe heuristique qui reste au cœur de la théorie de l'évolution. Le séquençage du génome place le gène égoïste devant de sérieux problèmes : comment expliquer qu'un « gène » puisse être égoïste alors que chez l'homme, par exemple, nous possédons très peu de gènes – vingt-cinq mille – et que notre espèce se caractérise par un taux de reproduction très faible ? En fait, tout est dans la façon de formuler ces problématiques complexes. La reproduction ne se limite pas seulement à la fécondation, elle implique des stratégies très diverses jouant sur la viabilité et/ou sur la fécondité, certaines espèces favorisant une descendance nombreuse soumise à des facteurs de sélection sévères (stratégie quantitative), d'autres une descendance rare mais avec un fort investissement parental (stratégie qualitative) (*cf.* seconde partie ; Alzheimer). Les évolutionnistes nomment ces stratégies K et r d'après des modélisations mathématiques proposées par McArthur et Wilson[21]. Une fois de plus, la signification évolutive et adaptative de ces stratégies ne se comprend que dans un cadre phylogénétique. Les hommes et les grands singes se distinguent par un très faible taux de reproduction et un fort investissement parental et social envers les jeunes ; une stratégie apparemment peu efficace mais qui se comprend que dans le cadre de la compétition avec les autres singes et au sein des communautés écologiques.

De la sociobiologie à la psychologie évolutionniste. Edgar O. Wilson publie *Sociobiology : The New Synthesis* en 1975. Cette nouvelle synthèse se réfère à la précédente en incluant les avancées en génétique et surtout en éthologie. Wilson applique le principe de la diffusion des gènes dans une acception forte. Entomologiste de formation, il s'intéresse à la sélection de parentèle : dans quelles circonstances le mode de reproduction et les comportements égoïstes ou altruistes favorisent-ils la multiplication des gènes d'un individu ? Selon une conception étroite de la théorie darwinienne, les individus n'agissent que pour leur propre compte, la terrible « lutte pour la survie ». Dans cette perspective, comment interpréter la diversité des systèmes sociaux et l'altruisme observé dans de nombreuses sociétés animales ? Normalement, des individus porteurs de gènes altruistes devraient finir par être éliminés en faveur des individus égoïstes. William Hamilton et Richard Trivers proposent des modèles mathématiques qui expliquent comment certains comportements altruistes peuvent en fait favoriser la diffusion égoïste des gènes. La diffusion des gènes passe donc par le succès reproducteur individuel (*individual fitness*) et la sélection de parentèle (*inclusive fitness*).

La sociobiologie soulève de vives controverses, surtout du côté des sciences humaines. Depuis Karl Marx et Émile Durkheim, il existe une tradition philosophique qui postule que l'homme n'est que la résultante de son environnement social. Gould, influencé par la pensée marxiste, et Marshall Sahlins critiquent sévèrement Wilson et sa théorie réductionniste. Le rejet est encore plus vigoureux en France où le qualificatif de sociobiologiste frise l'anathème. C'est une version moderne de l'opposition fondamentale entre matérialisme et sociologisme. Patrick Tort s'efforce de rapprocher ces points de vue irréconciliables si on campe sur des positions radicales, rappelant que Darwin lui-même avait ouvert la voie des recherches sur l'évolution des comportements et aussi des capacités mentales.

La sociobiologie stimule une éthologie descriptive qui dès lors s'inscrit dans les théories de l'évolution. Car, si on veut mettre en évidence et tester les modèles de sélection individuelle et de sélection de parentèle, il est nécessaire de distinguer les individus, notamment les stratégies des femelles et des mâles qui ne sont pas soumis aux mêmes contraintes pour leur succès reproducteur, leurs relations de parenté, leurs filiations, leurs affinités. Depuis, les éthologues décrivent les structures des systèmes sociaux mais aussi leurs organisations qui révèlent les relations entre les individus apparentés ou non. Ces avancées dues à la sociobiologie restent peu connues en France où, par ailleurs, l'éthologie reste le parent pauvre de la biologie. Une fois de plus, toutes ces études doivent s'inscrire dans un cadre phylogénétique.

Depuis bientôt vingt ans, j'ai introduit la reconstitution de la vie sociale de nos ancêtres en prenant en compte les avancées sur l'éthologie comparée des singes et des grands singes. Le fait que nous partagions des comportements sociaux avec les seuls chimpanzés implique qu'ils nous ont été légués par un dernier ancêtre commun. Nous partageons donc un héritage comportemental commun et dire cela n'est pas céder au réductionnisme. Bien au contraire, les avancées des connaissances en éthologie et en anthropologie mettent en évidence tout ce que nous partageons avec nos frères d'évolution mais aussi l'ampleur de nos différences. On retrouve le couple contrainte/plasticité, cette dernière étant encore plus étendue pour les comportements.

La démarche de la sociobiologie ne s'arrête pas aux comportements et investit la question des origines et celle de l'évolution des capacités cognitives. C'est la *psychologie évolutionniste*. Longtemps, les sciences psychologiques au sens large ont considéré que le cerveau humain arrivait au monde comme une pâte de cire molle sur laquelle viennent s'imprimer les influences de l'environnement social. L'idée de la psychologie évolutionniste est que nos capacités cognitives et nos caractéristiques cognitives auraient en partie une signification adaptative, qu'elles découleraient aussi d'une évolution. (On sort enfin de la dichotomie obsolète instincts contre acquis.) Bien des recherches partent du postulat que nos comportements sont hérités de la longue période de vie de chasseurs-cueilleurs de nos ancêtres. Cela n'a rien d'évident et trop souvent les interprétations proposées sombrent dans des tautologies panglossiennes, notamment en confondant les causes proximales et les causes ultimes ; sans oublier tant d'assertions non testables. Il ne fait pourtant aucun doute qu'une partie de nos caractères psychologiques a été sélectionnée. Deux raisons à cela, les caractéristiques cognitives que l'on retrouve dans toutes les populations humaines (les universaux) et le fait que nous partagions certaines de ces caractéristiques avec les grands singes, notamment les chimpanzés. Tous les jeunes enfants naissent avec l'aptitude à apprendre le langage articulé. Son apprentissage explose à partir de l'âge de 2 ans. Les jeunes grands singes se montrent aussi très doués pour apprendre un langage symbolique avant l'âge de 2 ans, mais stagnent après. Cet exemple signifie que les grands singes, dont l'homme, ont hérité de capacités cognitives propices à la construction de représentations mentales complexes sélectionnées au cours de leur évolution. Celles-ci leur ont procuré des avantages adaptatifs pour la vie dans des environnements complexes, surtout au sein de leurs systèmes sociaux. Elles se développeront de manière inouïe dans la lignée humaine. La psychologie évolutionniste a le mérite de porter l'attention sur un aspect jusque-là trop négligé dans l'évolution : l'acquisition et la sélection de caractéristiques psychologiques dans le cadre de l'évolution des systèmes sociaux. On retrouve le couple contrainte/plasticité au niveau cognitif. Les grands singes et surtout l'homme se distinguent par l'ouverture de leur programme génétique qui laisse un choix considérable d'acquisitions au cours de l'ontogenèse.

On lit couramment que l'évolution de l'homme est d'abord biologique et ensuite culturelle, darwinienne d'abord puis lamarckienne ensuite. C'est faux. Si, à partir d'*Homo ergaster*, l'évolution culturelle s'accélère, il y a toujours évolution biologique. Le jeu complexe des interactions entre biologie et culture s'appelle la *coévolution*. La maîtrise du feu et de la cuisson il y a six cent mille ans, qui s'accompagne de l'accroissement du volume cérébral, comme l'invention de l'agriculture, qui entraîne une diminution de la taille corporelle, sont deux exemples parmi d'autres.

La révolution de la systématique phylogénétique aboutit à des phylogénies plus solides car testables, marquant une avancée fondamentale dans la théorie de l'évolution en tant que science historique. Il y a aussi des avancées considérables sur la structure et l'organisation du génome comme en éthologie et en sciences cognitives. Leurs évolutions et leurs significations adaptatives s'inscrivent dans les cadres phylogénétiques proposés par la systématique, permettant d'aborder des questions difficiles à appréhender jusqu'alors, comme les origines du langage. Enfin, la théorie du gène égoïste comme la sociobiologie ne doivent pas être comprises selon leurs dérives réductionnistes, mais d'après le principe des causes ultimes, et la question si difficile depuis Darwin de l'héritabilité aux niveaux génétique et épigénétique.

Conclusion

VERS UNE NOUVELLE SYNTHÈSE : L'ANTHROPOLOGIE ÉVOLUTIONNAIRE

Le terme « anthropologie évolutionnaire » ne sonne pas très bien en français et distille l'idée d'une révolution radicale, révolutionnaire donc. On retrouve en cela la thèse d'Élisée Reclus qui, à l'instar d'un Thomas Huxley, mais dans une vision politique plus radicale et non pas réformiste, voyait dans l'évolution un processus de révolution[1]. Au passage, il collabora avec le prince Piotr Kropotkine, qui publia *L'Entraide* en 1906, livre souvent cité par les éthologues actuels à propos de l'empathie chez les singes et les grands singes[2]. Hélas, même les théories de l'évolution ont des contraintes phylogénétiques. Il en va de l'*anthropologie évolutionniste* comme de la systématique évolutionniste, marquées par des conceptions aujourd'hui dépassées dans le cadre des théories modernes de l'évolution. Donc, va pour l'*anthropologie évolutionnaire*, bien qu'il s'agisse du cours ordinaire des avancées des sciences avec la double articulation entre avancées des connaissances et des concepts théoriques. Car la théorie de l'évolution n'est pas qu'une « théorie », comme le prétendent les créationnistes – qui quant à eux n'ont jamais fait progresser les connaissances tant les faits son méprisables. Les théories de l'évolution se fondent sur la consilience d'une somme considérable de faits qui n'ont pas cessé de s'accumuler depuis le temps de Darwin ; que ces théories ont mené à des recherches aboutissant à la découverte d'autres faits, qui à leur tour ont obligé à revoir plus d'un concept, etc. Cet immense travail, déjà engagé par Darwin et repris de façon critiquable par Wilson un siècle plus tard, doit être repris.

Comment intégrer les avancées des connaissances évoquées dans la première partie avec celles des théories de l'évolution ? La réponse paraît aller de soi, toutes ces avancées devraient s'intégrer « naturellement » dans les théories modernes de l'évolution. Hélas, rien de moins évident en regard de l'histoire de la paléoanthropologie, de la préhistoire, de la génétique et de l'éthologie. Des puristes de l'évolution au moyen de la sélection naturelle prétendent que Charles Darwin lui-même a affaibli sa théorie en inventant la sélection sexuelle dans *La Descendance de l'homme* de 1871, atténuant son assise scientifique. On touche ici à un paradoxe qui ne peut s'expliquer que par la volonté plus ou moins consciente de dégager l'homme des processus ordinaires de l'évolution en s'appuyant sur le dualisme fondamental de la pensée occidentale. Comme on le verra dans la partie suivante, les plus farouches défenseurs de Darwin en son temps se sont éloignés de sa pensée. Russel Wallace, le co-inventeur de la sélection naturelle, celui qui donne un caractère radical à la sélection naturelle en la rendant responsable de tous les faits de l'évolution – ce qu'il nomme le « darwinisme » –, se heurte à un cas d'espèce : l'homme.

Ce réductionnisme matérialiste mène à une aporie puisque Wallace sombre dans des idées spiritualistes, au grand dam de Darwin. Cette tradition « wallacienne » d'un fort réductionnisme matérialiste fondé sur le couple petites variations/sélection se retrouve chez Richard Dawkins – *Le Gène égoïste* – et dans sa conception très adaptationniste des processus de l'évolution. Les termes de cette controverse scientifique s'expriment très clairement dans le débat entre Richard Dawkins et Stephen Jay Gould à propos des concepts d'*exaptation.* En simplifiant, les sources des variations se situent au plus près des gènes. Ces auteurs n'admettent pas que des innovations majeures puissent apparaître par le seul jeu des contraintes de construction des organismes en relation avec le développement, donc en mobilisant des mécanismes épigénétiques. Pour ne prendre que deux adaptations considérables de la lignée humaine, les origines des bipédies comme des capacités cognitives du langage proviennent d'exaptations.

Pour les bipédies – et non pas *la bipédie* –, c'est une aptitude liée à la plasticité du répertoire locomoteur des grands singes hominoïdes qui se suspendent sous les branches, pratiquent le grimpé vertical et utilisent la brachiation[3]. C'est bien pour cela qu'elle est aussi répandue dans différentes lignées d'hominoïdes, comme ceux d'Europe aujourd'hui éteints, qu'on la retrouve plus ou moins occasionnellement chez les grands singes actuels et chez tous les hominidés fossiles comme Toumaï, *Orrorin* et *Ardipithecus.* Comment, après avoir été sélectionnée, cette aptitude devient-elle une adaptation ? Comment s'inscrit-elle ensuite dans les potentialités de notre développement ? Ces questions sont loin d'être résolues et les réponses ne se situent pas qu'au niveau des gènes. La théorie *évo-dévo* et les avancées dans le vaste domaine si complexe de l'épigénétique progressent à grands pas, mais sont encore loin d'avoir résolu de telles questions, en tout cas en ce qui concerne les mécanismes.

D'une certaine façon, on est dans la situation de Darwin, qui prend acte du *fait* qu'il y a toujours variation, mais sans en connaître les origines, ce que la génétique expliquera un demi-siècle plus tard. (Il s'appuie sur l'épistémologie newtonienne qui admet l'attraction des masses parfaitement décrite par ses effets et ses paramètres, mais sans savoir *pourquoi* les masses s'attirent ; ce qu'on ignore encore aujourd'hui ; ce qui ne nous empêche pas de tomber du haut de notre bipédie quand on trébuche !) Gould et d'autres ont montré qu'il existe des « variations » à tous les niveaux des organismes, même les plus contraints par leur développement, et il reste à préciser et à découvrir les mécanismes génétiques et épigénétiques ainsi que tous leurs « bricolages », selon l'expression de François Jacob. Ces notions d'*exaptation*, d'*aptatios* et de *bricolages* exaspèrent tous ceux qui cherchent une logique du vivant, surtout à propos de l'homme.

Il en va de même pour les capacités cognitives associées au langage[4]. D'une part, on retrouve les fondements neuroanatomiques et cognitifs du langage chez les grands singes, ce qui explique pourquoi ils apprennent si bien les rudiments de notre langage. D'autre part, la sélection opérée sur la taille corporelle au moment de l'émergence des premiers hommes corpulents comme *Homo ergaster* a entraîné mécaniquement l'acquisition d'un plus gros cerveau. Seulement, les différentes parties de l'encéphale ne s'accroissent pas en proportion. Les régions primaires et secondaires conservent à peu près la même taille, tandis que des régions « intermédiaires », comme les aires pariétales, deviennent passivement plus étendues, à la fois en taille absolue et en taille relative (allométries intracérébrales). Or ce sont justement ces aires qui jouent un rôle considérable pour les transferts cognitifs, l'élaboration du langage, la conception de chaînes opératoires, etc. Voilà un très bel exemple d'apparition de nouvelles capacités potentielles par des contraintes de construction, au niveau de l'organisme comme au niveau d'un seul organe. Nos ancêtres *Homo* auraient pu en rester là et ne jamais les mobiliser. On sait qu'il en a été autrement, ce qui amène à l'autre aspect encore négligé des théories modernes de l'évolution appliquées à la lignée humaine (mais pas seulement, hélas).

Le double réductionnisme génétique et adaptationniste se réfère toujours aux facteurs de sélection liés à l'environnement physique. Les partisans de cette école se défient, comme déjà évoqué, de tout ce qui a trait à la sélection sexuelle, au comportement, à la « sélection de groupe » ou encore à la théorie dite « du handicap[5] ». Il est vrai que tous ces concepts soulèvent des problèmes théoriques majeurs, mais dont les fondements reposent sur un postulat du gène sérieusement questionné par les avancées des connaissances sur le génome, sa structure, ses modes d'expression et de régulation[6], etc., sans oublier les modélisations mathématiques utilisées. Il n'est pas sûr que le jeu des possibles s'accommode du formalisme mathématique de la théorie des jeux.

À cause du réductionnisme génétique déjà dénoncé, la sociobiologie a connu des errements et a fait l'objet de critiques qui rappellent celles autour de l'émergence de la sociologie face au darwinisme social d'Herbert Spencer, un siècle auparavant. Chaque fois, des considérations philosophiques et idéologiques ont prévalu sur les aspects épistémologiques et scientifiques, eux-mêmes discutables[7]. La tradition issue de la sociologie et des sciences humaines, et celle inspirée d'un héritage rousseauiste et marxiste, comme chez Gould et Marshall Sahlins, ont porté le débat hors du champ des sciences et avec la virulence que l'on sait en France. Entre *sociologisme* et *biologisme* – version intellectualisée du dualisme en sciences –, il existe une autre voie qui s'inscrit, elle aussi, dans le cadre des théories modernes de l'évolution. Seulement il faut bien constater que le programme de recherches ouvert par Darwin dans ses livres de 1871 et 1872 est resté en panne, à la fois en raison des polémiques évoquées, mais aussi parce que les rares anthropologues évolutionnistes (évolutionnaires) ne disposaient pas des connaissances sur l'éthologie comparée, ni les outils conceptuels.

Les sciences humaines resteront trop humaines tant qu'elles refuseront de comparer l'homme aux espèces les plus proches de lui ; quant à la biologie évolutionniste, elle ne sortira pas de ces entraves réductionnistes si elle persiste à tout rapporter à des fondements génétiques. En France, on lit et on entend souvent que l'évolution biologique est darwinienne, puis lamarckienne chez l'homme depuis qu'il est un être social, technique et culturel. Encore et toujours le dualisme nature/culture. Comme nous le verrons dans la seconde partie, les grands singes et tout particulièrement les chimpanzés sont aussi des êtres de culture et, comme l'homme, bénéficient d'une formidable plasticité locomotrice, comportementale, technique et cognitive, ce qui n'enlève strictement rien à l'homme, ni aux autres représentants de notre lignée.

Variations ! Variations ! Même au niveau comportemental. C'est justement parce que les éthologues ont comparé les variations des comportements des communautés de chimpanzés observées depuis plus de deux décennies qu'ils ont établi le concept de culture et d'une discipline appelée dorénavant *cultural primatology* (*cf.* seconde partie).

Malgré ces avancées, on connaît encore trop peu la diversité des populations de chimpanzés[8] et encore moins leur évolution pour suivre les interactions entre l'évolution biologique et l'évolution culturelle, ce qu'on appelle la coévolution. Comme nous le verrons dans la partie suivante, nous sommes toujours dans des *mondes darwiniens*[9]. Les comportements, les faits sociaux, les techniques, la biologie et la cognition interagissent entre eux. Pour reprendre l'exemple des bipédies, il est possible que les environnements sociaux aient joué un rôle plus important que le passage supposé – et récusé – de la forêt à la savane et son coup de rein lamarckien ou d'un miracle néoténique, il y a plusieurs millions d'années. Les jeunes grands singes élevés par des hommes tendent à marcher plus volontiers debout tandis que les enfants humains abandonnés des hommes se déplacent à quatre pattes. Pourquoi cela ? Parce que les jeunes hominoïdes naissent avec les possibilités d'un répertoire locomoteur impliquant des aptitudes à la brachiation, à la bipédie et à la marche quadrupède ; nous possédons des neurones miroirs qui nous portent à imiter les autres ; mais la bipédie des chimpanzés ne sera jamais celle des hommes – ni les quadrupédies – parce que nos lignées ont divergé depuis 7 millions d'années (contraintes phylogénétiques acquises en raison de nos évolutions divergentes). On perçoit combien une approche intégrant la biologie (dont la génétique), l'écologie, les sciences cognitives et l'éthologie permet d'élaborer des scénarios heuristiques et testables, tout cela, évidemment, dans le cadre des théories modernes de l'évolution.

Dans l'évolution, il n'y a ni Dieu ni gènes[10], et ni hasard ni nécessité. Grâce à Jacques Monod et à François Jacob, une belle école darwinienne s'est affirmée en France. Elle commence à toucher les sciences humaines[11]. Cela passera forcément par la paléoanthropologie, et le temps d'une autre synthèse est venu en prenant en compte, non pas la spécificité des sciences humaines, mais leur formidable corpus de connaissances, qui doivent être repensées dans le cadre des théories de l'évolution. Ni réductionnisme sociobiologique ni isolement sociologique. Quelle sera la prochaine théorie après la théorie synthétique puis *évo-dévo* ? Car les théories de l'évolution n'ont jamais cessé d'évoluer, non pas sous l'impulsion de la piètre logorrhée répétitive des créationnistes et affiliés, mais bien en réponse aux nouvelles questions soulevées par les avancées des connaissances en sciences de l'évolution. Très immodestement, je propose de la nommer la théorie EDE pour : évolution, développement et éthologie.

Dans la partie qui suit, je présente quelques essais d'une approche évolutionniste qui touchent à des sujets de réflexion liés à la philosophie, et aussi à des problèmes de santé qui montrent que nous sommes toujours dans un monde darwinien. Nous n'y sommes pas pour le meilleur, ni pour le pire, car l'évolution de la vie est a-morale. Mais nous verrons que, sur tous ces sujets, ne pas comprendre l'évolution peut nous mener au pire.

SECONDE PARTIE

L'actualité de la paléoanthropologie

Si notre longue préhistoire s'étend sur des centaines de milliers d'années et notre petite histoire sur quelques milliers, cela fait à peine deux siècles que ces disciplines investissent notre passé. Car les faits du passé ne surgissent pas comme cela. Il faut aller les chercher, les mettre en évidence. La construction de notre passé se fonde sur des interrogations contemporaines, dictées par des enjeux d'avenir, et elle est marquée par l'idéologie, notamment celle du progrès centré sur un Occident dominant le monde, de Condorcet à Francis Fukuyama. Notre vision du passé a été – et est encore – conditionnée par des « causes finales ».

Les sciences du passé, en particulier la paléoanthropologie et l'archéologie préhistorique, se dégagent à peine de la vision archaïque de l'échelle naturelle des espèces orientée vers l'avènement de notre espèce, *Homo sapiens*, et d'une vision du progrès technique appelée évolutionnisme culturel, la biologie et les outils marchant d'un même pas triomphant vers l'avènement de nos sociétés modernes. Dans cette perspective, les faits importent peu, puisque l'histoire est déjà écrite, les fossiles et les outils se rangeant dans des cases préétablies. Le passé ne nous apprend rien, et encore moins sur l'évolution en train de se faire.

La paléoanthropologie et la préhistoire jouissent d'un magnifique privilège, celui de passionner tous les publics avec le relais fidèle des médias. Il ne se passe pas de mois sans que de nouvelles découvertes touchant aux fossiles, aux peintures préhistoriques, à la génétique ou à l'éthologie ne viennent donner un peu de distance et d'imaginaire dans notre actualité. Ces disciplines font l'actualité en rapportant des faits du passé. Et toutes expriment le formidable dynamisme des équipes de recherche dans le monde entier, ainsi que la dimension historique de l'évolution, l'histoire de la vie, des ancêtres de l'homme, des sociétés humaines, etc. Ce qui est toutefois beaucoup moins connu, c'est combien les théories de l'évolution participent des recherches et des réflexions portant sur les problématiques actuelles qui engagent l'avenir de nos sociétés.

Dans cette seconde partie, je propose quelques essais qui montrent – je l'espère de façon aussi heuristique que convaincante – combien les concepts des théories modernes de l'évolution s'avèrent pertinents pour reconstituer notre passé, comprendre notre présent et envisager notre avenir. Elle reprend quelques articles, certains publiés, d'autres pas, issus de rencontres et de séminaires interdisciplinaires autour de l'épistémologie, de la médecine, de la philosophie et de l'éthique. Ils rendent comptent de l'actualité de la paléoanthropologie, en apportant quelques éclairages sur des questions scientifiques, comme la médecine évolutionniste, et d'autres plus fondamentales, comme les rapports à l'environnement et aux autres espèces.

Le premier chapitre évoque la question de la mémoire et de la contemporanéité des sciences du passé. Le deuxième s'intéresse à des problèmes actuels de santé qui, comme on le verra, proviennent le plus souvent d'une « mal-évolution » de l'homme moderne et de ses sociétés. Le troisième revisite la question philosophique et ontologique de la relation entre l'homme et l'animal, et de ses conséquences éthiques à la lumière des connaissances acquises récemment sur les grands singes et sur nos origines communes.

Si des hommes marchent sur la Terre depuis des millions d'années, la paléoanthropologie est une science récente qui appartient à notre modernité.

1

LA PALÉOANTHROPOLOGIE ET LA PRÉHISTOIRE AU PRÉSENT

Une société humaine peut-elle vivre sans mémoire et sans récit sur les origines ? Le rôle des mythes fondateurs, établis *a posteriori*, consiste à installer une sorte de légitimité, un ancrage dans un monde qui change. De cette nécessité ontologique découle la belle diversité des cosmogonies des peuples actuels et passés de la Terre[1]. Mais, depuis un siècle et demi, les sciences construisent patiemment un récit plus grand que tous les autres, celui de nos origines et de notre évolution, qui embrasse tous les hommes et les autres espèces[2]. Il ne peut pas ne pas avoir d'incidence sur notre avenir commun. Toutefois, les éléments clés de notre passé ne sortent pas seulement des fossiles, des sites archéologiques ou des sédiments. Plus grave encore est la façon dont nos agissements et nos errements conduisent à la disparition de la diversité des cultures, des espèces et des vestiges du passé. Que seront les générations futures si on efface à jamais la possibilité qu'elles construisent leur propre mémoire ?

L'homme et la mémoire de l'évolution

Dans un récit chorégraphié intitulé *Danser avec l'évolution*, la dernière scène évoque la fin de la préhistoire et la disparition des autres hommes, ceux de Neandertal, de Solo et de Flores : « Ils disparaissent dans les coulisses d'une humanité des possibles désormais réduite à notre seule espèce. Pourquoi avons-nous perdu la mémoire d'une humanité partagée avec d'autres hommes ? Un étrange oubli de la part d'*Homo sapiens sapiens*, l'homme censé savoir[3]. » Quel étrange paradoxe, en effet, puisque, quelques dizaines de millénaires plus tard, nos ancêtres inventent les agricultures, la sédentarisation, les cités, les écritures et les grandes religions ; autrement dit naissance de l'histoire et des grands récits écrits, notamment sur les commencements, des récits qui, hier de façon inconsciente et aujourd'hui de manière militante, ignorent nos origines naturelles, jusqu'à les contester par tous les moyens[4].

Tel est donc le paradoxe : la mémoire des écritures, celle de la culture des grandes civilisations, se fonde sur l'ignorance, puis sur le refus des autres mémoires, celles qui ne sont pas écrites. « Tout est dans le texte » et ses exégèses. À cause de cet « alphabocentrisme », on prétendra que les peuples sans écriture n'ont pas de mémoire – tristes tropismes. Les autres témoignages du passé, ceux laborieusement extraits de la terre grâce à l'archéologie, sont confrontés à l'arrogance de l'écriture, l'interprétation des textes refusant la mise à l'épreuve épistémique avec les faits. Aujourd'hui, « les mots et les choses » s'associent dans une archéologie de la mémoire, les choses ouvrant l'immense perspective d'un enracinement universel de l'histoire bien avant les écritures et les hommes.

L'histoire moderne et la préhistoire, en tant que disciplines, émergent au XVIIIe siècle et se constituent au siècle suivant, ainsi que les théories de l'évolution. La volonté de progrès a besoin d'enracinement et de durée. Cette vision va infléchir le sens de l'histoire, la conditionner à ses fins[5]. L'histoire de la vie, avec la paléontologie et ses fossiles, subit le même traitement, l'évolution se concevant comme une longue procession guidée par sa fin ultime, l'avènement de l'homme. Formidable réductionnisme imposé par sa finalité, ce qu'on appelle l'hominisation. Les fossiles et les outils s'inscrivent dans une histoire déjà écrite, comme le rappelle avec élégance André Leroi-Gourhan dans *Le Geste et la Parole.* Une véritable science de la mémoire de l'évolution et de l'homme ne voit le jour qu'au cours des dernières décennies, grâce à un changement de paradigme considérable, qui s'abstrait de l'idée de finalité pour partir des conséquences de l'évolution, les relations de parenté entre les espèces ou classifications, pour mieux en reconstituer son récit historique. On part donc de la structure du présent pour ouvrir le champ de la mémoire.

L'ÉVOLUTION VIENT DU PRÉSENT

On se souvient des critiques adressées au structuralisme de Claude Lévi-Strauss, accusé de nier l'histoire. Pourtant, l'idée d'évolution ne vient pas de la découverte des fossiles, qui sont les témoins de l'évolution, mais de la structure du vivant, des classifications issues du travail des systématiciens. Il a fallu du temps pour comprendre que les relations de ressemblance entre les espèces actuelles sont les conséquences d'une histoire, ce que Darwin avait clairement énoncé, et ce qui reste encore mal compris, même alors qu'on vient de célébrer le deux centième anniversaire de sa naissance. Les avancées des connaissances sur nos origines en ont été retardées.

En effet, si on arrange les espèces tout en ayant une idée présupposée de leur évolution – la systématique évolutionniste –, on fait émerger la lignée humaine d'un groupe indifférencié de grands singes. C'est le grade des « pongidés », représentés actuellement par les chimpanzés, les gorilles et les orangs-outans. Comme ces « pongidés » actuels vivent en Afrique et en Asie, on a recherché les origines de notre lignée sur l'un ou l'autre continent, le but étant de compléter une histoire déjà écrite. À partir des années 1960, on a classé les espèces en ne se préoccupant pas de leur évolution, dans une approche purement structurale fondée sur des caractères anatomiques, génétiques et comportementaux. Pour classer les espèces en fonction de leurs relations de parenté, on ne s'occupait plus des espèces, mais de caractères partagés, ancestraux, dérivés, etc. On a établi un arbre phylogénétique reposant sur la distribution de ces caractères, qui sont la mémoire de l'évolution. Ce n'est que dans un second temps qu'on a tenté de reconstituer l'histoire évolutive des lignées, en interpellant les données de la paléontologie et de l'archéologie.

Pour revenir aux origines de la lignée humaine, dès 1871, Darwin a formé l'hypothèse que les grands singes africains – les chimpanzés et les gorilles – étaient, non pas nos ancêtres, mais plus proches dans la nature actuelle et que, en raison de ces relations de parenté, nous avions un dernier ancêtre commun ou DAC, ayant vécu quelque part en Afrique. Il faut attendre l'année 1959 – soit un siècle après la publication de *L'Origine des espèces* – pour que commence enfin la grande aventure de la paléoanthropologie africaine, magnifiquement confirmée par les découvertes récentes d'*Orrorin* au Kenya et de Toumaï au Tchad, très proches de notre DAC avec les chimpanzés actuels et datés de 7 à 6 millions d'années. La reconstitution de notre passé commence avant tout dans le présent.

Les fossiles apparaissent le plus souvent comme la mémoire de l'évolution. En fait, la paléontologie entretient encore des relations difficiles avec les théories de l'évolution, notamment en paléoanthropologie. Il y a une controverse entre, d'un côté, les découvreurs de Toumaï et d'*Orrorin* et, d'un autre côté, les systématiciens et les généticiens. Ces derniers prétendent que la séparation entre notre lignée et celle des chimpanzés se fait entre 5 et 7 millions d'années ; les autres repoussent cette date vers 8 à 10 millions d'années puisqu'ils considèrent que leurs fossiles sont déjà engagés sur notre lignée, donc après le DAC. Pour eux, seuls les fossiles donnent le temps, ce qui est vrai, mais ils ne disent rien sur le cadre phylogénétique. Plus largement, les fossiles étaient connus avant qu'émergent les théories de l'évolution. Léonard de Vinci avait compris qu'il s'agissait de vestiges d'animaux anciens ; Voltaire pensait que ce n'était que stupidité, lui. Ce sont les classifications, issues d'une analyse structurale du vivant, qui ont ouvert le temps de l'évolution et qui, dans un second temps, ont fait des fossiles des porteurs de mémoire.

LES VOYAGES CRÉENT LA MÉMOIRE

Jadis, il y eut Hérodote. Bien plus tard, au XIXe siècle, de jeunes hommes inspirés par Alexandre von Humboldt entreprirent de grands voyages : Charles Darwin et Russell Wallace, les co-inventeurs de la modification des espèces au moyen de la sélection naturelle, mais aussi Joseph Hooker, Thomas Huxley et d'autres. Au cours de leurs périples, ils découvrirent la diversité des espèces et leur distribution géographique. Ils comprirent que ce que nous appelons aujourd'hui la biodiversité est la mémoire d'une histoire dont il faut tout découvrir, l'évolution.

Un demi-siècle plus tard s'engage une autre aventure, celle de l'ethnologie partie à la découverte des autres peuples. Même si Claude Lévi-Strauss déteste les voyageurs en quête d'exotisme, l'ethnographie comparée favorise l'étude des structures de parenté et, plus tard, des relations de parenté entre les populations humaines. Le structuralisme repose sur les mêmes fondements épistémologiques et méthodologiques que la systématique moderne, parenté analytique donc venue de la linguistique, qui ouvre une nouvelle voie vers les origines de l'homme moderne, notre espèce *Homo sapiens*. On commence par les relations génétiques entre les populations ; puis, Luigi Cavalli-Sforza s'aperçoit que l'arbre de parenté biologique entre les populations humaines actuelles recouvre celui des langues. Pourquoi ? Pas parce qu'il existe un ou des gènes pour parler telle ou telle langue, mais parce que les populations se déplacent avec leurs gènes et leurs langues. Donc, comme le précise Lévi-Strauss, la diversité des gènes, des langues et des cultures est la conséquence d'une histoire naturelle, celle de notre espèce depuis cinquante mille ans. Une histoire qui ne peut être reconstituée que par les structures génétiques et linguistiques, les fossiles étant bien trop rares tout en étant des repères essentiels. Les structures portent et disent la mémoire et, au passage, sans la diversité des cultures de l'oralité, nous ne pourrions pas reconstituer les origines et l'évolution d'*Homo sapiens*.

QUELLE MÉMOIRE POUR DEMAIN ?

Si, de nos jours, Charles Darwin et ses collègues embarquaient pour de grands voyages ou si Lévi-Strauss et les ethnologues repartaient vers les autres hommes, ils seraient dans l'impossibilité de retrouver les observations qui ont ouvert le chemin de la mémoire de notre évolution tant la biodiversité est saccagée, tant les langues et les autres cultures s'effacent à jamais. L'homme blanc, partout il va, élimine les espèces et les cultures. Les vestiges de notre passé ne sont pas que dans la terre. Les fossiles et tout ce que nous apporte l'archéologie restituent de mieux en mieux ce qu'a été notre histoire. Avec toutefois cette douloureuse contrainte des archéologues qui, en fouillant, détruisent leurs sources d'information. Car les couches archéologiques sont des palimpsestes dont les pages s'estompent au fil de leur lecture. Il en va de même pour les fossiles puisque, par exemple, Lucy, la mascotte des australopithèques, est sortie toute seule des sédiments sous l'action de l'érosion éolienne et que si des paléontologues n'étaient pas passés par là, ils auraient manqué ce sublime rendez-vous à jamais. Et puis, il y a toutes ces mémoires encore vivantes, celle de la biodiversité des espèces et celle de la diversité des langues et des cultures.

Comme la mémoire se construit dans le présent, ne sommes-nous pas en train de détruire à jamais la possibilité pour les générations futures de faire leur histoire ? Sans passé, quel avenir ? Notre mémoire n'est pas en nous, qu'elle soit individuelle ou collective ; elle est chez l'autre.

L'archéologie entre le passé et l'avenir de l'homme[6]

La coévolution décrit les influences réciproques entre l'évolution biologique et l'évolution culturelle. Il est encore assez rare de lire des travaux qui tentent d'associer les deux. Encore plus pour l'évolution des capacités cognitives. Du côté de la paléoanthropologie, on suit les changements de l'anatomie et de la taille du corps et du crâne. Du côté de l'archéologie préhistorique, les chercheurs dégagent des modalités de fabrication des outils, de collecte de ressources et d'occupation des territoires nécessairement associées à de nouvelles organisations sociales et des capacités cognitives plus complexes. En prenant l'exemple des origines et de l'évolution du langage, on arrive à mettre en évidence l'existence de capacités cognitives qui se retrouvent dans les chaînes opératoires et dans le langage – aspect séquentiel, récursivité, etc.[7].

L'homme appartient à une lignée dans laquelle les capacités cognitives et les représentations interviennent de façon de plus en plus prégnante. Seulement dans la lignée humaine ? L'outil, le geste et la parole s'ancrent sur des capacités cognitives que nous partageons avec les grands singes actuels. Pour mieux appréhender cette évolution, il faut toutefois sortir du cadre obsolète de l'*hominisation* qui persiste à ignorer les autres espèces.

L'archéologie est appelée à jouer un rôle plus déterminant dans l'avenir en nous aidant à comprendre comment les sociétés ancestrales ont évolué et d'autres ont disparu. C'est une science qui s'intéresse au passé, mais dont les problématiques s'inscrivent dans le présent. Connaître les comportements culturels des grands singes actuels, c'est aussi s'inquiéter de leur conservation ; connaître les techniques des différentes populations humaines, c'est se préoccuper de la préservation des savoirs non inscrits sur des supports matériels. L'avenir de l'archéologie, c'est aussi l'avenir de l'homme. On ne peut pas prédire l'avenir de l'homme, comme on ne peut pas prévoir l'évolution. Mais la documentation fossile permet de tester comment les lignées apparaissent, évoluent et, éventuellement, disparaissent : de la rétrodiction testable au lieu de la prédiction non testable. L'archéologie joue de plus en plus ce rôle pour l'évolution des sociétés humaines, à l'instar de Jared Diamond, en l'inscrivant dans les débats et les enjeux de notre temps.

Pour paraphraser le regretté Stephen Jay Gould, une accumulation d'objets ne suffit pas à constituer un savoir. La naissance des sciences naturelles au XVIIe siècle provient d'un élan contemplatif pour les choses de la nature avec l'engouement pour les cabinets de curiosités. Le siècle des Lumières voit naître la systématique, discipline qui a pour objectif d'observer, de comparer et de classer les espèces. C'est alors que naissent les sciences naturelles avec Charles Linné, puis que se construit lentement une histoire naturelle qui, avec Buffon, se sépare de la théologie. Vient le XIXe siècle, avec Lamarck et Darwin et les théories de l'évolution. En un peu plus de deux siècles, on est passé des cabinets de curiosités aux muséums d'histoire naturelle avec l'institutionnalisation d'une vaste profession scientifique largement représentée dans les universités et les instituts de recherche. Quelle évolution !

L'archéologie préhistorique devient une discipline scientifique à l'époque où la théorie de l'évolution s'impose en biologie. Les preuves proviennent d'outils en pierre taillée associés à des animaux des âges glaciaires, jusqu'à la plus belle des preuves apportée par l'art des cavernes. C'est ainsi que l'archéologie préhistorique ouvre la voie à la paléoanthropologie, les pierres précédant les fossiles. Pendant un siècle, la préhistoire impose un cadre culturel à l'évolution biologique de l'homme en Europe. Depuis ses origines jusqu'à l'homme moderne, tout commence par l'outil et tout est balisé par la succession des cultures du paléolithique. La prééminence de la culture se retrouve aussi dans toutes les définitions du genre *Homo* depuis celle de Linné au XVIIIe siècle jusqu'à la fin du XXe siècle. Aujourd'hui, la préhistoire et la paléoanthropologie se dégagent à peine de cet amalgame qui, s'il a permis des avancées considérables, devient problématique, notamment pour mieux appréhender la question des origines du Paléolithique comme celle des origines du genre *Homo*. Autrement dit, il s'agit de séparer les problématiques respectives de la préhistoire et de la paléoanthropologie pour ensuite les unir dans une véritable théorie évolutionniste, ce qu'on appelle la consilience.

Ce qui suit commence par un hommage à André Leroi-Gourhan, immense préhistorien, qui avait perçu les difficultés dans lesquelles se trouvait une certaine idée fort tenace de l'évolution calquée sur la conception erronée de l'échelle naturelle des espèces. Hélas, la majorité des lecteurs de Leroi-Gourhan a retenu la conception même qu'il critiquait, celle d'une évolution linéaire marquée par le progrès conjugué de l'outil, de la bipédie, de la main et du cerveau. Une autre lecture de son œuvre est possible, bien plus heuristique et bien plus fondée ; elle incite à reprendre ces questions dans le cadre des sciences modernes de l'évolution, ce qui inclut évidemment la préhistoire et la paléoanthropologie, mais aussi les grands singes, l'éthologie comparée et les sciences cognitives. Le geste et la parole à la lumière des avancées dans toutes ces disciplines et non plus dans le cadre obsolète de l'*hominisation*.

Il est grand temps de se débarrasser de l'aphorisme : « L'homme, c'est l'outil. » Ce qui nous amènera à mettre en évidence un âge de la pierre non taillée grâce aux implications des recherches sur les capacités techniques et culturelles des grands singes actuels, puis à décrire l'état actuel des connaissances en archéologie préhistorique et en paléoanthropologie avant et autour des origines du genre *Homo*. Nous en viendrons enfin à l'avenir de l'archéologie. La systématique et les classifications des espèces sont la conséquence d'une histoire : l'évolution. Mais pour comprendre comment a pu se faire cette évolution, les biologistes au sens large étudient les processus et leurs mécanismes dans la nature actuelle – sélection naturelle, sélection sexuelle, dérive génétique, adaptation, etc. Il en est de même pour l'archéologie : elle ne se réduit pas à une simple leçon des choses découvertes. Pour comprendre la signification des contextes du Paléolithique, les archéologues ont besoin des connaissances sur les derniers peuples en voie d'extinction, mais aussi sur les chimpanzés et d'autres espèces. L'avenir de l'archéologie passe donc par la double préservation des vestiges du passé mais aussi de toutes ces connaissances en train de s'effacer autour de nous.

LE GESTE ET L'OUTIL SANS LA PAROLE

L'œuvre scientifique d'André Leroi-Gourhan se fonde sur une longue recherche de la systématique des objets et de leurs usages, une ethnographie structuraliste et fonctionnaliste, qu'il applique ensuite à la préhistoire avec le succès que l'on sait. C'est parce qu'il avait patiemment élaboré un corpus unique de connaissances sur les objets qu'il a pu développer un programme de fouilles en archéologie préhistorique qui a permis de mettre en évidence des éléments de la vie des hommes du Paléolithique supérieur ignorés jusque-là. Quelle évolution quand on se rappelle les tristes typologies d'artefacts et leur taxonomie dénuée de toute référence fonctionnelle, comme tous ces grattoirs et autres racloirs sagement rangés selon des critères de forme.

Tout cela est bien connu. Pour autant, la leçon a-t-elle été assimilée pour les périodes les plus anciennes de l'archéologie préhistorique ? Citons l'auteur : « Il est bien certain que, partie au XVIIe siècle de l'idée, indiscutable, de la proximité de l'homme et des grands singes, la paléontologie était hors d'état d'imaginer autre chose que de prendre la médiane entre les singes qu'elle connaissait et l'*Homo sapiens*. Dès cet instant, non seulement il devenait presque impossible de regarder les fossiles objectivement, mais même, pourrait-on dire, il devenait presque inutile de les regarder, car dans une certaine mesure ils ne pouvaient que troubler la recherche de la belle image de la transition. » Ces phrases se trouvent dans *Le Geste et la Parole* publié en 1964[8], l'année de l'annonce de la découverte du plus ancien représentant du genre *Homo* : *Homo habilis*. Les inventeurs d'*Homo habilis* proposèrent une nouvelle définition du genre *Homo* en insistant sur la taille de la boîte crânienne, notamment son volume supérieur à celui des australopithèques, et sur les caractères de la main qui la rapprochaient de celle de l'homme moderne. Cet homme tirait son nom de ces caractères, d'autant qu'il avait été mis au jour dans le plus ancien site archéologique connu à l'époque, Olduvaï en Tanzanie. L'association du geste, de la parole et de l'outil émergeait donc avec les premiers hommes, puisque l'étude des parois internes de la boîte crânienne révélait des indices neuroanatomiques associés au langage. Tout semblait s'articuler au mieux selon une conception très classique de l'émergence du genre humain.

Leroi-Gourhan se doutait fort bien, comme le rappelle la citation ci-dessus, que les choses ne devaient pas être aussi simples. D'ailleurs, lors de l'annonce de la découverte du *Zinjanthropus boisei* en association avec les outils sur éclat d'Olduvaï par Leakey en 1959, il en perçoit immédiatement l'importance fondamentale. Car le plus important, ce n'est pas seulement l'affirmation des origines africaines de la lignée humaine et son ancienneté, autour de 2 millions d'années grâce aux premières datations radiochronologiques, mais le fait qu'une espèce non humaine ait pu être l'artisan de ces premiers outils de pierre taillée. Hélas, l'ordre anthropocentrique ne tarda pas à s'imposer et la définition d'*Homo habilis* fut taillée sur mesure à cet effet : réattribuer les outils à l'homme, en l'occurrence à *Homo habilis*... car « l'homme, c'est l'outil ».

Plus de quarante ans ont passé et le statut d'*Homo habilis* pose toujours autant de problèmes[9]. La remarque de Leroi-Gourhan s'adresse explicitement aux paléoanthropologues et à leurs fossiles. L'image de la transition entre les grands singes et l'homme repose sur l'inoxydable échelle naturelle des espèces, la *scala natura*, qui formate encore la conception erronée d'une évolution de l'homme tout orientée vers l'avènement d'*Homo sapiens* tout en évitant la question des origines de la préhistoire. L'association entre l'homme et l'outil s'est consolidée en précisant les étapes d'une évolution bioculturelle qui a dévoyé la pensée de Leroi-Gourhan en associant un faciès d'homme préhistorique avec un faciès de culture préhistorique, classiquement : *Homo habilis* avec l'Oldowayen ; *Homo erectus* avec l'Acheuléen ; *Homo neanderthalensis* avec le Moustérien et *Homo sapiens* avec l'Aurignacien et ce qui suit. Une certaine idée de l'évolution culturelle s'impose à l'évolution biologique. Nul besoin des paléoanthropologues et des fossiles puisque l'évolution de la bipédie, de la main et du cerveau se fait de concert avec l'outil. Cet hymne archaïque à l'hominisation orthogénétique est censé s'inspirer des écrits de Leroi-Gourhan, ce qui est fondamentalement contraire à sa démarche épistémologique. Si de telles idées persistent dans la culture générale, elles devraient être dépassées depuis longtemps en archéologie préhistorique. Hélas, ce n'est pas encore le cas.

Dans un petit livre écrit avec Hélène Roche[10], on perçoit ce qui sépare encore le paléoanthropologue du préhistorien. Alors que je tente de restituer les fondements cognitifs et gestuels des origines des premiers outils de pierre taillée à partir de ce que l'on sait des activités culturelles des grands singes actuels, et tout particulièrement des chimpanzés, ma collègue hésite à considérer que les plus hominidés auteurs des assemblages de Lokalelei datés de 2,34 millions d'années ne puissent pas être produits par des membres du genre *Homo*[11]. Il est vrai que d'un point de vue paléoanthropologique la question n'est pas tranchée. Il existe un grand débat autour du statut d'*Homo habilis* depuis plus de quarante ans. C'est même un problème encore bien plus ancien puisque la première définition « naturaliste » de l'homme, en l'occurrence *Homo sapiens*, proposée par Charles Linné en 1758 rassemble plus de critères culturels qu'anatomiques. Leakey et ses collègues reprennent cette définition avec la description d'*Homo habilis* en précisant nombre de caractères anatomiques. Plus récemment, dans les années 1990, des paléoanthropologues ont suggéré des origines anciennes du genre *Homo* sur la base des plus anciens outils de pierre taillée trouvés à Kada Hadar et à Gona, en Éthiopie, et datés de 2,6 millions d'années, bien qu'il n'y ait pas de fossile d'hominidé associé à ces outils[12]. Bernard Wood n'a pas manqué de critiquer une corrélation qui n'a rien de fondé scientifiquement, d'autant qu'il a entrepris avec ses collaborateurs un travail remarquable sur la définition du genre *Homo*[13].

Actuellement, une majorité de paléoanthropologues accepte, enfin, une définition du genre *Homo* fondée exclusivement sur des critères biologiques. On peut discuter de ces critères, mais cela se situe dans le cadre de la paléoanthropologie au sens strict. La position adoptée ne vise pas à exclure la préhistoire du champ de la paléoanthropologie au sens large autour de la question de l'émergence du genre *Homo*, mais de clarifier les approches respectives de ces disciplines et leurs problématiques propres. Si, comme l'admettent de plus en plus de paléoanthropologues, le genre *Homo* apparaît avec *Homo ergaster*, alors le genre *Homo* au sens strict voit le jour environ cinq cent mille ans après les plus anciens outils de pierre taillée. Il reste tout à fait possible que l'outil de pierre taillée, son invention et/ou sa fabrication systématique, soit une innovation du genre *Homo*, mais cette question doit être abordée indépendamment par la préhistoire et la paléoanthropologie, et ce d'autant que, si les plus anciens outils en pierre taillée sont connus en Afrique de l'Est, les origines géographiques du genre *Homo* sont loin d'être éclaircies[14].

Au fil de ces paragraphes, et de façon insidieuse, l'aphorisme : « L'homme c'est l'outil » a glissé vers un autre questionnement : « *Homo*, c'est l'outil en pierre taillée. » Qu'en est-il des outils qui ne sont pas en pierre taillée et de tous les autres qui ne sont pas en pierre ? L'archéologie préhistorique ne peut retrouver que ce qui peut échapper à l'effacement du temps, la pierre. Jusqu'à présent, la préhistoire commence autant par définition que par nécessité avec la pierre taillée. Maintenant que l'on sait que le Paléolithique émerge avant les premiers hommes, reste une question, existe-t-il un âge de la pierre non taillée ?

L'AUBE DE L'ARCHÉOLOGIE PRÉHISTORIQUE

« On a souvent dit qu'aucun animal n'utilise d'outil ; mais le chimpanzé à l'état de nature brise un fruit indigène, ressemblant plus ou moins à une noix, avec une pierre. » L'auteur de cette phrase, tirée de *La Descendance de l'homme en relation avec la sélection liée au sexe*, est Charles Darwin qui cite un article de Savage et Wyman paru dans le *Boston Journal of natural History* de 1843. Le livre de Darwin paraît en 1871, à peine six ans après la publication par John Lubbock de *Prehistoric Times* en 1865 qui donne son nom à la discipline qui s'appelle depuis la préhistoire. D'ailleurs, Darwin ne manque pas de faire référence à l'ouvrage de John Lubbock tout en évoquant auparavant les observations faites par d'autres naturalistes ou explorateurs à propos des singes capucins d'Amérique du Sud, des babouins mais aussi des orangs-outans. Or, actuellement, les recherches sur les capacités cognitives des singes utilisent souvent les capucins et les babouins alors que les observations des trois dernières décennies sur les chimpanzés et les orangs-outans dans leurs habitats naturels ont mis en évidence des traditions culturelles. Les primatologues parlent dorénavant de « primatologie culturelle[15] ». Grâce à ces avancées fondamentales de l'éthologie, la préhistoire commence avec un nouvel âge de la pierre.

Quel serait cet âge de la pierre et de quels types d'outils s'agit-il[16] ? L'outil de pierre taillée, fabriqué intentionnellement dans le but d'effectuer une ou des tâches précises, s'est imposé comme un critère fondamental, d'autant qu'on n'a pas (encore ?) observé de grands singes fabriquant de tels outils de leur propre chef et les utiliser. (Ils le font en captivité après sollicitation et apprentissage de la part des chercheurs. À ce propos, on avait oublié que la morphologie de leur main diffère de la nôtre, notamment pour les capacités de prise avec précision[17], ce qui ne les empêche pas de trouver une solution de leur invention pour obtenir des éclats qui, si elle ne respecte pas l'académisme des préhistoriens[18], n'en n'est pas moins efficace.) On retrouve de façon bien plus précise, mais dans la nature actuelle, ce qui semble être une différence entre les grands singes et l'homme : la fabrication intentionnelle d'outils et en l'occurrence d'outils en pierre taillée. On imagine alors qu'il devrait en être de même au cours de la préhistoire. Il n'en va pas ainsi.

L'approche dénoncée par Leroi-Gourhan pose de réels problèmes puisque les origines de l'outil de pierre taillée postulent des capacités cognitives et gestuelles implicitement attachées, pour ne pas dire consubstantielles, aux premiers hommes. Donc, nul besoin d'aller chercher des prémices plus anciennes et encore mois dans les autres lignées. On rencontre la même démarche pour les origines du langage : de nombreux linguistes affirment que le langage est associé à un module spécifique du cerveau d'après Noam Chomsky, ce qui rend inutile toute recherche sur des capacités cognitives homologues chez les grands singes. Or, quand on s'aventure à questionner de telles affirmations, qui ne reposent sur aucune recherche comparative mais sur la suprême ignorance des grands singes, on découvre des caractères communs qui, comme on va le voir, ont des implications en archéologie préhistorique[19].

Relisons encore une fois la phrase citée de Leroi-Gourhan. On constate qu'elle s'applique aussi bien aux fossiles qu'aux outils. Les paléoanthropologues se retrouvent encore entravés par cette idée obsolète de l'homme qui descend du singe sans se préoccuper de ce que sont ces singes et plus précisément les grands singes. Les controverses actuelles autour des origines de la lignée humaine proviennent autant des caractères étonnants des fossiles découverts récemment – *Orrorin*, *Sahelanthropus* et *Ardipithecus* – que de l'habitude de considérer que tout caractère reconnu chez les grands singes actuels soit archaïque tandis que tout caractère propre à l'homme est évolué[20]. Il n'est plus du tout certain que la bipédie, pour prendre cet exemple, soit un caractère propre ou dérivé de la lignée humaine. Mais, pour s'en apercevoir, il fallait se dégager de cette conception gradualiste qui concevait les fossiles avant qu'on ne les découvre et qu'on ne les fasse entrer de force dans la normalisation de l'échelle des espèces. Il en va de même pour les outils de pierre taillée : les plus anciens sites archéologiques apparaissent bien avant les hommes au sens strict. Que ce soit pour les fossiles ou les outils, il serait grand temps que l'on comprenne que la nature d'aujourd'hui ne récapitule pas notre histoire évolutive et qu'elle ne représente que la partie la plus récente d'une histoire qui a été tout sauf linéaire. En d'autres termes, les données du passé racontent une autre histoire et il faut s'attendre à bien des surprises. L'archéologie préhistorique, en tant que science des faits a donc un statut épistémologique scientifique qui l'amène donc à la fois à consolider, préciser ou réfuter des hypothèses, voire des théories. L'apport de l'archéologie à l'histoire n'est plus à démontrer ; il commence à en être ainsi en préhistoire.

Depuis presque vingt ans, un nouveau champ de l'archéologie préhistorique s'ouvre grâce à l'observation des chimpanzés. Une approche comparable à celle initiée par Leroi-Gourhan par l'observation des peuples contemporains se met en place : connaître les objets, leurs modes de fabrication, leurs usages et leurs contextes socioécologiques chez les chimpanzés et dégager des critères susceptibles d'être découverts dans des sites archéologiques[21]. Ces connaissances constituent une nouvelle problématique qui permet de mettre en évidence des outils jusque-là improbables sur les sites les plus anciens du Paléolithique – comme le fit Leroi-Gourhan sur des sites du Paléolithique supérieur dont personne ne conteste le caractère archéologique –, mais aussi de reconnaître comme « archéologiques » des concentrations et des assemblages lithiques négligés jusqu'à présent. Une archéologie d'avant la pierre taillée se construit non parce qu'on a découvert des fossiles du genre *Homo* associés, mais grâce à l'observation de la lignée la plus proche de l'homme dans la nature actuelle[22].

Récemment Mercader *et al.* (2007) ont décrit les résultats de la fouille archéologique de sites de cassage de noix de la forêt de Taï en Côte d'Ivoire datés de 3400 av. J.-C.[23]. Les chercheurs ne partent pas de l'hypothèse que les amas de pierres (non taillées) proviennent d'actions commises par des chimpanzés. Au contraire, ils examinent toutes les hypothèses alternatives, dont la présence possible de populations humaines dans cette région et à cette époque.

Bien avant que l'on redécouvre ces populations de chimpanzés utilisant des pierres pour briser des noix très dures, Adriaan Kortland admet que les chimpanzés utilisent des outils, mais sans en être les inventeurs. Étant d'habiles imitateurs, ils auraient copié les gestes observés chez les hommes. La question devient alors : les deux cents générations de chimpanzés, qui se sont succédé depuis plus de trois millénaires, ont-elles emprunté, adapté et transmis les techniques du cassage de noix de populations humaines présentes dans cette région ? La réponse est apportée par l'archéologie qui ne répertorie aucun vestige de présence humaine pérenne dans cette région de la Côte d'Ivoire avant le début de notre ère. De fait, et même si l'archéologie préhistorique de l'Afrique occidentale subsaharienne commence à peine à prendre de l'ampleur[24], l'absence de vestiges archéologiques anthropologiques ouvre la voie à l'archéologie des chimpanzés et, partant, des autres hominidés.

Remarquons que, même si des populations humaines peu sédentaires étaient dans les parages à cette époque, l'analyse minutieuse des chercheurs montre que les caractéristiques des pierres de ces sites ressemblent à celles des sites contemporains. Par exemple, la taille des pierres utilisées comme marteaux est comparable. Ces marteaux sont trop volumineux et trop lourds pour être manipulés avec efficacité et précision par les hommes, limités en cela par les dimensions de leurs mains et la force musculaire de leurs bras. Car, aussi simple que puisse paraître la tâche qui consiste à briser les coquilles des noix, le but n'est pas d'en faire une bouillie, mais de se débarrasser des cerneaux, très durs, pour récupérer la chair. Des expériences d'archéologie expérimentale réalisées par Matzusawa avec des individus humains d'âges et de sexes différents révèlent les difficultés techniques de ces tâches[25]. Même si des chimpanzés avaient observé de manière opportuniste des petits groupes d'hommes faisant des haltes dans les forêts pour briser et consommer des noix – ce qui laisse une très faible probabilité de découvrir des traces archéologiques de ces activités éphémères –, les chimpanzés ne se contentent donc pas d'imiter et d'employer une seule technique. Selon les populations, ils consomment jusqu'à cinq types de noix alors que les populations humaines alentour n'en mangent qu'une. Il existe cependant des différences culturelles entre les populations de chimpanzés de cette région puisque certaines se contentent d'un type de noix alors que d'autres en sélectionnent plusieurs. D'autre part, si, dans certaines communautés, les chimpanzés utilisent des pierres, ailleurs les individus emploient de gros bouts de bois.

Toutes ces observations montrent que, même si l'action de briser des noix a pu être observée chez les hommes, les chimpanzés ont inventé leurs propres techniques et leurs propres savoir-faire à l'origine des différentes traditions observées. Précisons que les hommes et surtout les femmes ont des techniques différentes. Même si des populations humaines avaient vécu dans les parages des chimpanzés préhistoriques et même si ces derniers les avaient observés puis imités, ils auraient donc emprunté leurs techniques (diffusion) et les auraient adaptées en fonction de leurs contraintes anatomiques et des matériaux disponibles dans leur environnement (adaptabilité cognitive). L'emprunt, la diffusion, l'adaptation et la transmission de techniques constituent les éléments fondamentaux des cultures[26].

Mercater et ses collègues sont obligés de se lancer dans cette démarche à cause d'un *a priori* aussi récurrent qu'anthropocentrique : ce sont des hommes qui ont inventé ces outils et ces techniques et plus précisément les mâles. Décidément, on ne se dégage pas des archaïsmes machistes et anthropocentriques qui, à force de répétition et d'idéologie, restent perçus comme des « vérités[27] ». D'un point de vue scientifique, et donc épistémologique, il est tout aussi pertinent de se poser la question inverse : est-ce que les hommes n'auraient pas emprunté et adapté les techniques des hominidés actuels ou fossiles ? Nos sociétés urbanisées et de plus en plus séparées de la nature ont oublié tout ce que notre histoire technique et culturelle doit à l'observation précise de la nature et des mœurs des animaux par toutes les sociétés humaines qui nous ont précédés, tous les acquis des peuples traditionnels en train de s'effacer.

Pour espérer en terminer avec : « l'homme, c'est l'outil de pierre taillée = l'homme-mâle-chasseur », il serait aussi grand temps de s'intéresser davantage aux femelles. Chez les chimpanzés, ce sont elles qui utilisent le plus toutes sortes d'outils, qui innovent et qui transmettent à leurs jeunes[28]. En témoignent ces observations récentes faites à propos de femelles chimpanzés du Sénégal qui fabriquent de petites sagaies pour tuer des galagos réfugiés au cœur des arbres[29]. Ces actions de prédation commises par des femelles avec des armes contendantes s'opposent à l'interdit universel dans la majorité des cultures humaines, d'après Alain Testard, qui empêche les femmes de faire couler le sang[30].

Cet exemple montre que des hypothèses récurrentes, comme l'homme-chasseur, se fondent non pas sur une histoire naturelle mais sur des constructions culturelles, et souvent idéologiques, récentes. Autrement dit, bien des archaïsmes de nos sociétés sont récents et le rôle de l'archéologie est d'interroger de tels fondements, leurs origines et leur évolution. (À propos du rôle social, technique, politique et religieux des femmes au cours de l'histoire, il suffit de se référer aux débats suscités par l'archéologie du Néolithique.) En ce qui concerne les origines de l'homme et de l'outil, il y a encore beaucoup à apprendre du côté des femelles.

Les chimpanzés nous donnent une bonne leçon de science appliquée à l'archéologie. La devise « on trouve ce que l'on cherche » se pare d'une belle pertinence épistémologique. Aujourd'hui encore, il se trouve des philosophes, des anthropologues et des archéologues qui nient l'existence de cultures chez les chimpanzés. Ils se lancent alors dans des analyses sophistes très pointues pour écarter les grands singes de la sphère anthropocentrée de la culture. Il ne s'agit pas de critiquer l'importance des recherches portant sur les différences entre les hominidés d'hier et d'aujourd'hui, dès lors qu'elles prennent en compte les avancées des connaissances en archéologie préhistorique et en éthologie, mais de récuser l'attitude obsolète qui persiste à considérer que les grands singes n'apportent rien aux sciences humaines et en l'occurrence à l'archéologie. Ces présupposés anthropocentriques, et très marqués culturellement dans la pensée occidentale, ont déjà fait perdre cent cinquante ans à l'archéologie préhistorique (sans oublier quelques fraudes célèbres). Le propre d'une démarche scientifique n'est-il pas de tester la solidité des paradigmes dominants et ce d'autant plus si ces paradigmes s'imposent depuis des disciplines autres dont les fondements épistémologiques se préoccupent peu de réfutabilité ?

ARCHÉOLOGIE PRÉHISTORIQUE
ET PALÉOANTHROPOLOGIE

Les plus anciens hominidés. Selon la logique phylogénétique, si un caractère se retrouve chez deux espèces sœurs, autrement dit partageant un ancêtre commun exclusif, alors il est hérité de ce dernier. Il y a donc de fortes chances pour que le dernier ancêtre commun aux chimpanzés et aux hommes ait eu les capacités cognitives nécessaires pour avoir des comportements culturels et utiliser des outils. Avec les chimpanzés, les espèces les plus proches de l'homme dans la nature actuelle, on a fait un pas depuis l'anthropocentrisme vers le « chimpocentrisme ». C'est toutefois loin d'être suffisant car d'autres grands singes ont des comportements culturels, comme les orangs-outans, les derniers représentants de la lignée des grands singes hominoïdes asiatiques, les pongidés. Or cette lignée s'est séparée de la lignée des grands singes africains ou hominidés – celle des chimpanzés robustes *Pan troglodytes*, des chimpanzés graciles ou bonobos *Pan paniscus*, des gorilles *Gorilla gorilla* et *Gorilla beringei* et des hommes *Homo sapiens* – depuis 13 millions d'années. En toute logique, cela signifie que la superfamille des hominoïdes possède dans ses bagages phylogénétiques les capacités cognitives d'inventer et de transmettre des comportements culturels. Cette réflexion rappelle un épisode célèbre en paléoanthropologie il y a presque quatre décennies lorsque Pilbeam et Simons avaient suggéré que des pierres en basalte trouvées aux côtés de fossiles de kenyapithèque en Afrique auraient pu être des outils, ce qui souleva un vif étonnement à l'époque, pour le moins. Quoi qu'il en soit, ce que l'on sait des activités des grands singes actuels exige un autre regard sur toute concentration de pierres gisant à proximité d'un hominoïde fossile.

Si les hominoïdes possèdent des aptitudes cognitives, anatomiques et sociales pour inventer, conserver et développer des comportements culturels, ces conditions nécessaires ne sont évidemment pas suffisantes. Dans l'état actuel de nos connaissances, on n'a pas observé de comportements culturels aussi complexes que chez les chimpanzés et les orangs-outans chez les bonobos et les gorilles, bien que tous fassent usage de divers types d'outils. Il existe aussi des différences importantes entre les orangs-outans de Sumatra (*Pongo abelii*), bien plus culturels, et ceux de Bornéo (*Pongo pigmaeus*[31]). Notons toutefois que ces découvertes sont très récentes, non pas parce que ces grands singes se sont mis à innover depuis que les éthologues les observent, mais parce qu'on ne s'était pas posé les bonnes questions. Cette remarque étant faite, les hominoïdes sont des espèces arboricoles habituées à vivre dans des forêts plus ou moins denses dans lesquelles il n'est pas facile de trouver des pierres et, quand bien même, seuls les chimpanzés semblent en faire usage comme projectiles pour blesser un animal (ou pour régler des comptes avec un congénère) et surtout pour le cassage de noix. Seule cette dernière activité, qui s'accompagne d'une concentration de pierres près des arbres producteurs de noix, est susceptible de laisser des traces archéologiques. Les probabilités sont minces, une contrainte courante dans une discipline de faible occurrence.

Pour revenir au plus près des origines de la lignée humaine, les paléoanthropologues n'ont pas découvert de vestiges archéologiques auprès des plus anciens fossiles autour de l'émergence de notre lignée : *Orrorin tugenensis* et *Sahelanthropus tchadensis* ou Toumaï entre 7 et 6 millions d'années en Afrique. Utilisaient-ils des outils en bois ? Certainement. On ne connaît pas la boîte crânienne d'*Orrorin*. Celle de Toumaï s'avère petite et de forme archaïque, ce qui n'a rien d'étonnant. Il faut comprendre que Toumaï et certainement *Orrorin* étaient plus archaïques que tous les hominidés plus récents, ce qui comprend aussi les chimpanzés et les gorilles. Il est donc tout à fait possible que ces espèces fossiles, à laquelle il faut ajouter *Ardipithecus* d'Éthiopie daté de 4,5 à 5,8 millions d'années, n'aient pas joui de capacités cognitives suffisantes pour se comporter au moins comme les grands singes actuels, mais que celles-ci se soient développées en parallèle.

Les australopithèques. D'après les études des moulages endocrâniens et de quelques encéphales fossilisés, les australopithèques avaient des cerveaux de taille égale ou supérieure à celle des chimpanzés actuels. Il semble que leurs aires corticales d'association aient été plus développées. L'anatomie de leur main comme celle du membre supérieur attestent d'habitudes locomotrices dans les arbres, ce qui suppose qu'ils avaient une dextérité et une force comparables à celles des chimpanzés actuels. Ils vivaient dans des milieux arborés comme les forêts galeries ou denses près des cours d'eau et des étendues d'eau et dans des savanes arborées. Leur régime alimentaire incluait une part importante de nourritures coriaces dont des tubercules, des légumineuses et des noix. Ils disposaient d'appareils masticateurs puissants, bien plus que chez n'importe lequel des hominoïdes actuels, orangs-outans compris. À la lumière de ce qu'on connaît des chimpanzés actuels, il y a de fortes probabilités que les australopithèques aient fait usage de différents types d'outils, dont des outils en pierre pour briser des noix.

Les formes à la fois les plus récentes et les plus robustes d'australopithèques sont surnommées les « casse-noisettes » eu égard à la formidable puissance de leur appareil masticateur. À cause de cela, on les a longtemps décrits comme des grands singes végétariens complètement abrutis à force de mastication. Plusieurs études ont dégagé une autre vision de ces paranthropes. Des analyses isotopiques révèlent qu'ils ont des régimes alimentaires de type végétarien/omnivore ; ils sont capables de mastiquer des nourritures coriaces, mais ils ne se privent pas pour autant de fruits et d'autres nourritures plus tendres, dont la viande[32]. (Rappelons que les chimpanzés sont d'excellents chasseurs.) Des études plus précises sur l'anatomie de leur main révèlent des capacités de préhension, de manipulation et de précision comparables à celles des *Homo habilis* contemporains. Plus récemment, en 1999, une équipe de paléoanthropologues annonce une nouvelle espèce d'australopithèque intermédiaire entre les formes plus anciennes et plus graciles, comme *Australopithecus afarensis*, et des formes plus dérivées et plus robustes comme *Paranthropus boisei* et nommées *Australopithecus garhi* trouvée en Éthiopie[33]. *Garhi* signifie « surprise » en langue afar, et la surprise vient du contexte archéologique de cet australopithèque trouvé avec des restes d'herbivores et des outils en pierre taillée[34]. Dans la grotte de Swartkrans les fouilleurs ont trouvé un os long brisé qui a servi de bâton à fouir d'après les traces d'usure étudiées au microscope électronique[35]. Ces recherches dégagent une tout autre compréhension de ces paranthropes. Comme pour les chimpanzés d'aujourd'hui, les faits étaient appréhendables mais l'anthropocentrisme dominant contraignait la pratique archéologique.

Comme déjà évoqué, il y a presque un demi-siècle, Mary et Louis Leakey découvraient le célèbre fossile OH5 d'Olduvaï, un *Zinjanthropus boisei*, à côté d'outils en pierre taillée. Cet événement marque le commencement de la paléoanthropologie africaine moderne. Quelques années plus tard, la même équipe met au jour les fragments d'*Homo habilis* et les outils lui sont attribués. Les paranthropes traverseront un long purgatoire dont ils ne sont pas encore sortis.

Les premiers hommes. Les paranthropes étaient contemporains des premiers hommes au sens large, *Homo habilis* et *Homo rudolfensis* en Afrique orientale et australe entre 2,5 et 1,5 million d'années. Alors qui a inventé la pierre taillée et ses usages ? Difficile de répondre puisque tous ces hominidés ont été trouvés dans des contextes archéologiques qui les associent à ces artefacts[36]. Une explication est que les premiers hommes étaient de vrais prédateurs qui mirent les paranthropes à leur menu. Ceux-ci étant moins corpulents que ceux-là et pas mieux armés de bâtons et de pierres, on ne voit pas comment ils auraient pu faire. Autre possibilité, les paranthropes, fort opportunistes, auraient exploité secondairement les restes de sites de chasse, d'abattage et de consommation des premiers hommes. Les analyses tracéologiques montrent sans ambiguïté que des hominidés se livraient à ces activités de charognage, souvent après le passage des grands prédateurs. En fait, il y a de fortes chances pour que tous les hominidés de cette époque se soient livrés à ces activités. Ces quelques remarques renvoient à une question négligée en paléoanthropologie et en archéologie préhistorique : celle de communautés écologiques composées de populations de plusieurs espèces d'hominidés avec des transferts d'innovations et des imitations et adaptations de comportements, ce qui nous renvoie à l'hypothèse de Koortlandt pour les chimpanzés et les outils (au demeurant réfutées par l'archéologie, comme nous l'avons vu).

On n'obtient guère plus de certitudes du côté de l'anatomie puisque le cerveau de tous ces hominidés était à la fois relativement et absolument plus développé que chez leurs prédécesseurs australopithèques et avec des asymétries cérébrales, un caractère associé à la dextérité. D'après Hélène Roche, la reconstitution des chaînes opératoires des outils de Lokalelei, ces artisans de l'aube de l'archéologie préhistorique étaient droitiers. Même si les *Homo habilis* et les *Homo rudolfensis* étaient sensiblement plus encéphalisés que les paranthropes, rien ne permet d'affirmer que les premiers disposaient de capacités cognitives supérieures qui puissent les qualifier comme inventeurs et utilisateurs de pierres taillées[37]. Cette conviction repose par ailleurs sur le principe selon lequel « l'homme, c'est l'outil » : L'homme serait le chasseur et donc l'outil en pierre taillée est associé à la viande. Les analyses tracéologiques indiquent que ces outils furent utilisés aussi bien sur des matières animales que végétales[38]. Si on se réfère à l'éthologie des chimpanzés, il s'avère plus probable que les outils et les éclats aient d'abord été produits fortuitement par des femelles pour accéder à des nourritures végétales et que par la suite la fonction « couper » soit devenue de plus en plus employée, conduisant à la fabrication voulue de ces éclats. Cette série d'innovations n'est donc pas nécessairement liée à l'obtention d'aliments carnés.

Les chimpanzés, une fois de plus, obligent à revoir les paradigmes archaïques de la paléoanthropologie et de l'archéologie préhistorique. Les populations d'Afrique de l'Ouest se distinguent par un usage à la fois plus régulier et plus diversifié d'outils et une pratique intense de la chasse. Or, jusqu'à présent, on n'a pas observé l'emploi d'outils pour découper ou débiter la carcasse d'un animal tué à la chasse, même si on a vu récemment des chimpanzés jeter des pierres pour débusquer une proie et pour tenter de l'occire. Les chimpanzés s'avèrent-ils incapables d'effectuer l'opération cognitive qui consiste à passer du cassage de noix au découpage d'une carcasse ? Une autre possibilité fait intervenir une spécialisation sexuelle des tâches, les femelles utilisant des outils pour accéder à des nourritures végétales alors que les mâles, plus enclins à chasser, et moins habitués à l'usage d'outils, n'ont pas l'idée de procéder ainsi. On peut arguer aussi que la fonction « couper » n'existe pas, à moins qu'on la leur montre, comme cela a été fait dans diverses expériences. L'invention de la pierre taillée semble être, dans l'état actuel de nos connaissances, une caractéristique de la lignée des hominidés qui apparaît bien établie vers 2,5 millions d'années en Afrique orientale. Rien ne permet d'affirmer que ces outils ont été inventés par des mâles d'*Homo habilis* ou *Homo rudolfensis* pour obtenir plus efficacement de la nourriture carnée. La fonction de découpage a pu émerger dans d'autres circonstances, forcément antérieures, ce qui oblige à avoir un autre regard sur les concentrations de pierres dans des sites à hominidés plus anciens que 2,5 millions d'années. Plus largement, on s'aperçoit que les corrélations classiques entre les outils, leurs usages et les types d'hominidés ne reposent que sur des hypothèses issues de considérations erronées sur l'homme et les grands singes alors que les approches fondées sur une sorte d'archéologie du geste et des capacités cognitives associées se révèlent bien plus pertinentes[39].

Même si l'archéologie arrive à résoudre ces questions complexes sur l'émergence de nouvelles techniques et de nouvelles actions, comme celle de couper, cela n'implique pas que cela soit consubstantiel au genre *Homo*. *Homo habilis* et *Homo rudolfensis* ne sont pas des hommes au sens strict. Pour nombre d'auteurs, le genre *Homo* apparaît avec les premiers *Homo ergaster* entre 2 et 1,8 million d'années sans que les archéologues décrivent l'émergence d'innovations en termes de fabrication ou d'utilisation d'outils en pierre taillée. De telles innovations apparaissent un peu plus tard et, dans l'état actuel de nos connaissances, entre 1,7 et 1,5 million d'années en Afrique orientale et en Afrique australe avec l'invention du biface et l'usage du feu. Ce qu'on appelle l'Acheuléen semble exclusivement lié à *Homo ergaster* alors que le vaste complexe de l'Oldowayen, à la fois plus ancien et contemporain, est associé à différents types d'hominidés, dont *Homo ergaster*. Pour être plus précis encore, seules les populations africaines d'*Homo ergaster* et d'autres d'Eurasie occidentale connaissent l'Acheuléen alors que les autres perpétuent la tradition oldowayenne. Il n'existe donc aucune corrélation stricte entre une espèce d'hominidés et un faciès technoculturel.

Certaines populations d'*Homo ergaster*, les premiers vrais hommes, manifestent des capacités cognitives plus complexes avec l'invention de chaînes opératoires plus longues et mobilisant diverses phases techniques, comme la retouche. Les magnifiques bifaces expriment tout cela : définition d'une forme, notion d'efficacité et de l'esthétique[40]. Les gestes impliqués dans les chaînes opératoires, dont la séquence se tend vers un but, le biface, sont tout à fait homologues d'un point de vue cognitif à la construction des phrases dans le langage humain[41]. La retouche, par exemple, s'identifie à une propriété particulière du langage qui est la récursivité. Précisons que les autres *Homo ergaster* ou *Homo erectus* hors du complexe de l'Acheuléen possédaient aussi de telles capacités cognitives qui, pour l'heure, n'ont pas laissé de traces archéologiques directes et/ou indirectes. Y a-t-il plus belle façon de retrouver le geste et la parole ?

L'AVENIR DE L'ARCHÉOLOGIE

Depuis une vingtaine d'années, j'ai œuvré pour que l'on prenne en compte les avancées des connaissances en éthologie des grands singes pour mieux comprendre la question la plus difficile, celle des origines de la lignée humaine[42]. D'une certaine façon, je m'étais installé dans une problématique qui me situait bien en deçà de l'archéologie préhistorique, quelque part entre 3 et 5 millions d'années avant les plus anciens outils de pierre taillée, (abusivement) attribués aux premiers hommes. L'archéologie est arrivée dans ce champ de recherche par là où personne ne l'attendait : du côté des chimpanzés.

Leroi-Gourhan a bâti son œuvre scientifique à partir de la connaissance des outils et des techniques des peuples actuels, ce qui lui permit de proposer de nouvelles approches en archéologie du Paléolithique supérieur, comme à Pincevent. Aujourd'hui, à l'autre extrémité de l'archéologie préhistorique, ce sont les chimpanzés actuels qui ouvrent d'autres perspectives de recherche. Plus qu'un parallélisme, c'est l'identité de la problématique qui interpelle : que serait et surtout que sera l'archéologie préhistorique quand les derniers peuples encore en marge des cités auront disparu, quand les chimpanzés auront disparu ? L'archéologie n'est donc pas qu'une science du passé et ses problématiques rejoignent celles de notre temps sur des sujets aussi sensibles que dramatiques : la préservation de la biodiversité comme de la diversité culturelle.

Il existe une identité épistémologique évidente entre les sciences de l'évolution et l'archéologie, une double épistémologie qui, pour l'une, se situe dans le présent et, pour l'autre, dans le passé[43]. La connaissance des processus qui interviennent dans l'évolution de la vie se rapporte à la connaissance des objets et des techniques chez les peuples et les espèces actuels ; la recherche des fossiles comme l'archéologie s'inscrivent dans la dimension historique de ces disciplines. Sans la première approche, la seconde se réduit toutefois à une leçon de choses. Cela peut être très beau dans les « musées des arts premiers », comme l'étaient les cabinets de curiosités.

En tant que science, l'archéologie introduit la notion épistémologique fondamentale de réfutabilité dans les sciences du temps que sont l'histoire et la préhistoire. Sa plus grande difficulté a été de s'affranchir de son statut de simple discipline destinée à valider des récits historiques et leurs interprétations étayées par les idéologies et les nationalismes, comme ce fut trop longtemps le cas pour les fossiles considérés comme de simples « témoins de l'évolution ». Il en va exactement de même pour l'archéologie préhistorique une fois débarrassée du carcan philosophico-mythique de l'hominisation. L'archéologie et ses objets, comme l'évolution et ses fossiles, recourent au passé pour tester des hypothèses, mais ne sont pas pour autant détachés du présent. Bien au contraire, les avancées des connaissances en paléoanthropologie et en éthologie interviennent de façon pertinente dans le cadre des enjeux contemporains, comme je l'ai fait dans un essai récent[44] ; il en va évidemment de même pour l'archéologie comme le montre le succès des essais de Jared Diamond[45]. Ils font bien sûr l'objet de controverses – c'est leur but –, mais l'essentiel est qu'ils témoignent de l'importance et de la modernité de l'archéologie au regard des questions que pose l'avenir de l'humanité.

2

UN PEU DE BONNE MÉDECINE ÉVOLUTIONNISTE

La médecine évolutionniste n'est pas une nouvelle médecine, encore moins une médecine du passé. Qu'on le veuille ou non, l'homme fait partie de la vie et, en tant qu'être biologique, il fait toujours partie de l'évolution. Tout ce qui touche à la vie entre dans les problématiques de l'évolution, et il en va de même pour la médecine. Pour ne pas l'avoir compris assez tôt, nous nous retrouvons face à de graves problèmes de santé, comme pour les maladies nosocomiales. L'homme n'est pas l'aboutissement de l'histoire de la vie ; il en fait partie, et cela continue. La médecine évolutionniste s'intéresse à la coévolution des organismes pathogènes et des populations humaines, ce que connaissent fort bien les virologues et autre épidémiologistes. Nous savons aujourd'hui que les populations humaines doivent se défendre non pas de méchantes maladies sorties spontanément de la nature, mais de pathologies issues d'activités humaines et de modes de vie récents dans notre histoire, comme la coévolution avec les animaux dans le cadre des sociétés agricoles ou la diffusion d'épidémies dues aux déplacements et au développement des cités (grippes, allergies, choléra, peste). Dans ce chapitre, sont présentés trois essais évolutionnistes tournant autour de notre « mal-évolution » récente à propos de notre dentition, de l'obésité et des maladies neurodégénératives. Ce qu'on présente parfois comme une conséquence de notre évolution naturelle ne découle aucunement de cela, mais de nouveaux modes de vie qui affectent nos populations de façon parfois dramatique et dont les réponses thérapeutiques apparaissent inappropriées par ignorance, justement, de ce qu'est l'évolution.

La canine, le sexe et la mastication[1]

L'homme mastique ! C'est presque une découverte dans certains domaines des sciences dentaires et en occlusodontologie. Comment a-t-on pu négliger aussi longtemps une fonction princeps de notre physiologie ? En tant que paléoanthropologue, j'aurais mauvaise grâce à critiquer les sciences dentaires, puisque certains courants de pensée de ma discipline perpétuent une vision idéalisée de l'homme. Ce que d'aucuns appellent l'hominisation entretient l'idée d'une évolution toute dédiée à l'apparition d'une espèce affranchie des conditions naturelles, libérée de toute animalité ; dans ce contexte, la mastication serait l'une des fonctions jugées péjoratives. Or cette conception de l'hominisation est invalidée par les avancées des connaissances depuis vingt ans environ. Ce qui ne l'empêche pas d'être entretenue par les adeptes d'une vision platonicienne de l'Univers, de l'homme… et de la denture.

L'homme a une denture réduite et un appareil masticateur gracile. Il est le dernier survivant et le plus gracile représentant d'une lignée évolutive qui émerge en Afrique entre 7 et 6 millions d'années. Or le succès de cette lignée jadis florissante repose, justement, sur le développement d'un appareil masticateur puissant qui permet de broyer toutes sortes de nourritures. C'est là ce qu'on appelle l'avantage des « mégadontes », et nous en conservons encore la forte épaisseur de notre émail dentaire. Puis arrive la domestication du feu et, plus tard, l'invention de la cuisson, qui réduisent la demande masticatrice. On doit à la préparation extra-orale des aliments l'évolution de notre appareil masticateur apparemment si léger. Pourtant, nous mastiquons encore beaucoup et, comme nous le verrons, pas assez !

Les théories modernes de l'évolution nous enseignent qu'il n'existe pas d'évolution parfaite, que tous les caractères ne sont pas adaptatifs et que divers facteurs participent à l'évolution des structures. La mastication fait partie des fonctions manducatrices. De ce fait, ce n'est pas la seule à intervenir dans le développement de l'ensemble du massif facial. Toutefois, en raison des forces mises en jeu et surtout de leur répétition plusieurs milliers de fois par jour, elle intervient de manière prépondérante, même chez l'homme moderne qui, rappelons-le, ne se limite pas à l'homme occidental devenu le champion de la sous-mastication et du surpoids. En fait, on peut certainement attribuer à ce défaut d'usage bien des pathologies de notre appareil manducateur.

L'homme appartient au groupe zoologique des simiens ou des singes, et nous autres les singes avons un crâne qui sert de support à un nombre considérable de fonctions. On oublie souvent ce simple constat : le crâne de l'homme et des singes a une architectonique qui repose sur une réduction du nombre d'os, une simplification en quelque sorte, comme la fusion des deux branches de la mandibule au niveau de la symphyse, mais qui soutient tout ce qui a trait à la manducation et aussi à des fonctions d'ordre social, comme la communication. La structure dento-squelletique de notre crâne se met en place entre 35 et

32 millions d'années et marque l'apparition des singes dits « modernes » ou anthropoïdes (*Aegyptopithecus zeuxis*). Depuis cette époque, tous les singes de l'Ancien Monde, ou catarrhiniens, ont une denture à trente-deux dents chez l'adulte. Elles se répartissent en trois champs fonctionnels : les incisives pour ingérer les nourritures ; les molaires et la deuxième prémolaire pour réduire le bol alimentaire ; le complexe canine/première prémolaire impliqué dans les affaires de sexualité. Cela fait beaucoup de fonctions à assurer pour une seule denture avec l'intervention de facteurs de sélection naturelle et de sélection sexuelle.

Des incisives pour inciser, la belle affaire ! Justement non. C'est une adaptation formidable qui nous permet à nous les singes de saisir des aliments de très grande taille – les fruits –, qui ne peuvent être introduits d'un coup dans la bouche. Pour cela, nous mobilisons des mains habiles et les muscles de la nuque. Des dents postcanines pour mastiquer, quelle évidence ! Nous les singes sommes donc parmi les champions de la mastication. Notre cinématique mandibulaire, comme les modes de recrutement des muscles masticateurs des deux côtés du crâne – que ce soit pour l'incision ou la mastication – s'avèrent les plus complexes de chez tous les mammifères. Chez les herbivores, la fonction masticatrice est très soutenue par des muscles masséter et ptérygoïde puissants – ceux qui s'insèrent de part et d'autre de la branche montante de notre mandibule –, alors que l'usage des dents antérieures se limite à la saisie des nourritures. Chez les carnivores, les dents de devant, dont les canines, attrapent, mais la mastication se limite au jeu laborieux des carnassières ; les muscles temporaux sont les plus développés. Quant à nous les singes, nous sommes des omnivores qui consomment une étonnante diversité d'aliments : fruits, feuilles, fleurs, noix, insectes, petits vertébrés. Nos fonctions d'ingestion, de mastication et toute notre manducation se rangent parmi les plus complexes du monde animal.

Reste une question épineuse à aborder : le rôle du guide canin. J'ai dit plus haut que les canines des singes servaient à la sélection sexuelle. Plus elles sont saillantes chez les mâles, plus ils sont machistes. Leur couronne dépasse amplement le niveau des couronnes des autres dents. Et pourtant, cela ne gêne en rien la mastication chez ces singes, comme chez les babouins. Ils mastiquent comme nous. Chez nous les hommes, les canines s'usent par la pointe et celle-ci ne dépasse pas les autres dents en hauteur. On tient là, certainement, un bel exemple d'*exaptation*. Ce terme peu digeste signifie que ce caractère – le guide canin – n'a pas été sélectionné pour favoriser notre mastication, mais que cela s'est avéré.

L'ANATOMIE ET LES FONCTIONS COMPARÉES DE LA CANINE CHEZ LES MAMMIFÈRES EN GÉNÉRAL

Une tendance évolutive de la denture des mammifères – qui n'est pas une loi, mais un constat empirique *a posteriori* – depuis leurs « ancêtres reptiliens » passe par la réduction du nombre de dentures – une dite de lait et l'autre adulte –, avec une réduction du nombre de dents et la différenciation de champs dentaires ou hétérodontie. Il y a simplification des structures, et diversité et complexité des fonctions. On perçoit combien l'étude de la morphologie fonctionnelle et générale est tout sauf simple (*cf.* première partie). En référence à l'homme et aux primates, on distingue classiquement le champ incisif, le complexe canine-première-prémolaire et les molaires. Nous verrons que même chez les primates, ces champs peuvent investir des dents voisines ou pas. D'un point de vue génétique, évolutif et adaptatif, la canine se distingue par sa propension à être plus développée et saillante que les autres dents, mais pas toujours, et à former des ensembles fonctionnels complexes, à la fois en réponse à des facteurs de sélection naturelle et aussi comportementaux et sexuels.

L'idée la plus courante associe une canine développée à la carnivorie, comme pour la famille des canidés. Mais on se trompe de dent, car l'ordre des carnivores se définit non pas sur la présence d'une canine développée, mais des dents carnassières, celles formées par le couple première molaire supérieure et dernière prémolaire inférieure (P^4-M_1). Car, contrairement à ce qu'on lit ou entend parfois, la canine ne sert pas à déchirer les chairs, mais à perforer, transpercer et trucider des proies. Il suffit de regarder la morphologie, c'est-à-dire la taille et la forme des canines des carnivores actuels, épointées et de section ovale ou ronde, ce qui n'est guère approprié pour couper des chairs, et encore moins pour briser des os ! Les carnivores sont en fait les mammifères qui mastiquent le moins, si on peut encore parler de mastication. Ils cisaillent la viande à l'aide de leurs carnassières et déglutissent tout rond, l'estomac se chargeant du reste. Quant à la capacité de briser des os à moelle, seuls les hyènes, les ours et les gloutons y arrivent, mais à l'aide de prémolaires de forme conique. Chez les carnivores, les canines ne sont donc que des armes et n'interfèrent aucunement avec une mastication, par ailleurs inexistante.

Des canines développées se retrouvent chez plusieurs espèces d'herbivores et d'omnivores. Le cas le plus surprenant est celui des chevrotins porte-musc. Les mâles arborent des canines fines et très saillantes qui, on en conviendra, ne sont guère utiles pour attraper et mastiquer des feuilles d'arbustes. Les membres des deux sexes portent des cornes alors que seuls les mâles possèdent des canines très saillantes. C'est un caractère sexuel secondaire, qui s'est développé dans le cadre de la compétition sexuelle. Quand les individus d'un sexe présentent des caractères de taille et de forme, ainsi que des appendices osseux et/ou squelettiques dits secondaires, sans oublier les pelages, on parle de « dimorphisme sexuel[2] ». Le dimorphisme sexuel est très marqué quand des individus d'un sexe s'efforcent d'accaparer plusieurs membres de l'autre sexe. La compétition *intrasexuelle*, qui vise à écarter les individus du même sexe en quête de partenaire, sélectionne des individus puissants et nantis d'armes de dissuasion, le plus souvent des bois, des cornes et/ou des canines[3]. Les canines développées des chevrotins n'ont rien à voir avec leur régime alimentaire de type folivore et, au passage, ces canines saillantes ne contrarient par les composantes médio-latérales du cycle masticatoire[4]. On retrouve un dimorphisme sexuel des canines chez les chevaux, celles-ci étant plus développées chez les mâles et le plus souvent absentes chez les femelles ; mais il arrive que des juments possèdent de petites canines. Il s'agit de caractères dits « vestigiaux » et en voie de disparition.

Les mâles des suidés, comme les sangliers et les phacochères, développent de grandes canines qui s'enroulent. Chez les vieux individus, il arrive que la pointe de la canine pousse jusqu'à pénétrer dans le museau. Ce sont des espèces omnivores qui recherchent les parties souterraines des plantes, qu'ils atteignent à l'aide de leur puissant museau. Les canines sont des caractères sexuels secondaires qui ne servent pas à obtenir de la nourriture – même s'ils attrapent de petits animaux. Elles participent de la compétition intrasexuelle entre les mâles, à la fois pour dissuader et comme arme. Ces espèces étant omnivores, la fonction masticatrice est complexe et s'adapte à la mastication de diverses nourritures. La grande taille des canines ne limite en rien la cinématique masticatoire.

Le cas le plus extrême de dimorphisme sexuel se rencontre chez les éléphants de mer, les plus odieux des machistes, capables de contrôler des dizaines de femelles[5]. Leur masse corporelle fait plusieurs fois celle des femelles et leurs canines sont démesurées. Elles ne servent qu'à impressionner les rivaux, leur usage dans les combats n'étant pas aisé, mais peuvent être redoutables quand ces masses énormes foncent dans l'eau.

De ce bref survol de la taille et de la fonction des canines se dégage une polysémie adaptative à la fois en regard de la sélection naturelle et de la sélection sexuelle. Chez les carnivores, elles servent de poignard et la différence de taille entre les mâles et les femelles est tout simplement corrélée avec la taille corporelle. (Il en était de même pour les impressionnants tigres à dents de sabre de la fin de la préhistoire.) La fonction et l'adaptation des canines se limitent donc à un facteur de sélection naturelle : tuer des proies. Ces canines ne servent aucunement à déchiqueter les chairs afin de les ingérer. Ce rôle est imparti aux dents dites « carnassières ». Elles servent encore moins à briser de gros os à moelle, ce qui de toute façon serait inefficace par l'ouverture que cela exigerait des mâchoires, allongeant les fibres musculaires avec un faible recouvrement des sarcomères, réduisant l'action des muscles masticateurs, même pour le puissant muscle temporal[6]. Il n'y a évidemment aucune interférence avec une cinématique masticatoire inexistante en raison de la morphologie des ATM : ce ne sont pas les canines saillantes qui restreignent cette cinématique.

On retrouve des canines saillantes dans plusieurs lignées de mammifères, chez des espèces herbivores (graminées), folivores (feuilles des arbustes) et omnivores. Elles peuvent être fines, longues et fragiles comme chez les chevrotins ou puissantes comme chez les suidés. Ces canines ne servent aucunement à quérir ou à ingérer des nourritures. Leur développement répond à des facteurs de sélection sexuelle, plus particulièrement chez des espèces avec des mâles qui s'efforcent de constituer des harems et devant repousser les autres mâles (compétition intrasexuelle chez les espèces à harems polygynes). Leur fragilité, comme chez les chevrotins, ou leurs formes complexes, comme chez les suidés, indiquent que ce sont des caractères sexuels secondaires qui participent à des parades de menaces envers les autres mâles – compétition intrasexuelle –, mais peuvent aussi être un caractère attractif pour les femelles (compétition intersexuelle). Enfin, ces espèces ont des fonctions masticatrices importantes et il est évident que ces grandes canines n'interfèrent pas avec les cycles masticatoires ; pour s'en convaincre, il suffit d'aller dans un parc zoologique et de les regarder manger. On ne voit pas comment des individus pourraient arriver à l'âge adulte et se reproduire s'ils ne pouvaient pas assurer leur propre survie. La réponse à cette fausse énigme se trouve dans l'ontogenèse : ces grandes canines poussent tardivement en raison des facteurs sexuels et hormonaux alors que toute la cinématique masticatoire est déjà solidement établie depuis l'éruption des premières dents dites « adultes ». Au cours de leur croissance, ces grandes dents subissent les pressions des forces orthodontiques qui guident leur éruption. Si ce n'est pas le cas, ces individus sont éliminés, ne pouvant donc pas transmettre ces caractères mal-adaptatifs à leur descendance, ce que l'on sait depuis Darwin.

LA SIGNIFICATION ADAPTATIVE DE LA CANINE CHEZ LES SIMIENS

La canine est une grande affaire en primatologie. Chez les lémuriens, elle ressemble à une incisive et, avec les incisives, forme un « peigne dentaire » qui sert pour l'épouillage, une fonction sociale très importante chez les primates[7]. Chez d'autres lignées éteintes de primates ou proches des primates, on observe des canines puissantes, utilisées pour soulever des écorces ou briser des fruits avec des enveloppes coriaces, comme *Megacanina*, ce fossile trouvé récemment en Asie du Sud-Est. Ses découvreurs veulent en faire un singe ou simien, un groupe qui se distingue, justement, par de grandes canines. Il n'en est rien, car la canine chez les simiens n'intervient jamais dans des fonctions alimentaires, mais sexuelles.

Les singes ou simiens ou encore anthropoïdes présentent trois champs dentaires bien distincts : les incisives, le complexe canine supérieure/première prémolaire inférieure (C'/P_3) et les molaires, auxquelles s'adjoint la deuxième prémolaire[8]. La taille et la forme des incisives sont corrélées aux grands types de régimes alimentaires, les espèces folivores ayant un arc incisif de petite taille, alors qu'elles sont bien plus développées chez les espèces frugivores. De même pour les molaires, avec une couronne longue et étroite – de forme rectangulaire – avec des reliefs acérés et de l'émail mince chez les espèces folivores, alors que chez les espèces frugivores leur couronne est de forme plus carrée, avec des reliefs plus arrondis et de l'émail plus épais. Toujours en moyenne, chez les espèces folivores, l'amplitude médio-latérale des cycles masticatoires est moins importante que chez les espèces frugivores. Ces adaptations de la morphologie dentaire en relation avec le régime alimentaire, en d'autres termes en relation avec la sélection naturelle, sont bien connues et solidement établies. Il reste donc le complexe C'/P_3, dont la signification adaptative a été démontrée grâce aux études associant la morphologie et l'éthologie (étude des comportements).

Chez les singes, la taille comme le dimorphisme sexuel des canines ne sont aucunement corrélés au régime alimentaire, même chez les espèces frugivores qui s'adonnent à la chasse de façon plus ou moins occasionnelle. Les espèces qui pratiquent le plus cette activité aussi ludique que sociale sont, par ordre décroissant, les chimpanzés, les bonobos et quelques espèces de babouins et de macaques, pour les singes de l'Ancien Monde. Dans aucune circonstance, on n'a vu des grands singes ou des singes utiliser leurs canines pour occire une proie : singes colobes, antilopes ou jeunes cochons. Plus surprenant, ces femelles chimpanzés d'Ouganda qui fabriquent de petites pointes dont elles se servent comme sagaie pour trucider des galagos – autres primates – endormis.

Grâce à l'éthologie et à la sociobiologie, c'est-à-dire l'étude des fondements biologiques du comportement, les primatologues ont fait des avancées considérables sur la sélection sexuelle et ses différentes composantes. Chez les espèces à harems polygynes – un mâle avec plusieurs femelles –, il y a une forte compétition intrasexuelle entre les mâles, avec la sélection des mâles dont la taille corporelle fait deux fois celle des femelles et qui sont nantis de canines très saillantes. Chez les cercopithécoïdes, comme les macaques et les babouins frugivores/omnivores ou les entelles et les colobes folivores, ces canines sont très longues avec une section de forme arrondie mésialement et effilée distalement, comme la lame d’un sabre. Elles sont donc fragiles et servent essentiellement pour intimider les concurrents, et parfois dans des combats, ce qui provoque de grandes plaies. Chez ces espèces, le complexe C’/P3 est impressionnant, puisque la longue facette distale de la canine supérieure s’affûte sur une première molaire inférieure allongée en forme d’aiguisoir, avec une couronne longue et mince étalée mésialement. Ce dimorphisme sexuel important se retrouve aussi chez quelques espèces de grands singes, comme les gorilles et les orangs-outans, mais avec des complexes C’/P_3 moins spectaculaires.

Si on s’intéresse aux espèces à tendance monogame, c’est la sélection intersexuelle qui prédomine. Les individus des deux sexes possèdent des tailles corporelles identiques et il en va de même pour la taille des canines. Il est important de noter que ce n’est pas la taille absolue des canines qui importe, mais la différence de la taille des canines entre les mâles et les femelles. Par exemple, les canines ne sont pas très développées dans l’absolu chez les gorilles, mais deux fois plus grandes chez les mâles comparés aux femelles, alors qu’elles sont plus grandes chez les gibbons monogames, mais de même taille chez les deux sexes. Donc, la seule signification adaptative qui vaille pour la taille absolue et relative des canines n’a rien à voir avec le régime alimentaire ou la consommation de viande, mais avec la sélection sexuelle.

Reste une question importante : est-ce que la saillie des canines interfère avec la mastication ? Aucunement ! Les sciences dentaires sont envers les singes et la mastication comme les philosophes avec les animaux : elles se contentent de répéter des clichés fondés sur aucune observation. Alors on montre des photographies spectaculaires, comme ces singes mangabeys avec leurs canines sortant de part et d'autre des mâchoires. On affirme que, dans cette attitude, il est impossible qu'ils puissent avoir des mouvements médio-latéraux de la mandibule. C'est exact, tout simplement parce que, quelle que soit l'espèce de singe ou de grand singe – homme y compris –, mâle ou femelle, et quelles que soient la taille et la forme des canines, il est impossible d'avoir des mouvements transversaux en relation centrée puisque les molaires inférieures et supérieures sont en occlusion – engrenées – maximale. La mastication ou la trituration des aliments ne se fait pas en occlusion centrée. Seuls les occlusodontistes platoniciens peuvent croire à une telle ineptie.

Il suffit d'aller au zoo et de regarder des babouins et des macaques, fort bien pourvus de grandes canines, pour constater les déplacements latéraux de leurs mandibules pendant la mastication unilatérale. Il y a les observations, faciles à réaliser, et les expérimentations, ce qui est une autre affaire avec ces singes puissants. C'est ce que nous avons fait avec William Hylander à l'Université Duke dans les années 1980 et après. Dans nos expériences sur les propriétés biomécaniques de la face, nous avons mené de nombreuses études sur la mastication chez des macaques et des babouins des deux sexes. La cinématique, la cinéradiographie et les activités électromyographiques des muscles masticateurs ressemblent à celles des hommes. Il y a bien sûr quelques différences, notamment pour l'amplitude médio-latérale des cycles masticatoires, mais elles sont plus à mettre au compte de la biométrie cranio-faciale – faces longues et étroites ou courtes et larges – qu'à la saillie des canines[9]. D'après nos connaissances de la mastication chez les singes en général, notre physiologie masticatrice et ses propriétés fondamentales sont établies depuis plus de 30 millions d'années.

On ne voit pas comment des facteurs de sélection sexuelle, la grande taille des canines, pourraient aller à l'encontre des facteurs de sélection naturelle, à moins d'imaginer qu'arrivés à maturité sexuelle, les mâles auraient intérêt à se reproduire très vite avant de mourir de faim à cause du blocage des mâchoires par leurs grandes canines. (Cela existe chez les insectes, dépourvus de canines ; mais les singes ne sont ni des bourdons ni des mantes religieuses.) En raison de l'intensité de la compétition intrasexuelle entre les mâles, ce sont les individus adultes et très matures qui obtiennent un plus grand succès reproducteur ; et pour cela ils doivent grandir, prendre des forces et bien manger. Alors comment expliquer que de telles canines ne bloquent pas la mastication ? Il suffit de comparer l'ontogenèse de la denture. Chez toutes ces espèces avec des mâles affichant de grandes canines, celles-ci entrent en éruption en dernier, après la troisième molaire. Donc toute la cinématique masticatoire et ses forces orthodontiques agissent sur l'éruption de la canine. Il n'existe donc pas d'équilibre statique, ni de mise en place statique de l'occlusion, mais des équilibres dynamiques et fonctionnels tout au long de la vie, ce que savent bien les orthodontistes.

L'ÉVOLUTION DE LA CANINE CHEZ LES HOMINIDÉS

La lignée humaine ou celle des hominidés se caractérise par des canines de petite taille, même chez les mâles. C'est d'ailleurs l'un des caractères qui permettent de placer Toumaï ou *Sahelanthropus tchadensis* proche de l'émergence de notre lignée ; alors que son concurrent, *Orrorin*, semble disqualifié sur ce caractère. Les premiers australopithèques, entre 4 et

3 millions d'années, maintiennent un léger dimorphisme sexuel des canines, celles des mâles étant un peu plus grandes que celles de femelles. On note donc une tendance très particulière à notre lignée : un découplage entre l'amplitude du dimorphisme sexuel du corps et celle des canines.

Ce découplage est consommé chez les hominidés plus récents, comme les paranthropes descendants de Lucy, et les premiers hommes comme *Homo habilis*, *Homo rudolfensis* et *Homo ergaster*. Cette évolution est d'autant plus remarquable que, d'un côté, les paranthropes évoluent en accentuant leur dimorphisme sexuel corporel, alors que c'est l'inverse pour le genre *Homo*[10]. Depuis 2 millions d'années, la canine ne subit donc plus les facteurs de sélection sexuelle.

Il n'y a pas non plus de corrélation avec le régime alimentaire. Si les paranthropes développent un appareil masticateur de plus en plus impressionnant, avec un arc incisive-canine réduit et des prémolaires et des molaires très larges et robustes, en relation avec une fonction masticatrice puissante, on assiste à une tendance inverse dans le genre *Homo*, où l'arc incisive-canine l'élargit tandis que les prémolaires et les molaires tendent à régresser. Les paranthropes et les hommes sont omnivores, mais les premiers peuvent mastiquer de grandes quantités de nourritures végétales coriaces, notamment les parties souterraines des plantes, alors que les hommes incorporent plus de viande dans leur régime, dont l'apport principal demeure les nourritures végétales. Il est erroné d'affirmer que la canine humaine est liée à la consommation de viande, puisque tous les hominidés, sans oublier les chimpanzés actuels, consomment de la viande régulièrement. Seulement, en devenant plus inciforme et grâce à sa racine puissante, cette dent devient très efficace pour déchirer les chairs. On l'a vu, jamais la canine n'est utilisée dans des fonctions alimentaires, chez les carnivores comme chez les singes. Il ne s'agit pas non plus d'une adaptation de la canine chez *Homo* pour déchirer la viande, puisqu'ils peuvent le faire grâce à l'usage de leurs outils de pierre tranchants comme des rasoirs. Au passage, on note que la taille de la canine régresse à la fois chez ceux qui mastiquent plus et ceux qui mastiquent moins, et ce avec des évolutions divergentes du dimorphisme sexuel. On peut parler de « pseudo-adaptation » secondaire ; en d'autres termes, la canine humaine n'est pas devenue incisiforme pour ingérer de la viande, mais a trouvé un usage secondaire pour cette tâche, un bel exemple de « bricolage ».

Reste à expliquer pourquoi ces canines sont devenues petites et incisiformes chez les hominidés de la fin de l'ère tertiaire. La seule explication cohérente fait intervenir l'évolution de la face et des arcades dentaires. Des arcades dentaires courtes et larges, ainsi que l'écartement entre les deux articulations temporo-mandibulaires à la base du crâne, imposent des composantes médio-latérales plus accentuées des cycles masticatoires[11]. Cela a pour conséquence une interférence possible entre la cinématique masticatoire et des canines saillantes. Les facteurs de sélection naturelle ayant empiriquement priorité sur les facteurs de sélection sexuelle – viabilité *vs* succès reproducteur –, nos ancêtres immédiats sont passés par une évolution qui modifie la taille des canines et aussi leur âge d'éruption (ce qu'on appelle des *allochronies*). En effet, alors que chez tous les singes et grands singes nantis de grandes canines, celles-ci entrent en éruption après la troisième molaire, il en va autrement chez les paranthropes et les *Homo* puisque les canines apparaissent avec les deuxièmes molaires. Cette modification de l'ondotogenèse confirme les interactions antagonistes qui peuvent découler de grandes canines qui émergeraient avant que la dynamique masticatoire ne soit en place. Cela montre bien que la canine doit s'adapter à l'environnement masticatoire. Soit elles apparaissent tardivement et poussent en subissant les forces orthodontiques qui font en sorte qu'elles interfèrent de façon très limitée avec la fonction masticatrice, soit cela devient un problème, alors elles deviennent de plus petite taille et incisiformes. Mais en aucun cas la canine ne guide la mastication !

LA CANINE CHEZ L'HOMME ACTUEL ET LES PRATIQUES DENTAIRES

Comment alors expliquer que la canine puisse jouer un rôle parfois important dans les pratiques dentaires ? Quand on aborde un sujet commun par la confrontation de champs disciplinaires scientifiques connexes, il ne s'agit pas de dire qu'une discipline a raison sur l'autre. J'ai évoqué ce que nous savons de l'évolution et de l'adaptation de la canine chez les mammifères en général, les singes avec plus de précisions et les hominidés en particulier. Quoi que disent les sciences dentaires à l'encontre de ces connaissances basées sur l'observation et l'expérimentation dans le cadre des théories modernes de l'évolution, cela ne saurait être crédité d'une quelconque pertinence. (Les occluso-platoniciens s'en remettent aux esprits de l'hominisation et du dessein intelligent, concept complètement récusé dans le cadre de l'anthropologie évolutionniste. Il ne suffit pas, en science, de dire que l'homme est une espèce à part, surtout quand on persiste à ignorer les autres espèces ; triste débat dont les fondements ne reposent que sur des certitudes théologico-philosophiques embuées de métaphysique.) En revanche, les praticiens ont des pratiques et des connaissances empiriques validées par leurs expériences. Le paléoanthropologue ne saurait contester des pratiques qui aboutissent à des résultats satisfaisants. Pour autant, cela ne veut pas dire que la canine est un guide pour la mastication. D'un point de vue phylogénétique comme ontogénétique, les fonctions masticatrices apparaissent bien avant l'apparition des grandes canines. Alors comment interpréter cette relation entre la canine et la réhabilitation des fonctions occlusales ?

J'ai proposé une réponse : la canine étant soumise au contexte masticatoire, son éruption est influencée par les forces orthodontiques liées à la mastication. Par conséquent, sa position comme son orientation dans l'arcade dentaire résultent d'une situation antérieure qui lui impose ses contraintes. Autre conséquence, la canine présente, par sa position et l'orientation de sa couronne et de ses facettes, des caractères qui résultent des équilibres dynamiques conditionnés par cet environnement fonctionnel et masticatoire. La canine devient donc un repère passif d'une fonction telle qu'elle était, toutefois elle n'en est pas la cause, mais la conséquence. C'est donc dans cette perspective que la canine humaine peut s'avérer d'un grand intérêt pour réhabiliter les fonctions occlusales et masticatrices, non pas parce qu'elle en serait la matrice, mais parce qu'elle en est la résultante. À vouloir persévérer dans cette croyance, on risque de rendre la canine responsable de mal-fonctions masticatrices ; ce qui ne veut pas dire, évidemment, qu'elle est responsable de la fonction masticatrice.

Cette histoire de canine se révèle paradigmatique de la complexité des facteurs de sélection et des contraintes phylogénétiques qui influencent l'évolution de nos structures dentosquelettiques. Les interactions des fonctions sur des structures « simplifiées », en tout cas soumises à différentes matrices fonctionnelles, conduisent à récuser toute hypothèse unique. On ne peut pas résoudre des questions de morphologie fonctionnelle et évolutionniste sans se placer dans un cadre phylogénétique qui mobilise les connaissances sur l'adaptation et l'évolution des espèces les plus proches de nous, dans la nature à la fois actuelle et passée.

Si « la fonction ne crée pas l'organe » et sans sombrer dans un lamarckisme inversé, l'absence de fonction peut provoquer des problèmes. C'est le cas de l'éruption de nos troisièmes molaires. Les études menées chez les paranthropes et les premiers hommes – phase mégadonte – montrent la poussée mésiale des dents sous l'effet des forces masticatrices, libérant l'espace nécessaire à l'éruption des dernières molaires, ce qui se traduit par une forte usure interstitielle entre les dents. Évidemment, la fonction première de la mastication ne consiste pas à dégager de la place pour les dents de sagesse. Mais il s'agit de conditions ancestrales modifiées par nos modes de vie modernes et qui n'ont rien à voir avec une quelconque tendance évolutive. Les occlusodontistes fondent leurs pratiques sur le dualisme homme/animal et une conception platonicienne de l'évolution qui n'ont rien à voir avec l'anthropologie évolutionniste. Un conseil : optez pour la réhabilitation fonctionnelle, vous garderez vos dents, cela coûtera moins cher et tout ira pour le mieux pour votre évolution !

La mal-évolution de l'homme et la malbouffe[12]

L'augmentation brutale du taux d'obésité dans les sociétés dites développées est souvent décrite comme une évolution. Que faut-il entendre par ce terme ? On note bien sûr un changement, mais il ne s'apparente pas à une évolution de type darwinien. D'un point de vue strictement darwinien, cela signifierait que les caractères génétiques associés à l'obésité ont considérablement accru leur fréquence en à peine deux générations. Or, s'il existe bien des prévalences génétiques pour l'obésité, il est difficile d'imaginer que le succès reproductif des obèses ait pu supplanter en si peu de temps celui des autres membres de notre espèce. Il s'agit donc d'une évolution phénotypique, une réponse physiologique et morphologique à un changement d'environnement, en l'occurrence de nouvelles habitudes de vie qui mobilisent des facteurs sociaux, diététiques et psychologiques dans nos sociétés contemporaines. En d'autres termes, nos sociétés ont permis d'exprimer des caractères morphologiques et physiologiques qui, jusqu'à présent, ne représentaient qu'une faible proportion des populations humaines. Comme il est difficile de voir un avantage adaptatif à l'obésité, on peut parler de « mal-évolution ».

Il convient cependant de prendre des précautions avec ce genre de terme. L'évolution, encore perçue comme la « survie des plus aptes », distille l'idée d'un processus qui sélectionne les individus les plus « parfaits ». Il ne s'agit là que d'appréciations *a posteriori* et, selon une expression aussi cinglante que consacrée, souvent « panglossiennes » en référence au docteur Pangloss qui, dans *Candide* de Voltaire, ne cesse de déclamer que « tout est pour le mieux dans le meilleur des mondes possibles ». L'anthropologue évolutionnaire – une espèce assez rare – s'amuse, et souvent s'irrite, des interprétations naïves et infondées courantes dans les milieux médicaux qui prétendent se référer à l'évolution de notre lignée pour expliquer des problèmes de santé qui n'auraient pas déplu à Molière avec un mélange comique entre *Le Malade imaginaire*, *L'École des femmes* et *Tartuffe*.

L'une des explications les plus courantes consiste à affirmer doctement que si l'obésité a augmenté si rapidement, c'est parce que nos ancêtres préhistoriques vivaient dans des sociétés de pénurie alimentaire et que, par conséquent, ont survécu ceux qui étaient capables de stocker des réserves de graisse. Cette adaptation serait devenue une mal-adaptation dans les sociétés d'abondance modernes. D'ailleurs, nos ancêtres Cro-Magnon du temps des âges glaciaires en avaient conscience et ont développé des cultes de la fécondité comme en témoignent les Vénus stéatopyges aux formes très généreuses. Le cliché de la sélection aux âges glaciaires semble frappé d'évidence puisqu'on le retrouve avec une récurrence obstinée dans les sciences humaines au sens le plus large, comme en psychologie évolutionniste et dans les sciences psychologiques en général. C'est oublier que les origines de notre espèce sont africaines et que les glaciations affectent peu le climat autour de la bande des tropiques. À cette époque, des populations de notre espèce se trouvaient déjà partout sur la Terre et les mouvements migratoires étaient incessants. Quant aux Vénus, imaginez qu'un anthropologue du futur ne retrouve que les peintures de Rubens ou de Botero pour décrire les femmes actuelles.

La préhistoire sert encore trop de réservoir à clichés. On a prétendu récemment qu'il faudrait, pour lutter contre l'obésité ou retrouver un bien-être corporel, renouer avec le régime alimentaire des hommes de Cro-Magnon. Lesquels ? Ceux de l'Europe glaciaire ? Ceux de l'Afrique tropicale ? Ceux du Proche-Orient ou d'Australie ? Avec Cro-Magnon, nous sommes renvoyés au Paléolithique ou « âge de la pierre taillée », à une économie de chasseurs-collecteurs. Depuis, il y a eu le Néolithique ou « âge de la pierre polie » avec l'invention des agricultures dans différentes parties du monde. C'est là que l'on retrouve le « régime crétois » et ses bienfaits originels. Plus récemment, on a vanté les bienfaits du *ape diet* ou « régime des grands singes », fondé sur la consommation de céréales, de protéines et de lait de soja, de noix et de légumes. À quel grand singe se réfère-t-on ? Les gorilles de montagne exclusivement végétariens et spécialisés dans la consommation de nourritures fibreuses ? Ceux des plaines qui mangent plus de fruits ? Les orangs-outans encore plus frugivores et qui ont une propension à consommer des fruits durs ? Ou bien les chimpanzés frugivores-omnivores, comme nous, qui raffolent d'insectes et aussi de viande et de noix ? Aucun de ces grands singes ne connaît dans la nature les céréales, le soja et les légumes que nous consommons ou devrions consommer plus souvent et qui sont issus de l'agriculture. Toutes ces « modes diététiques » reprennent le refrain d'un rousseauisme naïf, avec une identification bonobos et bobos, qui attribue à la nature et aux origines tous les bienfaits et impute tous nos problèmes à nos sociétés qui nous ont éloignés de notre état de nature, ou inversement comme en sciences humaines.

Toutes ces modes évoquant les bienfaits de nos régimes ancestraux reposent sur une méconnaissance abyssale de la préhistoire et de l'évolution. Il est donc essentiel de mieux appréhender le régime alimentaire des hommes et des espèces les plus proches dans la nature actuelle dans une perspective évolutionniste. Le régime alimentaire n'est pas qu'une affaire de nutriments, de calories ou, dans une acception plus large, de physiologie. Il convient de parler de « régimes alimentaires » étroitement imbriqués avec des facteurs sociaux et des aspects symboliques. Comme nous allons le voir, ces derniers ne sont pas récents ; ils jouent cependant un rôle considérable dans l'étiologie de l'obésité.

Les régimes alimentaires des singes

Un survol assez général des mammifères dégage un constat : la diversité des régimes alimentaires est faible, même si on peut avoir une autre impression, souvent distillée par des régimes très spécialisés, comme celui des koalas, des singes mangeurs de gomme, des fourmiliers ou autres. Des études comparées menées sur diverses communautés écologiques montrent que les carnivores possèdent des cerveaux plus développés que les herbivores. On attribue ces différences au fait que les prédateurs doivent être forcément plus intelligents que leurs proies et que leur régime alimentaire – la carnivorie – leur procure les apports essentiels pour le développement du cerveau, notamment les acides gras. Au moment de consommer une carcasse, les prédateurs préfèrent les viscères, la moelle et, s'ils peuvent y accéder, la langue, la cervelle et les yeux. Les muscles représentent les parties les moins prisées. Les animaux sauvages sont rarement gras et, en tout cas, pas leurs masses musculaires[13]. Le gras est donc rare dans la nature et, de ce fait, très prisé. Le « modèle carnivore » associe la consommation de viande, de gras et le développement du cerveau ; il s'applique immédiatement aux origines du genre *Homo*.

Or les singes ne respectent pas ce schéma. À taille corporelle égale, ils possèdent des cerveaux plus grands que les carnivores. La taille du cerveau d'un chien et celle de celui d'un babouin de 30 kilos sont respectivement de 75 cm^3 et de 100 cm^3. Les chiens ont une physiologie et un régime de type carnivore/omnivore, alors que les babouins sont de type frugivore/omnivore. Leurs régimes respectifs se recouvrent, bien que les chiens ne prisent guère les fruits alors que les babouins, amateurs de viande, dédaignent la viande avariée et les charognes. Chez les uns, manger des fruits causerait de sérieux troubles digestifs ; chez les autres, consommer de la viande avariée provoquerait une intoxication. Toutefois, la différence de taille cérébrale ne s'explique pas seulement par l'accès à la viande et au gras.

Il existe deux grands types d'adaptations chez les singes : les colobinés mangeurs de feuilles ou folivores (colobes, entelles, etc.) ; et les cercopithécinés, mangeurs de fruits et à tendances omnivores ou frugivores (babouins, macaques, etc.). L'étude comparée nous entraîne sur le terrain de la socioécologie, discipline qui s'intéresse aux relations entre les sociétés, l'environnement et ses ressources. La socioécologie des folivores se révèle plus simple : les groupes se composent d'un nombre restreint d'individus des deux sexes – moins d'une vingtaine en moyenne – qui occupent des territoires ou domaines vitaux peu étendus – un à quelques kilomètres carrés – sur lesquels ils se déplacent peu. Leur régime se composant essentiellement de feuilles qui se présentent en grande quantité, ou biomasse, ils passent le plus clair de leur temps à ingérer, mastiquer et digérer ces nourritures de faibles valeurs nutritive et calorique. Comme ce sont des singes, ils sont agiles, actifs et sociaux ; ce qui explique que leur cerveau soit au moins aussi développé que celui d'autres mammifères de même taille corporelle, mais pas que celui des singes frugivores.

La socioécologie des singes frugivores s'avère plus complexe[14]. Ils vivent dans des groupes sociaux incluant plusieurs dizaines d'individus sur des territoires bien plus étendus qui se comptent en dizaines de kilomètres carrés. La recherche de nourritures de bonne qualité nutritive – fruits, noix, pousses, fleurs, jeunes feuilles, insectes et parfois viande –, mais distribuées de façon discrète à la fois dans le temps et dans l'espace, les oblige à être très mobiles. Toutes ces contraintes nécessitent une bonne connaissance des caractéristiques de l'habitat et exigent des relations sociales plus complexes. Sans surprise, leurs capacités cérébrales et cognitives sont donc supérieures à celles des singes folivores avec lesquels ils se retrouvent dans les mêmes communautés écologiques.

Il existe aussi une grande différence entre singes folivores et frugivores en rapport avec le régime alimentaire : celle du goût et du plaisir. La longue coévolution entre les arbres et les animaux, dont les singes, a conduit à des relations d'interdépendance. Les arbres ont acquis des défenses chimiques qui les protègent contre les insectes et d'autres prédateurs des feuilles. Ces produits chimiques secondaires – tannins, alcaloïdes, etc. – peuvent être de redoutables poisons. Les singes folivores possèdent une palatabilité qui leur évite de s'empoisonner ou de perturber leur flore intestinale (les rares fruits qu'ils consomment ont une acidité très faible). S'ils mangent trop de feuilles contenant des tanins, ils ingurgitent de la terre ou du charbon de bois pour provoquer un effet tampon.

Les contraintes évolutives diffèrent pour les singes frugivores. Chez eux, le goût n'est pas une barrière évitant des désagréments digestifs mais, tout au contraire, une invitation à rechercher les meilleures nourritures. Le goût s'associe au plaisir de manger des nourritures qui stimulent les sens gustatifs. Cette adaptation découle aussi d'une coévolution. Si les arbres ont acquis des défenses qui protègent leurs feuilles (facteur de survie ou viabilité), ils ont développé un mode de reproduction (succès reproducteur) qui passe par la production de fleurs pollinisées par des insectes ou des oiseaux, ce qui donne des fruits dont la dispersion des graines et des noyaux se fait par les oiseaux et surtout les singes. La compétition entre les arbres donne des espèces capables de produire des fruits de plus en plus riches en sucres, ce qui attire et sélectionne des singes dont le goût est de plus en plus sensible, et réciproquement. C'est la coévolution. Elle crée des systèmes dits « autocatalytiques », dans lesquels chaque partie interagit avec l'autre tout en la faisant changer, donc évoluer[15].

Cependant, les singes frugivores doivent apprendre à ne pas s'intoxiquer ni s'empoisonner, ce qui passe par l'éducation. Les jeunes apprennent auprès de leur mère, puis du groupe à choisir les bonnes nourritures. Ce « paradoxe de l'omnivore » n'en est pas un si on connaît les capacités cognitives de ces singes très sociaux associées à un cerveau développé. Chez eux, le goût s'éduque et fait l'objet de contraintes écologiques et de traditions. Pour résumer, les singes frugivores présentent une socioécologie très complexe qui les incite à se déplacer sur de grandes distances pour trouver les meilleures nourritures, ce qui est motivé par le plaisir, les dépenses énergétiques étant largement compensées par la qualité de ces nourritures. Tout cela s'inscrit dans un tissu social riche d'interactions. De ce rapide survol de la socioécologie des singes, on retiendra que la taille du cerveau et la richesse des capacités cognitives dépendent à la fois du régime alimentaire et de l'intensité des relations sociales. Même si les singes frugivores attrapent couramment des insectes et, plus rarement, des petits mammifères, la consommation de protéines et de gras animal ne joue pas un rôle prépondérant.

NOS FRÈRES LES GRANDS SINGES

Les grands singes actuels sont les gorilles, les chimpanzés et les orangs-outans. Les gorilles de montagne (*Gorilla beringei*) sont les plus corpulents et ne consomment que des nourritures fibreuses (feuilles, lianes, écorces, etc.) et rarement des fruits. Ceux des plaines (*Gorilla gorilla*) sont un peu moins massifs et incorporent une part substantielle de fruits dans leur régime et parfois quelques insectes de façon opportuniste. Les orangs-outans sont les plus grands des singes frugivores et arboricoles. Ils mangent des fruits, notamment les plus coriaces, qui sont protégés par des enveloppes résistantes (exocarpe) qu'ils brisent et mastiquent grâce à leurs puissantes mâchoires. À cela s'ajoutent toutes sortes de feuilles et parfois des insectes.

Les chimpanzés sont les plus proches de nous génétiquement et aussi par les comportements et le régime alimentaire. On fait grand cas depuis quelques années des chimpanzés graciles ou bonobos (*Pan paniscus*) en raison de leurs mœurs sexuelles et de leur comportement pacifique. Il s'agit là d'opinions guidées par des affects plutôt que fondées sur des considérations scientifiques. Leur régime alimentaire est essentiellement frugivore avec l'ajout de jeunes feuilles. L'apport en protéines animales grâce aux insectes est limité et très rarement observé en ce qui concerne de petits mammifères, si ce n'est que très récemment. Les chimpanzés robustes (*Pan troglodytes*), aussi proches de nous que les bonobos d'un point de vue phylogénétique, le sont bien plus d'un point de vue comportemental et alimentaire. Ils sont frugivores/omnivores avec une préférence pour les fruits, les pousses et les jeunes feuilles. Tous les groupes observés pratiquent la « pêche » aux fourmis ou aux termites ainsi que la chasse. Comme chez les populations humaines, il existe des différences culturelles, certains groupes préférant par habitude et éducation les fourmis ou les termites, capturées et consommées de différentes manières qui sont apprises. Il en va de même pour la chasse, pratiquée plus ou moins systématiquement, comme le cassage des noix à l'aide d'outils en pierre ou en bois. Dans la nature actuelle – et dans l'état actuel de nos connaissances –, les chimpanzés d'Afrique occidentale se montrent éthologiquement très proches des hommes avec une pratique courante de la chasse et une tradition multimillénaire pour la consommation de noix très dures, mais d'excellente qualité nutritive, qu'ils brisent à l'aide d'outils.

Le plus intéressant s'observe au niveau des comportements sociaux, qui impliquent souvent des échanges et des partages de nourriture. L'attitude la plus courante est le chacun pour soi. Les chimpanzés occupent de très grands territoires et ont pour habitude de se disperser ou *fissionner* pour aller en quête de nourriture et de se réunir ou *fusionner* pour des raisons sociales. On parle de société de fusion/fission, ce qui est assez rare dans les sociétés animales, disposition que nous partageons aussi avec les chimpanzés. Les affinités entre les individus, en dehors des liens familiaux, se reconnaissent à leur propension à manger et partager ou non les mêmes ressources. Les nourritures les plus prisées, comme les noix ou la viande, mobilisent des comportements complexes sur les plans à la fois technique et culturel. On sait que les chimpanzés d'Afrique occidentale brisent des noix à l'aide d'outils de pierre depuis plusieurs milliers d'années. Cette habitude exige un fort investissement puisqu'il faut rassembler les noix, les casser et souvent partager avec un petit. Les femelles sont incomparablement plus douées, ce qui oblige les mâles à quémander avec patience et gentillesse. On ne chipe pas le travail des autres chez les chimpanzés, ce qui induit des mœurs plutôt aimables.

La chasse est une pratique plus prisée des mâles, avantagés par leur plus grande corpulence, ce qui n'empêche pas les femelles d'y participer. Attraper une antilope et surtout d'autres singes, comme les colobes, n'a rien d'évident. Cela exige une coopération très élaborée qui mobilise les compétences des participants, certains étant plus doués pour attraper et occire les proies. La capture étant faite, commence le partage de cette nourriture, la viande, qui se présente de manière discrète et au goût très apprécié. C'est celui qui a saisi la proie qui distribue les portions. Même des individus hiérarchiquement dominants doivent attendre leur tour. Les chimpanzés sont les seuls à rechercher des associations de goûts, mélangeant certaines feuilles avec des morceaux de viande pour susciter une autre saveur et en prolonger la mastication. La cervelle constitue la « part du chef » que se réserve le leader de la chasse. C'est évidemment celle qui contient le plus de matière grasse.

L'apport alimentaire de la chasse reste assez limité, avec de grandes variations culturelles d'un groupe à l'autre. Le plus intéressant réside dans sa grande signification sociale qui implique une coopération efficace et des échanges sociaux très appréciés où se mêlent des enjeux hiérarchiques, des alliances, des envies, des frustrations et bien sûr de l'excitation et du plaisir. Les nourritures les plus prisées interviennent dans les stratégies sociales et sexuelles. Une fois de plus, revenons sur les bonobos, qui se laissent aller à tous les plaisirs sans grand discernement. Les chimpanzés se servent des nourritures les plus appréciées pour consolider des liens et aussi dans des marchandages « sexe contre nourriture » selon une échelle des valeurs très subtile que l'on retrouve dans les sociétés humaines[16].

Nous retiendrons que l'alimentation chez les singes frugivores/omnivores incorpore des nourritures de bonne qualité nutritive, dont la collecte et la consommation s'inscrivent dans une socioécologie complexe supposant des activités physiques et sociales intenses dans lesquelles interviennent aussi le goût et le plaisir. Le régime alimentaire ne se ramène pas à une question de nutriments ou de calories. C'est encore plus sensible chez les chimpanzés chez lesquels les nourritures les plus riches et les plus appréciées requièrent la mobilisation de leurs capacités cognitives les plus élaborées à la fois techniquement, socialement et culturellement. Ces nourritures, les plus riches en matières grasses, en calories et en goût (viande, noix, fruits juteux, etc.), suscitent et participent à des interactions sociales très élaborées dans la recherche du « goût des autres ».

LA LIGNÉE HUMAINE ET LE RÉGIME ALIMENTAIRE

D'emblée, rappelons que les chimpanzés ne sont pas nos ancêtres, mais nos frères d'évolution. Ce qui signifie que rechercher le « régime originel » de l'homme ou de la lignée humaine chez des espèces actuelles est un contresens d'un point de vue évolutionniste, une erreur de logique et d'épistémologie, hélas trop courante en sciences humaines, et même dans ma discipline, la paléoanthropologie. Les chimpanzés actuels ne sont pas nos ancêtres, mais partagent avec nous des caractères communs hérités d'un dernier ancêtre commun, le DAC, qui vivait quelque part en Afrique entre 5 et 8 millions d'années.

Le régime du DAC. En toute logique phylogénétique, le régime du DAC se ramène au plus grand dénominateur commun de ce qu'on observe chez les hommes et les chimpanzés actuels, sans oublier les espèces fossiles connues entre le DAC et ses descendants actuels (c'est-à-dire nous et les chimpanzés). Sur la base de ce que nous connaissons et de ce qui a été rappelé plus haut, notre DAC devait présenter une socioécologie ancestrale de frugivore/omnivore avec des interactions sociales complexes autour des nourritures les plus prisées, notamment la viande. Les fossiles les plus proches du DAC sont *Sahelanthropus tchadensis* ou Toumaï du Tchad daté de 7 millions d'années, *Orrorin tugenensis* du Kenya daté de 6 millions d'années et *Ardipithecus Kadabba* d'Éthiopie daté de 5,8 millions d'années. Sans entrer dans les détails, tous vivaient dans des habitats forestiers à proximité de l'eau et en marge des savanes. Il ne s'agissait donc pas de forêts tropicales humides, ni de savanes ouvertes. Leur dentition et leurs mâchoires étaient plus robustes que celles des chimpanzés actuels avec des molaires plus grandes et recouvertes d'un émail plus épais. Cela signifie qu'ils mangeaient des nourritures plus coriaces, correspondant aux ressources les plus courantes dans des forêts plus sèches et plus saisonnières, les fruits et les légumineux étant protégés par des enveloppes plus dures. Depuis ce DAC, deux grandes lignées se sont séparées, celle des chimpanzés ou *paninés* qui se sont adaptés à des habitats forestiers plus humides avec des régimes incluant des fruits et des nourritures plus tendres, ce qui explique la minceur de leur émail dentaire et leurs mâchoires graciles, et celle des hommes ou *homininés* qui se sont adaptés à des habitats de savanes arborées avec des régimes incorporant des nourritures végétales plus coriaces (phase mégadonte).

Le régime des australopithèques. Notre lignée rencontre un succès évolutif considérable avec les australopithèques installés dans les savanes arborées, dont la célèbre Lucy ou *Australopithecus afarensis.* Pas moins de cinq types connus en Afrique australe, orientale et centrale entre 4 et 3 millions d'années. Leur succès repose sur leur capacité à collecter les parties souterraines de plantes à l'aide de bâtons à fouir : tubercules, racines, rhizomes, oignons de bonne qualité nutritive, mais tout de même difficiles à mastiquer, ce qui leur vaut des mâchoires robustes et de grosses molaires à émail très épais. Évidemment, comme « qui peut le plus peut le moins », cela ne les dispensait pas de manger de la viande de manière plus ou moins opportuniste comme les chimpanzés actuels et bien sûr des fruits plus tendres et juteux saisonniers, sans oublier les « noix » au sens large. Les hommes étant issus des australopithèques au sens large, cette brève description de leur régime suffit à montrer l'inanité de l'*ape diet*.

À partir des australopithèques au sens large se détachent deux grandes lignées d'*homininés*, toujours en Afrique, entre 3 et 2 millions d'années. Le climat devient globalement plus sec, ce qui provoque une ouverture de l'environnement. L'accentuation des différences saisonnières impose des spécialisations au cours des saisons sèches. Une lignée, celle des paranthropes ou australopithèques robustes, se spécialise toujours plus dans la consommation de nourritures végétales et principalement des parties souterraines des plantes. Ils acquièrent l'un des systèmes masticateurs les plus puissants connus chez l'ensemble des singes, ce qui leur vaut le gentil sobriquet de « casse-noisettes ». Une fois de plus, écartons les clichés. Des études précises sur les marqueurs isotopiques du régime alimentaire (traces des plantes de types C3 et C4 et rapports strontium/calcium) révèlent des régimes alimentaires omnivores. Donc, s'ils étaient capables de consommer plus efficacement les parties souterraines des plantes grâce à des techniques de collecte à l'aide de bâtons à fouir, de préparation extra-orale grâce à des outils de pierre et de les mastiquer avec leur formidable appareil masticateur, ils ne se privaient pas par ailleurs de manger des fruits plus tendres, des légumineuses et de la viande. Les paranthropes avaient un cerveau plus développé – entre 450 et 550 cm^3 – que celui de leurs ancêtres australopithèques – entre 350 et 400 cm^3 –, soit un gain d'environ 25 %, sans avoir une taille corporelle plus importante – de 30 à 50 kilos pour une stature de 1 à 1,30 mètre selon les espèces et le sexe. On les a retrouvés dans divers contextes archéologiques associés à des restes d'herbivores et d'outils en pierre taillée. Les paranthropes présentent des adaptations que l'on croyait propres à l'homme, ou en tout cas au genre humain ou *Homo*, comme un cerveau relativement plus développé et l'usage d'outils en pierre taillée, tout en ayant un régime alimentaire principalement végétarien.

Le régime des premiers hommes. Les premiers représentants du genre humain, *Homo habilis* et *Homo rudolfensis*, apparaissent vers 2,5 millions d'années en Afrique. La robustesse de leur appareil masticateur héritée des australopithèques commence à peine à s'atténuer. Ils sont encore dans la phase « mégadonte ». Une fois de plus, on appréhende toute l'inanité de ces affirmations apparemment de bon sens qui ignorent ce que Darwin décrit comme la « descendance avec modification ». Si on prétend retrouver le « régime des origines », il convient de s'informer de ce qu'étaient nos ancêtres à différentes époques.

On a fait des *Homo habilis* et des *Homo rudolfensis* des *Homo* en raison de taille de leur cerveau, qui s'étale de 500 à 750 cm^3, et aussi parce qu'ils sont contemporains des premiers outils de pierre taillée. Les *Homo rudolfensis* semblent mieux adaptés à des savanes arborées ouvertes, plus corpulents, meilleurs bipèdes et nantis de cerveaux d'un volume compris entre 650 et 750 cm^3, alors qu'ils avaient des régimes apparemment plus végétariens que leurs contemporains *Homo habilis*.

Les *Homo habilis* sont un peu plus graciles et guère plus grands que les australopithèques. Leur bipédie, leur main et leur cerveau sont plus évolués que ceux de leurs ancêtres australopithèques, mais tout en conservant des traits archaïques. Comme on les a trouvés associés à des outils de pierre taillée, il n'en fallait pas plus pour en faire des hommes, les premiers *Homo*. Du coup, on leur a attribué toute la panoplie classique des hommes, à commencer la chasse et la consommation de nourriture carnée. C'était il y a plus de quarante ans et, depuis, on a découvert ce que sont les chimpanzés, sans oublier la diversité des *homininés* de cette époque. C'est de là que vient l'idée d'associer l'outil, la viande, la chasse et un gros cerveau.

Pour beaucoup de paléoanthropologues, dont je suis, *Homo habilis* pas plus qu'*Homo rudolfensis* ne sont des hommes au sens strict, des *Homo*. Ils annoncent cependant ce que seront les hommes et leur régime alimentaire incluant une part substantielle de viande. La question n'est pas de savoir si tel ou tel *homininé* mange de la viande ou pas – tous le font de manière plus ou moins opportuniste –, mais quand la viande constitue une part importante du régime et, de ce fait, participe de leur adaptation. Les *Homo habilis* étaient capables de chasser des proies de petite et de moyenne taille, mais certainement pas d'abattre de grands herbivores. Pourtant, on retrouve des carcasses de rhinocéros et d'éléphants avec des outils de pierre portant des stries d'utilisation sur des os. Les *Homo habilis* avaient développé des activités très organisées de charognage. Lorsqu'ils trouvaient un grand animal mort depuis peu, ils consommaient sur place ce qu'ils ne pouvaient transporter – la cervelle, les yeux et les viscères – et découpaient et emportaient d'autres parties pour les consommer dans des lieux plus sûrs, notamment pour briser les os et accéder à la moelle. Ils continuaient aussi à consommer des fruits, des légumineux et les parties souterraines des plantes, sans oublier les noix. Au début de la saison sèche, ils attrapaient des poissons-chats piégés dans les mares des fleuves qui s'asséchaient. Il est évident qu'à partir d'*Homo habilis* les protéines animales deviennent une part importante du régime, mais ce qui compte avant tout c'est la complexité des comportements sociaux impliqués.

*Le régime d'*Homo. Les hommes au sens strict arrivent avec *Homo ergaster* autour de 2 millions d'années, toujours en Afrique. Très vite, celui-ci s'affranchit de toute dépendance avec le monde des arbres et se retrouve en Asie et en Europe. La viande étant la seule nourriture que l'on trouve sous toutes les latitudes et à toutes les époques, cela facilite l'expansion géographique du genre *Homo*. Sa plus grande taille corporelle et l'invention d'outils et d'armes en font un prédateur redoutable, mobile et endurant. À cela s'ajoute l'usage du feu dès 1,5 million d'années et sa maîtrise croissante à partir de sept cent mille ans attestés par des foyers organisés.

Comme toujours, il semble évident, à force de répétition, que toutes ces innovations techniques, comme le feu et la cuisson, sont liées à la viande, ce qui favoriserait le développement d'un gros cerveau. Les chimpanzés chassent très bien sans l'aide d'armes et n'emploient pas d'outils pour consommer une carcasse. Pour autant, l'invention d'outils tranchants et pointus en pierre permet d'exploiter plus aisément une carcasse, surtout celle des grands animaux. Mais ce n'est pas forcément dans ce but que ces outils ont d'abord été inventés puisqu'ils servaient aussi pour les nourritures végétales, ce qui est bien le cas encore une fois chez les chimpanzés. Enfin, le plus gros cerveau des *Homo ergaster* semble plus résulter de leur plus grande taille corporelle que d'une sélection ciblée. Quant à la cuisson de la viande – à la braise, à la broche ou sur des pierres chaudes –, elle ne change pas grand-chose pour sa digestion, si ce n'est le goût et une mastication plus facile.

Un débat agite la communauté des paléoanthropologues sur cette question. Le vieux modèle viande-outil-cerveau revient au travers d'une approche nutritionnelle qui prend en compte les besoins spécifiques du cerveau, l'organe qui mobilise plus d'un cinquième de notre métabolisme quotidien. Il s'agit essentiellement d'acides gras et de glucose. Si on s'intéresse aux acides gras et à leur disponibilité dans la nature, on insiste sur les ressources animales ; si on regarde du côté des ressources en glucose, alors on désigne les ressources végétales. Un modèle récent souligne l'importance de la cuisson, notamment pour les parties souterraines des plantes, riches en glucose et en amidon, rendus bien plus digestes. Ces deux modèles ne sont pas exclusifs, d'autant que toutes ces innovations se manifestent au cours de la même période, avec comme conséquence une augmentation relative considérable de la taille du cerveau qui passe de 800 cm^3 à 1 600 cm^3 – le double – en moins de 1 million d'années alors que la taille corporelle change peu. À la fin du Paléolithique, entre deux cent mille ans et dix mille ans –, les hommes de Neandertal ou *Homo neanderthalensis* et les hommes de Cro-Magnon, des *Homo sapiens* comme nous, sont plus corpulents que nous, tout en ayant des cerveaux vraiment plus grands. Ils vivent sous toutes les latitudes et dans une grande diversité d'habitat avec une diversité de régimes alimentaires comparable à celle qu'ils ont léguée aux peuples de chasseurs-collecteurs que nous connaissons encore.

Les hommes de Neandertal avaient un régime très carné, ce qui est sans surprise pour des populations vivant sous de hautes latitudes où la principale ressource de nourriture est d'origine animale, que ce soient les animaux terrestres ou aquatiques. C'est le cas des derniers peuples actuels des régions circumpolaires, comme les Inuits, les Evènes, etc. On sait que ces chasseurs prisent particulièrement le gras et de nombreux modes de cuisson, comme le bouillon, permettent de le récupérer. Les animaux qui vivent sous les hautes latitudes constituent des réserves de gras, ce qui en facilite la collecte. Les parties musculaires sont de loin les moins recherchées car très peu grasses et donc peu digestes. Manger de la viande de muscle sans gras pose des problèmes de digestion et de satiété, ce que des anthropologues appellent la « maladie du lapin ». Cela ne fait que très peu de temps que nous consommons autant de viande et plus particulièrement de la viande « persillée », ce qui en à peine un quart de siècle nous a fait oublier que la triperie était jadis bien plus prisée que la boucherie.

Quant au « régime de Cro-Magnon », on le confond avec celui des néandertaliens les plus septentrionaux ou des derniers peuples traditionnels vivant près du cercle polaire. L'archéologie des hommes de Cro-Magnon en Europe évoque une grande diversité de ressources animales terrestres et aquatiques, mais aussi végétales. Il est tout à fait probable que leurs régimes – au pluriel – variaient en fonction de la latitude et de l'habitat, mais aussi au gré des saisons et des migrations, comme chez les derniers peuples chasseurs-collecteurs, avec une proportion de nourritures végétales de deux tiers autour de la bande des tropiques qui décroît drastiquement sous les hautes latitudes. Les modes pour les régimes exotiques d'ailleurs ou du passé susceptibles de nous ramener auprès des conditions idéales de nos origines ne se fondent que sur des *a priori* naïfs. Le « bon sauvage » de Rousseau est une figure de rhétorique, pas une réalité scientifique.

LA MAL-ÉVOLUTION DE L'HOMME

Le plus surprenant est que la recherche du « régime idéal des origines » ignore complètement l'histoire récente de l'humanité et va à l'encontre de l'idéologie de progrès qui, par exemple, fait du Néolithique et de l'agriculture une conquête majeure, une révolution vers la libération de l'homme. On voit à quel point c'est confus, les modes diététiques n'ayant cure de ce genre de détails scientifiques.

On constate l'apparition de l'agriculture dans différentes parties du monde et indépendamment : Proche et Moyen-Orient, Afrique occidentale, vallée de l'Indus, sud de la Chine, Nouvelle-Guinée et Amérique centrale pour les centres les plus importants. Le cas le mieux connu est celui du « croissant fertile », qui s'étend sur la Turquie, la Syrie et l'Irak. Au fil des millénaires – entre 9000 et 5000 av. J.-C. –, les populations se sédentarisent et en profitent pour domestiquer de nombreuses espèces de plantes et d'animaux. La part de la collecte et de la chasse régresse dans le régime avec une diminution drastique de la diversité des ressources alimentaires. La dépendance croissante envers les récoltes entraîne de nouvelles conditions de stress sur les populations. N'en déplaise aux antidarwiniens primaires qui pensent que les sociétés humaines ne cessent de s'émanciper des « lois de la nature », ces populations néolithiques sont passées par des phases de sélection comme en témoigne la composition des plats traditionnels. Dans tous les foyers de néolithisation on trouve des plats traditionnels dont la composition en divers céréales et légumes inclut les huit acides aminés essentiels. On entend déjà les adeptes des bienfaits des régimes ancestraux reposant sur une sorte de sagesse tout aussi ancestrale. Il ne s'agit nullement de cela. L'explication est que les populations et les sociétés qui ont fait d'autres choix ont tout simplement été éliminées. Encore et toujours le « paradoxe de l'omnivore », que l'on soit singe ou habitant de nos cités modernes.

Le Néolithique invente de nouvelles sociétés avec l'apparition des cités. Les rapports au monde et les représentations changent : division sexuelle des tâches, stratification des sociétés, invention des grandes religions, guerres organisées et premiers génocides et une politique démographique de croissance, etc. Le Bible décrit fort bien cette nouvelle représentation du monde avec le fameux commandement : « Croissez et multipliez. » Un archéologue spécialiste de cette période a donné ce très beau titre à un de ses livres : *Et ils sortirent du Paradis*. Ce qui est moins connu, c'est l'influence de ces nouveaux modes de vie sur la morphologie de notre espèce. En quelques millénaires, la taille corporelle a considérablement diminué – entre 10 et 20 centimètres selon les régions – ainsi que celle du cerveau – de 1 600 à 1 350 cm^3 en moyenne. Les *Homo sapiens* récents se montrent bien plus graciles que leurs parents de Cro-Magnon. Les populations des pays développés ont retrouvé de grandes statures depuis la Seconde Guerre mondiale pour les raisons que l'on sait, mais pas la taille du cerveau. Les hommes présentent une plasticité très sensible à leur environnement et le régime alimentaire en est un facteur très influent.

L'ÉVOLUTION RÉCENTE D'*HOMO SAPIENS*

Peut-on parler de mal-évolution de l'homme ? On ne refait pas l'histoire, et celle de l'évolution non plus. Cependant, tenter de répondre aux défis actuels de la santé et de la nutrition en allant faire un petit pique-nique naïf dans le passé n'a aucun sens. En revanche, la connaissance de notre histoire évolutive et celle des autres lignées, comme les grands singes, apportent quelques enseignements. Le premier est que le sucré et le gras sont des ressources rares dans la nature. Les espèces frugivores/omnivores les recherchent activement, ce qui motive des innovations techniques et des comportements sociaux complexes. Ces nourritures de très grande valeur nutritive et calorique se méritent. Leur collecte et/ou leur accès requièrent de grandes qualités cognitives et des activités physiques importantes. Ces nourritures très appréciées par leur goût suscitent du plaisir qui, de ce fait, est une incitation à anticiper et à agir individuellement et collectivement. En raison de leurs qualités et de tout ce qui vient d'être évoqué, elles participent aux subtilités des jeux sociaux : éducation, amitiés, inimités, alliances, sexualité, enjeux de pouvoir et politique. D'où viennent alors les problèmes actuels ?

Il est d'usage d'accuser notre société d'abondance. Les réponses proposées passent par les interdits. On veut combattre l'obésité chez les jeunes ? Supprimons les distributeurs de nourriture dans les établissements scolaires. (Au passage, pourquoi n'y a-t-il pas de fontaines d'eau ?) On ajoute aussi un peu de morale sociale : cela crée une égalité par le bas, car les plus riches peuvent se goinfrer, mais pas les plus démunis. Mais alors pourquoi une telle incidence de l'obésité chez les plus défavorisés ? Et puis, les jeunes et les adolescents, c'est bien connu, respectent les interdits et ils sont trop stupides pour penser à acheter des friandises et des boissons énergétiques sur le chemin de l'école.

L'évolution récente de nos sociétés ne correspond pas à une évolution darwinienne, mais à des changements d'environnement qui ont entraîné l'élimination des divers facteurs associés à des régimes incluant des nourritures de très bonne qualité nutritionnelle et calorique : activités physiques, compétences techniques, éducation et échanges sociaux. On peut accuser notre société d'abondance et toutes ses sollicitations, des problèmes se posent bien de ce côté, mais ce n'est pas parce que les cigarettes sont en ventre libre que tout le monde fume. Et les taxes qui s'accumulent sur les paquets ne dissuadent pas les fumeurs.

On peut s'en prendre aussi à notre évolution, la vraie. Pendant de centaines de milliers d'années, nos ancêtres vivaient dans des conditions plus précaires pour l'accès régulier aux ressources de nourriture. Au fil du temps auraient été sélectionnées des capacités à stocker des graisses. Seulement l'abondance soudaine depuis quelques décennies aurait retourné cet avantage en inconvénient. Une telle explication repose sur des cas bien connus de populations comme les Indiens pimas, les Inuits et d'autres peuples amérindiens. Il s'agit souvent de peuples ayant vécu ou vivant dans des conditions difficiles, ce qui explique les facteurs de sélection cités et leurs effets inversés avec l'arrivée des aliments riches. Plus largement, les changements de régime alimentaire survenus depuis le Néolithique ont créé de nouvelles conditions qui ont provoqué des changements au sein de diverses populations, comme pour le favisme ou la tolérance au lactose. Mais ces exemples bien connus ne s'appliquent pas à toutes les populations humaines, loin de là. On ne tient là qu'une partie de l'explication.

Il faut revenir à la socioécologie des singes. Il faut le répéter, le régime alimentaire n'est pas qu'une question de nutrition. Un facteur associé est l'*activité physique*, surtout pour quérir les nourritures les plus énergétiques : aujourd'hui, il suffit de faire quelques mètres entre la télévision et l'ordinateur pour se procurer de telles nourritures, au demeurant fortement enrichies. Un autre facteur est la *compétence technique* : aujourd'hui, plus besoin de penser aux outils et aux moyens d'accéder à ces nourritures. Or ce sont ces activités qui demandent le plus de compétences chez les singes, tout en précisant que les hommes mobilisent ces capacités cognitives dans bien d'autres domaines. Mais il est avéré que l'un des facteurs aggravants de l'obésité est un manque général d'activités, physiques et cognitives. Un autre facteur est l'*éducation* : on apprend à être omnivore et le goût aussi s'éduque. Aujourd'hui, ces nourritures sont sans risque d'intoxication (sauf pour les allergies) et leur goût flatte une palatabilité immédiate et facile, qui sature les papilles, avec pour conséquence un dédain pour des goûts plus subtils associés à des aliments et à des plats de meilleure qualité nutritive, mais moins gras et moins caloriques.

Plus ennuyeuse est l'absence d'éducation autour de la préparation du repas et de sa consommation. Or, chez les singes, les nourritures les plus prisées participent aux interactions sociales les plus complexes. Sans parler de repas, la présence des autres prolonge le temps de la prise alimentaire, ce qui permet d'arriver plus rapidement à la sensation de satiété. À cette dissociation sociale s'ajoute une crise générale de l'autorité parentale : on ne dit plus non, confondant l'éducation et l'interdit, toute incitation à se comporter autrement étant perçue comme une tentative de frustration. Une certaine conception irresponsable de l'éducation sans interdit se répand et contribue à remplir les cabinets des psychologues et des médecins nutritionnistes.

Le dernier facteur est *social* et il vient d'être en partie évoqué. On sait que, dans nos sociétés actuelles, le statut social intervient dans le choix de la prise alimentaire, les catégories les plus défavorisées ayant une tendance nettement plus prononcée à l'obésité. Une fois de plus, il ne s'agit pas que d'abondance, mais des relations complexes entre les facteurs sociaux et psychologiques et la nourriture. Des expériences récentes chez les singes montrent que les individus dominants, qui ont accès prioritairement à la nourriture, contrôlent leur prise alimentaire alors que les dominés n'arrivent pas à se limiter, consommant même de nuit, alors que les autres se contentent de se nourrir le jour. Ces comportements ne se réduisent évidemment pas à une simple dialectique dominant/dominé, mais expriment à quel point le statut social et son vécu influent sur les comportements alimentaires.

Nos sociétés sont moins malades de l'abondance – qui pose des problèmes – que de l'élimination, en quelques décennies, de tous les facteurs *naturellement et culturellement* associés à des régimes alimentaires de haute qualité nutritive comme chez les singes. Tout régime alimentaire comporte ses contraintes et ses avantages. La malbouffe et la mal-évolution de nos sociétés modernes ne sont pas à mettre au seul compte de la surproposition alimentaire et des multiples incitations à consommer. L'abondance alimentaire – qui ne concerne qu'à peine la moitié de l'humanité – est un acquis formidable de notre évolution technique et culturelle. (Nos arrière-grands-parents seraient bien surpris des problèmes dont nous discutons.) Toutefois, nos nouveaux modes de vie « modernes » ont brisé tous les aspects sociaux entourant la nourriture et les repas. Parler de famille et d'éducation, c'est prendre le risque d'être taxé de rétrograde. Selon l'expression de Jean-Claude Guillebaud, « la famille est le dernier rempart entre l'individu et le marché[17] ». Il ne s'agit évidemment pas de la famille au sens le plus classique et restrictif, mais du groupe social et éducatif. Ce rempart s'effondre. La crise de l'obésité est avant tout une maladie de nos sociétés modernes.

La maladie d'Alzheimer : un fardeau de l'évolution humaine ?

L'évolution de l'homme est souvent perçue comme un processus de libération par le passage de la nature à la culture. Cette idée, profondément ancrée dans la pensée occidentale, se retrouve dans les religions, les philosophies, les sciences et bien évidemment en paléoanthropologie : c'est ce qu'on appelle l'hominisation. Cette vision de l'évolution ramène toute l'évolution du vivant à un point de vue strictement humain, autrement dit anthropocentrique.

La médecine a joué un rôle aussi fondamental qu'indéniable dans ce rapport de l'homme à la nature, réalisant, mais pas toute seule, les espoirs de l'idée de progrès dont l'un des aspects les plus importants est une vie plus longue et en bonne santé. L'éradication des grandes maladies, l'hygiène, la nutrition, le sport nous permettent de jouir de notre corps deux fois plus longtemps que nos ancêtres depuis l'émergence du genre *Homo* jusqu'au milieu du XXe siècle[18]. Cette formidable évolution, due au génie de l'homme s'exprimant dans les sciences et les techniques, se trouve confrontée à une terrible contrainte : les maladies dégénératives du cerveau.

La maladie d'Alzheimer jette un voile sombre sur cet acquis. La réalité des chiffres la range parmi les premiers fléaux auxquels doit faire face la santé publique dans les pays développés. Il y a aussi la complexité de la maladie, dont l'étiologie génétique représente bien peu de cas, comparé à ses apparitions sporadiques chez les personnes vieillissantes. S'il s'agit sans aucun doute d'une maladie venant avec l'âge, les avancées augmentant l'espérance de vie amènent-elles les populations humaines à être confrontées à une maladie intrinsèquement liée à une dégénérescence du cerveau et/ou à des facteurs environnementaux ayant une incidence plus marquée dans les pays développés ? Quoi qu'il en soit, il s'agit d'évolution, mais de quel type d'évolution, c'est là toute la question.

Le cas de la maladie d'Alzheimer appelle une réflexion de la part des anthropologues et des médecins. Depuis un peu plus d'une dizaine d'années s'affirme un courant de pensée en médecine : la *médecine évolutionniste*. Plus qu'une explication des maladies et de leur évolution dans une perspective darwinienne, cette approche propose des modèles heuristiques qui ouvrent de nouvelles perspectives de recherches encore trop négligées à cause d'une mauvaise compréhension de l'évolution et de nos relations avec les autres espèces.

LES ÂGES DE LA VIE

La sélection naturelle et la sélection sexuelle expliquent comment certains individus laissent une plus grande descendance que d'autres. Cela donne des affirmations telles que : les mâles doivent copuler avec le plus grand nombre de femelles pour assurer leur descendance. Dans la même veine, ces dernières devraient mettre au monde le plus grand nombre d'œufs ou de couvées ou encore des portées nombreuses. Comment alors expliquer la réduction drastique du nombre d'ovules, notamment chez des espèces avec de longues espérances de vie ? Pourquoi des couvées et des portées d'une dizaine de petits à un seul ? Pourquoi des mâles choisissent-ils de s'unir à une seule femelle et de participer à la protection, aux soins et à l'éducation d'un ou deux jeunes, comme chez les espèces monogames ? Il existe manifestement des stratégies de reproduction qui privilégient la production de milliers d'œufs fécondés avec une très faible probabilité de survie (la survie de l'espèce repose alors sur la quantité des œufs fécondés abandonnés aux circonstances) et, à l'opposé, un seul petit après une longue couvaison ou gestation avec une forte probabilité de survie grâce à des soins parentaux intenses (la survie de l'espèce repose alors sur la qualité).

Ces stratégies de reproduction sont connues comme des sélections r ou K ; r et K étant les paramètres d'équations modélisant les modes de peuplement des populations en réponse aux facteurs de l'environnement. Les stratégies r sont privilégiées dans un environnement ouvert à la colonisation – comme sur une île après une éruption volcanique – ou dans des environnements dont les ressources varient de façon drastique et/ou erratique. Dans une telle situation – et pour rester chez les mammifères –, les espèces avantagées sont celles qui produisent des portées nombreuses avec des petits immatures. Ils croissent très vite, atteignent la maturité somatique ou taille adulte en quelques semaines et se reproduisent rapidement. L'investissement parental, en l'occurrence de la mère, est restreint. Ces espèces, comme les petits rongeurs et leurs prédateurs comme les chats, adoptent une stratégie quantitative. Tant qu'il y a des ressources, ils se multiplient jusqu'à ce qu'arrive une perturbation de l'environnement, provoquant une réduction drastique des effectifs. Chez les mammifères, ce sont le plus souvent des espèces de petite taille corporelle avec une espérance de vie courte d'une à quelques années et avec des vies sociales assez simples. Il y a évidemment des exceptions, comme les tigres pour la grande taille ou la vie sociale complexe chez les rats.

Les stratégies K, moins nombreuses, interviennent dans des environnements plus stables. Ces espèces ont une démographie assez constante et vivent plus « en équilibre » avec leur environnement et ses ressources. Les femelles mettent au monde un seul petit très mature ou précoce après une longue gestation. Le sevrage se fait après plusieurs années, l'enfance est longue et la maturité sexuelle ou puberté arrive avant l'âge adulte. Ce sont les hommes, les grands singes, les cétacés et les éléphants, pour les espèces les plus caractéristiques. Le succès reproducteur repose sur une progéniture aussi rare que précieuse, faisant l'objet de soins, de protection et d'éducation intenses. Un jeune ne peut pas survivre sans l'attention et la compétence de la mère et du groupe social, ni sans la transmission des expériences acquises par les générations antérieures : savoir-faire, traditions et même cultures, comme chez les grands singes. Ces espèces sont de grande taille corporelle, possèdent un gros cerveau et jouissent d'une longue espérance de vie qui se compte en plusieurs dizaines de décennies. D'une manière générale, les études comparatives et empiriques dégagent une forte corrélation entre la taille du cerveau et les âges de la vie, celles ayant un plus grand cerveau à l'âge adulte ayant plus de longévité. (Les tortues sont connues pour leur longévité mais se reproduisent en déposant des centaines d'œufs, cependant n'ont pas de gros cerveau.)

Les âges de la vie sont la conséquence de facteurs de sélection appelés « paramètres d'histoire de vie ». Ces paramètres diffèrent considérablement entre les espèces et au sein de chaque espèce. Il y a donc variation et, par conséquent, possibilité de sélection et d'évolution. On aborde un domaine très fécond des théories modernes de l'évolution dans le cadre de la théorie dite « évo-dévo » pour « évolution et développement ». Il faut entendre par « développement » les différentes parties de l'ontogenèse. Les changements qui modifient les paramètres d'histoire de vie – gestation, sevrage, enfance, adolescence, puberté, âge de la première reproduction, âge adulte, espérance de vie – sont appelés *hétérochronies*, ce qui signifie « chronologies de la vie différentes » par rapport à l'espèce ancestrale, ce dernier point étant fondamental pour mettre en évidence les hétérochronies, ce que Darwin appelle fort pertinemment « la descendance avec modification ».

Un des cas d'hétéréchronie le plus évoqué, et des plus mal compris, est la néoténie. On lit couramment dans le champ des sciences humaines que le petit humain naît immature – on affirme même qu'il est le plus immature des nouveau-nés chez les mammifères – et qu'à l'âge adulte nous conservons une morphologie de type juvénile. Tout cela est faux et plein de confusions. Il y a confusion entre les processus hétérochroniques et leurs conséquences morphologiques. Le petit humain ne naît pas du tout immature. Il ne ressemble en rien à un petit chaton ou un petit souriceau qui évoque un fœtus avec les yeux fermés et la peau dénudée. Si on le compare à un petit gorille – qui naît très mature avec un poids de 2 kilos et un cerveau de 200 cm^3 en moyenne –, le petit humain apparaît plus développé avec un poids moyen de 3 kilos et un cerveau de 400 à 500 cm^3. Par ailleurs, le profil juvénile du crâne de l'homme moderne en vue de profil – cas le plus cité – n'est qu'une analogie superficielle. Le crâne de l'homme en vue de profil présente une boîte crânienne globuleuse qui domine une face courte et en retrait. Il en est de même chez tous les jeunes grands singes. Mais cette morphologie chez l'adulte *Homo sapiens* découle d'une longue évolution qui, depuis 2 millions d'années, fait que, d'un côté, la taille du cerveau augmente et de l'autre celle de la face régresse, mais pour des raisons différentes. La ressemblance en vue de profil d'un crâne de jeune grand singe avec celui d'un homme actuel adulte ne procède que d'une simple analogie superficielle. (Par exemple, il n'existe pas de menton chez les jeunes grands singes, pas plus que chez le petit humain.) De même pour cette idée curieuse qui ferait dériver notre bipédie depuis celle supposée des jeunes grands singes. Les jeunes grands singes ne marchent pas debout. Dans ce cas, comment expliquer nos grandes jambes – un caractère pédomorphique est justement des membres courts par rapport au tronc – et, *in fine*, pourquoi les petits humains marchent-ils à quatre pattes dans les premiers âges de la vie ?

Pour revenir à la néoténie, c'est un processus hétérochronique qui fait qu'une espèce maintient à l'état adule une morphologie juvénile de l'espèce ancestrale. La plupart des auteurs parlant de « néoténie » humaine évoquent en fait sa conséquence morphologique – une pédomorphie – qui, quant à elle, peut être obtenue par plusieurs processus hétérochroniques, dont la néoténie qui correspond à un ralentissement du taux de croissance en référence à la population ancestrale. D'un point de vue phylogénétique, comparer notre ontogenèse à celle des chimpanzés actuels, qui ne sont pas nos ancêtres, participe d'un non-sens évolutionniste, hélas trop courant en sciences humaines, en philosophie et aussi dans les sciences médicales au sens large. Ayant précisé cela, les premiers temps de notre ontogenèse, comparée à celle des grands singes les plus proches de nous, font intervenir une période particulière. Comme déjà indiqué, il existe une forte corrélation entre la taille du cerveau et tous les paramètres d'histoire de vie, dont la gestation. Chez les chimpanzés, le cerveau du nouveau-né fait entre 200 et 300 cm^3 après une gestation de huit mois et demi, soit près des deux tiers de la taille du cerveau adulte de 400 cm^3 en moyenne. Pour notre espèce, le cerveau du nouveau-né mesure 400 à 500 cm^3 après une grossesse de neuf mois, ce qui représente un tiers de la taille du cerveau adulte. En raison des corrélations évoquées, le compte n'y est pas ! Sur la base des corrélations empiriques connues, la grossesse devrait durer le double chez notre espèce, ce qui poserait de réelles difficultés pour l'accouchement à cause de la forme particulière de notre bassin. Les problèmes de l'accouchement viennent de là et remontent au temps d'*Homo ergaster*, avec une sélection aussi drastique que douloureuse sur les femmes : celles engagées dans des gestations plus longues courant le risque de mourir en s'efforçant de donner naissance.

Les deux semaines de différence pour les durées de gestation entre les chimpanzés et les hommes – ou plutôt les femmes – ne suffisent pas à expliquer les fortes différences de taille des cerveaux des nouveau-nés, et encore moins des adultes. Cette différence se manifeste après la naissance puisque le petit humain poursuit un développement cérébral comme s'il était encore *in utero*, alors que, chez toutes les autres espèces proches de nous, ce développement continue, mais selon une courbe très atténuée jusqu'au sevrage. Le petit humain ne naît pas immature, mais il s'avère plus « léthargique » puisque le cerveau capte la plus grande part de son développement général. Donc, le petit humain naît « relativement plus tôt », mais pas immature et poursuit son développement cérébral comme s'il était *in utero*, ce qui confère un caractère assez particulier à notre ontogenèse, au rapport à la mère et au contexte social.

Pour reconstituer les changements hétérochroniques, il faut disposer de trois paramètres : les âges de la vie, la taille et la forme. Tous ces caractères sont mesurables sur les fossiles, les âges de la vie étant donnés par le temps de formation des dents et leurs âges d'éruption et les autres par les méthodes de la biométrie. De tous les travaux réalisés, il ressort que les âges de la vie de toutes les espèces connues de notre lignée – hormis les hommes – ressemblent à ceux connus chez les chimpanzés actuels : gestation de huit à moins de neuf mois, sevrage autour de 4 à 5 ans –, ce qui correspond à l'apparition de la première molaire ou dent adulte –, un âge adulte atteint entre 11 et 14 ans et une espérance de vie d'une quarantaine d'années. Il en est ainsi, par exemple, chez tous les australopithèques. Par contre, la morphologie adulte des australopithèques est très différente de celle des chimpanzés et même si les jeunes ressemblent eux aussi aux jeunes hominoïdes actuels, c'est par rapport aux australopithèques ou à des formes sensiblement plus récentes appartenant à notre lignée qu'il faut tenter d'établir les hétérochronies.

L'apparition de paramètres d'histoire de vie plus longs se manifeste avec les premiers représentants incontestables du genre *Homo* : *Homo ergaster.* On cite souvent le superbe squelette fossile appelé l'« enfant du Turkana », trouvé sur les rives du lac Turkana au Kenya et daté de 1,5 million d'années. Cet individu a un âge estimé de 10 ans et mesure déjà 1,60 mètre ! Il exprime l'évolution rapide de la taille corporelle au sein du genre *Homo* comparé à ses ancêtres immédiats – descendance avec modification. Cet enfant aurait été évidemment plus grand à l'âge adulte, mais pas tant que cela car ses paramètres d'histoire de vie se situent entre ceux connus – en moyenne – entre les hominidés plus anciens et les hommes actuels.

Cela nous amène à une autre question : depuis quand les hommes possèdent-ils des paramètres d'histoire de vie comparables à nous autres, les *Homo sapiens* ? Il s'agit là d'une question très controversée. Certaines études sur la formation des dents suggèrent que les néandertaliens, pourtant si proches de nous, avaient dans l'ensemble des paramètres sensiblement plus courts (bien que plus longs que chez *Homo ergaster*). Quoi qu'il en soit, le genre *Homo* se caractérise par une évolution qui associe une plus grande taille corporelle, un cerveau plus développé, une face moins robuste et des paramètres d'histoire de vie plus longs. Compte tenu de ce que l'on sait de l'espérance de vie de nos ancêtres, cela signifie que nous sommes une espèce qui passe entre la moitié et un tiers de sa vie à grandir !

ESPÈCES K ET ALZHEIMER

De ce qui précède, on retient un ensemble de contraintes fortes qui, chez les espèces K, associent la taille du cerveau, l'ontogenèse, les âges de la vie et la vie sociale. Chez ces espèces, aucun individu ne peut espérer survivre sans le soutien de la mère et du groupe – ce qui est très répandu chez les mammifères et les oiseaux – et surtout sans protection, éducation et transmission de savoir-faire. Ces espèces ont pour seul instinct celui d'apprendre et de développer des compétences sociales tout au long de la vie avec des capacités cognitives très complexes, dans le cadre des contraintes phylogénétiques héritées de l'évolution de leur lignée. Dans l'état actuel des connaissances, les individus de ces espèces se reconnaissent tous dans un miroir et savent aussi reconnaître leurs congénères en tant qu'individus et non pas seulement en tant que membres d'une même espèce. On sait fort bien que les oiseaux et les mammifères vivent dans des sociétés plus ou moins complexes, avec des codes comportementaux et des modes de communication qui traduisent les statuts sociaux, les territoires, l'humeur, etc. Les singes en général attachent une part encore plus importante de leur vie aux relations sociales faisant intervenir l'épouillage, la vision, les mimiques, les gestuelles et les vocalises. Chez les espèces qui nous intéressent ici – et que l'on pourrait qualifier de super K –, les éthologues ont mis en évidence que les éléphants, certaines espèces de dauphins et de baleines et tous les grands singes se montrent doués d'empathie et de sympathie, comme en attestent les nombreux exemples d'entraide, de soutien, de secours et d'assistance, ce qui se retrouve aussi dans leurs comportements particuliers autour de la mort de l'un des leurs. Un gros cerveau est lié à ces contextes sociaux intenses et les études comparées indiquent que, tout particulièrement chez les singes, sa taille est corrélée avec l'importance des groupes et la complexité des interactions sociales.

Dans le cadre de la tradition dualiste occidentale, et tout particulièrement avec le dualisme cartésien en France, évoquer l'idée selon laquelle des espèces comme celles citées pourraient être douées d'empathie et de conscience de soi et du groupe suscite des réactions instinctives d'indignation. Charles Darwin notait déjà en son temps que, à force de répéter les mêmes pseudo-vérités, cela finissait par devenir comme une évidence comparable à un instinct. À cause de cette attitude archaïque, la France se trouve très en retard sur toutes les questions qui concernent les autres espèces et, pour notre propos, les grands singes, que ce soit pour le séquençage du génome, les comportements ou la cognition. Avec un tel héritage archaïque, les recherches sur la maladie d'Alzheimer s'orientent tout « naturellement » vers les fondements génétiques et biologiques, mais négligent tout ce qui a trait à l'environnement culturel et social.

Depuis à peine une dizaine d'années, plusieurs groupes des recherche aux États-Unis se posent la question de savoir si les espèces très K citées peuvent développer des pathologies neurodégénératives. Des grands singes vivant dans des parcs zoologiques depuis des décennies et privés de relations sociales se retrouvent-ils avec de tels troubles ? D'un point de vue neuroanatomique, on sait que certains neurones en fuseau ou dits « de Von Economo » sont parmi les premiers détériorés par la maladie d'Alzheimer. Ce sont des neurones assez particuliers, plus concentrés dans la région frontale – qui jouent un rôle considérable quant à la personnalité et aux rapports aux autres – et qui ne possèdent qu'une seule dendrite très longue. Des chercheurs pensent que ces neurones ont pour fonction de relier ou « câbler » diverses parties du cerveau. Dans l'état actuel des connaissances, on retrouve ces neurones chez toutes les espèces K citées. Des individus de ces espèces sont-ils frappés de maladies neurodégénératives ? Les premiers résultats semblent l'indiquer.

Quelle signification donner à de tels résultats ? Rappelons que la maladie décrite par Aloïs Alzheimer, il y a plus d'un siècle, n'a vraiment été reconnue que depuis à peine trente ans et que, pour les raisons évoquées plus haut, on ne pose la question que depuis peu de temps en ce qui concerne les autres espèces. Il ne s'agit pas ici de modèles expérimentaux chez les animaux pour tenter d'élucider les mécanismes biologiques impliqués dans l'étiologie de cette maladie très complexe – comme les souris lémuriennes ou *Microcebus*, des primates de très petite taille qui se révèlent d'excellents modèles –, mais de dégager des corrélations et, si possible, des facteurs sociaux associés au développement de la maladie.

En effet, nous savons que l'environnement social intervient de façon dramatique. Certaines études indiquent que la probabilité de développer cette maladie arrive quinze ans plus tôt chez les personnes ayant eu une vie stressée et des métiers pénibles et surtout si elles n'ont pas eu une vie sociale, intellectuelle et affective importante. Ainsi, plus qu'une vie stressante et des métiers pénibles – qui affectent de quelques années l'espérance de vie –, l'intensité et la qualité de la vie sociale semblent jouer un rôle considérable dans les derniers âges de la vie.

ÉVOLUTION ET COGNITION

L'approche évolutionniste propose une voie de recherche encore trop négligée en neurologie. Les modèles expérimentaux reposant sur des animaux tentent de mettre en évidence les mécanismes biologiques. Cela devient un peu plus compliqué avec tout ce qui touche aux comportements au sens large. Il a existé, et il existe toujours, une tradition en psychologie animale appelée béhaviorisme. L'un de ses fondateurs, Bhurrus Skinner, affirmait que l'animal n'importait pas puisque les mécanismes sont censés être les mêmes. De ce fait, les rares espèces étudiées étaient et restent les pigeons et surtout les rats blancs. Dans cette approche mécaniste, on ne s'intéresse pas au cerveau en tant que tel, mais aux réponses données à des stimuli. Toutes les pratiques liées à l'apprentissage et au conditionnement viennent de là. Hier comme aujourd'hui, les recherches expérimentales développées en laboratoire reposent sur ces principes.

Les sciences cognitives reposent sur une approche très différente, qui se préoccupe de la façon dont fonctionnent le cerveau et ses différentes parties, comment il perçoit ou pas les informations, comment il les traite, les mémorise ou pas, les transfère d'un mode de perception/action à l'autre, les processus d'apprentissage, les modes de représentation, etc. C'est dans cette autre perspective que les études comparées avec les espèces les plus proches de nous peuvent nous apporter d'autres connaissances. Les rats ne sont pas des espèces K et il y a peu de chances qu'on mette en évidence chez eux des modalités d'apparition de maladies neurodégénératives en relation avec les paramètres de leur vie sociale. Par contre, l'approche comparée et phylogénétique peut nous fournir des données plus précises sur les facteurs sociaux environnementaux susceptibles de provoquer l'occurrence de ces maladies. En d'autres termes, non pas sur les facteurs génétiques et/ou biologiques, mais sur les conditions socioenvironnementales qui favorisent l'apparition de ces graves problèmes indépendamment des sensibilités biologiques liées à nos différences interindividuelles.

Les études comparées établissent le tissu d'interactions complexes entre le cerveau, les âges de la vie et l'importance des rapports aux autres. On peut dire que c'est encore plus sensible dès les premiers âges de la vie chez l'homme ; ce qu'on a ignoré, c'est qu'il en va de même pour la fin de la vie. Si les grands singes, si proches de nous à bien des égards et tout particulièrement en raison de nos origines communes si récentes, se montrent sensibles à la qualité de leur environnement, cela ne fera que confirmer l'extrême sensibilité du cerveau aux sollicitations cognitives et sociales. Cette dimension n'en sera que plus consolidée si on met en évidence les mêmes facteurs chez des espèces plus éloignées de nous d'un point de vue phylogénétique, comme les éléphants et les cétacés. Le cerveau se révèle une formidable machine faite pour fonctionner et, s'il n'est pas ou plus sollicité, il se détériore. Il présente une plasticité étonnante qui fait que si certaines régions sont détériorées par des plaques dites de sénilité, d'autres régions peuvent compenser. Mais cela n'est possible que si le cerveau est stimulé par la qualité de l'environnement socioculturel. De tels résultats issus d'une perspective évolutionniste sont précieux pour mieux connaître l'étiologie de la maladie d'Alzheimer et pour les soins aux patients.

VIEILLESSE ET ÉVOLUTION : QUELLE ÉVOLUTION ?

Il arrive qu'on entende des personnes s'alarmer de l'incidence des cancers et des maladies neurodégénératives chez les personnes les plus âgées. On accuse alors l'environnement, les sociétés, la pollution, l'alimentation, les ondes, etc. À les écouter, tout va mal, tout se détériore. Il est vrai que, de nos jours, la moindre intoxication alimentaire agite les médias. Il y a un siècle, cela intéressait peu les journaux, d'autant que les dysenteries, les salmonelloses et autres problèmes de ce genre étaient trop courants. Comme le rappelle Michel Serres[19], les médecins d'aujourd'hui qui guérissent sont justiciables alors qu'il n'y a pas si longtemps les charlatans et autres sorciers étaient craints et vénérés. On vilipende le médecin et le chirurgien qui ont commis une erreur, mais on respecte et paie très cher le psychanalyste qui n'a pas d'obligation de guérir. Quand une épidémie de grippe se présente, on s'inquiète des quelques cas possibles de mauvaise réaction, oubliant les centaines de milliers de personnes protégées de la maladie. Les controverses récentes autour de la grippe H1N1 en sont un exemple presque caricatural. Claude Lévi-Strauss a bien souligné comme la « pensée sauvage » persiste au sein de nos sociétés modernes.

Depuis un demi-siècle, les progrès de la médecine, de l'hygiène, de la nutrition et des modes de vie associant loisirs, temps libre et sports ont permis d'exprimer des possibilités jusque-là impensables. L'espérance de vie en France s'est allongée de plus d'un tiers, et on gagne actuellement un trimestre de vie en plus chaque année. Va-t-on alors vivre jusqu'à 120 ans ? J'en doute, car ceux et celles qui clament cela ignorent ce qu'est l'évolution.

Les conditions de vie des pays développés ont été considérablement améliorées depuis un demi-siècle, pour le meilleur comme pour le pire. (On a vu que l'accès à l'abondance alimentaire permet à des personnes qui font attention, sans se priver, de vivre en forme de longues décennies tandis que de plus en plus de jeunes souffrent d'obésité.) Mais on ne peut pas dire que ces populations aient changé génétiquement. Si c'était le cas, et d'un point de vue strictement darwinien, cela signifierait que les gènes responsables d'une plus grande longévité se sont diffusés rapidement en trois générations à peine. Cela voudrait dire que les femmes, qui ont un âge limité pour enfanter, auraient choisi des partenaires déjà très âgés ou, ce qui serait encore plus fascinant, portant des caractères indicateurs d'une très grande longévité ; ou alors que les hommes sélectionnent des femmes dont ils s'assurent que les mères et les grands-mères jouissent d'une longue vie, en espérant que tout cela se transmette par des gènes, etc. (Dans des stratégies super K voir hyper K, le succès reproducteur repose sur la possibilité d'élever des enfants jusqu'à un âge adulte avancé en leur offrant un bagage éducatif, technique et d'expérience important et, de ce fait, le rôle des grands-mères – et aussi des grands-pères – est un avantage considérable.) On conviendra que ces scénarios sur le choix des partenaires – sélection intersexuelle – demandent à être sérieusement validés par les observations et l'expérience.

Les changements récents proviennent en fait d'une évolution phénotypique : nos environnements ont permis l'expression de caractères qui n'ont pas été sélectionnés par le passé, en tout cas pas directement. Ce faisant, les femmes et les hommes se trouvent confrontés à des maladies graves qui, se manifestant tard dans la vie, n'ont pas eu d'incidence sur leurs succès reproducteurs lorsqu'ils étaient plus jeunes. En d'autres termes, la sélection naturelle et la sélection sexuelle n'ont pas d'action sur des gènes ou des combinaisons de gènes dont les effets néfastes s'expriment après qu'ils ont assuré leur descendance.

De ce qui précède, il serait erroné de penser que de simples gènes tapis dans le génome attendent sournoisement de pouvoir s'exprimer tard dans la vie. Par ailleurs, on ne comprendrait pas comment ils auraient pu se maintenir dans nos génomes, même de façon neutre. Il est tout à fait possible que ces gènes aient des expressions favorables dans les premiers âges de la vie puis, l'âge avançant, qu'ils présentent des effets pathologiques graves (effet pléiotropiques ontogénétiques liés aux âges de la vie). Dans ce cas, ils offrent un avantage dans les premières périodes de la vie, même de la vie adulte, expliquant leur succès sélectif différentiel, tandis que leurs effets néfastes pour les âges tardifs de la vie ne sont pas contre-sélectionnés. Un exemple souvent cité évoque les gènes responsables de la calcification qui consolident nos os, mais qui induisent des effets indésirables sur nos artères tard dans la vie.

On peut proposer une situation comparable pour les fondements biologiques de la maladie d'Alzheimer. Une forte sélection agit sur les modalités complexes du développement cérébral au cours des premières décennies de la vie, notamment cette formidable capacité à enregistrer des informations, à les traiter, à comprendre le monde et à agir. Mais, l'âge avançant, le manque de sollicitations – quelles qu'en soient les raisons – participe d'une dégénérescence, certes inéluctable, mais qui s'aggrave de façon dramatique si l'environnement socioculturel se dégrade. Au risque d'une analogie un peu brutale, il en va des os et du squelette comme des neurones et du cerveau : on ne dispose pas d'un capital donné à la naissance, comme on l'a longtemps cru, qu'il faudrait économiser – *qui va piano, va sano* –, mais de capacités héritées de notre évolution qui se développent dans nos environnements éducatifs, sociaux et culturels et qui se maintiennent tant qu'on les sollicite et les entretient. Nos organismes, et tout particulièrement notre cerveau, sont des machines biologiques qui doivent fonctionner le mieux possible pour vivre le mieux possible et le plus longtemps possible.

Pour terminer sur cette évolution phénotypique récente, je prends le pari que nos populations, même les plus favorisées à tous les égards, ne vivront pas cent vingt ans en moyenne. Certes, l'espérance de vie peut changer très vite, et le plus souvent dans le mauvais sens comme récemment en Russie (moins de 50 ans). On peut espérer qu'il en soit ainsi dans l'autre sens, mais ce ne sera pas le cas. Pourquoi ? Parce que nos environnements récents ont permis de porter une plus grande partie de nos populations à un âge avancé et en bonne santé somatique. Il a toujours existé des femmes et des hommes ayant une très longue vie ; c'est leur pourcentage qui a changé de façon inattendue au cours des dernières décennies. (Il est évident que si on avait pu anticiper cela il y a cinquante ans, on n'aurait pas pensé le système de retraite par répartition tel qu'il a été conçu. D'autre part, on l'aura compris, une cessation d'activité très tôt sans activités sociales, physiques, sexuelles et culturelles – bref, une retraite peu active – n'est certainement pas la meilleure chose pour éviter l'Alzheimer.) D'un point de vue statistique, il y a une augmentation de la moyenne de l'espérance de vie, mais dans un intervalle légué par notre évolution. Ce qui a changé, c'est la forme de la courbe statistique qui exprime l'âge de fin de vie des individus de nos populations. Le déplacement de la moyenne vers des âges plus tardifs ne signifie pas que l'espérance de vie de notre espèce léguée par notre évolution a augmenté. Ce qui a changé, c'est la distribution au sein de cet intervalle.

Stephen Jay Gould expose les erreurs courantes commises à propos des statistiques et leur interprétation, notamment des confusions entre la moyenne – l'ensemble des âges des personnes en fin de vie divisé par le nombre de personnes – et la médiane – qui laisse une moitié des individus d'un côté et l'autre moitié de l'autre, ce qui fait intervenir une troisième donnée, le mode, qui exprime les données les plus fréquentes[20]. Pour une courbe dite en cloche ou de Gauss, la moyenne et la médiane se confondent, avec un mode autour de la moyenne. C'est ce qui se passe après une phase de sélection intense appelée goulot d'étranglement. Mais, dans des périodes non sélectives, il y a un fort éventail de variation, et la courbe en cloche peut avoir d'autres profils, avec un écart marqué entre la moyenne et la médiane à cause d'un mode décalé vers une extrémité de l'éventail ou l'autre. Jusqu'au XXe siècle, la courbe avait un mode placé à gauche de la moyenne pour l'âge de fin de vie alors que depuis quelques décennies – pour les pays développés – le mode s'est déplacé à droite de cet éventail, donc vers des âges très avancés. Cet exemple décrit très bien la différence entre une évolution darwinienne et une évolution phénotypique. Pour la première, c'est l'ensemble de l'intervalle et ses paramètres qui changent ; dans la seconde, ce sont les paramètres qui changent dans un intervalle contraint par notre histoire évolutive – ou contraintes phylogénétiques.

Jusqu'à il n'y a pas si longtemps, la plupart des personnes décédaient autour de la limite inférieure de cet intervalle et, depuis un demi-siècle, la plupart des personnes se retrouvent plus proches de la limite supérieure. La médecine n'a pas allongé les âges de la vie, mais améliore les toutes dernières périodes de la vie après que la grande majorité des femmes et des hommes ont assuré leur succès reproducteur. Elle a accompli une œuvre qui répond à un vieux rêve de l'humanité : vivre plus longtemps et en bonne santé ; évidemment pas celui de vivre éternellement jeune, mais de vieillir plus « jeune ». Hélas, les maladies neurodégénératives tempèrent cet espoir, en espérant que les formidables progrès réalisés pour le bon vieillissement de notre corps viendront pour le cerveau. Le plus important n'est pas de vivre cent vingt ans jusqu'à l'usure, mais de vivre le mieux possible dans le cadre des contraintes léguées par notre évolution.

3

LA PHILOSOPHIE FACE À L'ANIMAL ET À L'ÉVOLUTION

Pourquoi tant de réactions hostiles, parfois inquisitoriales envers les théories de l'évolution et tout particulièrement les paléoanthropologues darwiniens ? On comprend une telle attitude de la part des fondamentalismes religieux, mais pas du côté de la raison et de la philosophie. Du temps des Lumières, les philosophes et les naturalistes se retrouvaient autour de la question de l'homme et du genre humain, une philosophie ouverte aux connaissances scientifiques de son temps. Mais les lueurs se sont vite éteintes et la grande tradition de la philosophie anthropocentrique issue de la métaphysique – celle qui domine encore si fortement en Europe continentale et tout particulièrement en France – a réaffirmé ses concepts devenus des dogmes opposés à toute avancée objectiviste des connaissances sur les relations entre les hommes et les espèces les plus proches de lui, comme les grands singes. Comparer l'homme aux autres espèces, c'est commettre un crime de lèse-humanité, du réductionnisme, du matérialisme, du sociologisme et toutes sortes d'anathèmes.

Heureusement, tout un courant philosophique inspiré des Lumières reprend cette grande interrogation en regard des avancées considérables en éthologie et en anthropologie évolutionniste. Je ne prétends évidemment pas être philosophe. Ce qui suit provient d'interventions organisées par des philosophes envers lesquels j'exprime ma profonde reconnaissance.

Peut-on fonder une éthique durable sur l'ignorance et l'exclusion ? La tradition philosophique et théologique dominante de la pensée occidentale a inventé un humanisme opposant l'homme à l'animal et à la nature en général. C'est l'inébranlable dualisme ou naturalisme de la pensée occidentale. La nature, hors de la cité, que ce soit celle de l'Acropole ou celle de Dieu, est le vaste domaine de la violence ou de la non-loi. L'homme n'est humain qu'en s'affranchissant de ses instincts naturels qui l'enchaînent, barrant la voie vers sa liberté. La liberté et l'éthique qui la gouverne sont les filles de la culture.

Ce n'est qu'au XVIIIe siècle que les philosophes font surgir la question d'un état des origines de l'homme, à savoir si l'homme de nature est bon (Rousseau) ou mauvais (Hobbes). Par le plus grand des hasards, en cette époque des Lumières qui replace l'homme face à lui-même par la conquête de sa liberté et l'invention de nouvelles formes politiques fondées sur la responsabilité des citoyens, débarquent en Europe les premiers grands singes. La fascination ne durera qu'un temps puisque les « bons sauvages » comme les grands singes – chimpanzés et orangs-outans – seront à nouveau exclus de la sphère de l'humain.

Arrivent le XIXe siècle et le développement des sciences modernes, tout particulièrement de la biologie et des théories de l'évolution. Si on finit par admettre – difficilement –, après Lamarck et Darwin, que « l'homme descend du singe », c'est pour mieux rejeter ces derniers dans la nébuleuse obscure de l'animalité et de la honte des origines. Charles Darwin propose un programme de recherche absolu – et non pas réductionniste –

sur les origines de nos comportements et de nos capacités mentales qui ne sera pas suivi. Même son ami et co-inventeur de la théorie de l'évolution au moyen de la sélection naturelle, Russel Wallace, bien plus darwiniste que Darwin, refusera d'aller jusqu'au bout de cette logique scientifique. La théorie de l'évolution et son principe de continuité se heurtent au dualisme homme/animal. Que deviennent la morale et l'éthique si l'homme est un singe ? C'est un autre ami de Darwin, Thomas Huxley, qui a abordé le premier la question de l'éthique et de l'évolution dans une conférence célèbre donnée en 1893, onze ans après la mort de Charles Darwin. Formidable exercice de réflexion à la rencontre des sciences de la vie et de la philosophie, hélas oublié pendant un siècle alors que la préhistoire et la paléoanthropologie accumulent les connaissances sur l'évolution de notre lignée. Le seul discours théologico-philosophique sera celui proposé par Teilhard de Chardin – et son ami Julian Huxley, petit-fils de Thomas.

Thomas Huxley est celui qui, un siècle après les philosophes des Lumières, rapproche à nouveau les grands singes de l'homme. Il faut attendre encore un siècle après lui pour qu'enfin, à la lumière des connaissances acquises en éthologie, revienne la question de l'éthique et de l'évolution. L'un de protagonistes de cette nouvelle réflexion sur l'éthique est l'éthologue Frans de Waal, spécialiste des grands singes, et tout particulièrement des chimpanzés[1].

Une éthique moderne, celle qui engage notre avenir, ne peut se passer de ces avancées. D'une part, elles interpellent une éthique du rapport de l'homme aux autres espèces consubstantielle à son humanité (Kant) et, d'autre part, une réflexion sur une éthique débarrassée de ses oripeaux métaphysiques, sans sombrer pour autant dans « l'erreur du naturaliste » (Humes). Nous sommes au cœur des grands débats actuels, un retour vers les Lumières, mais cette fois avec des connaissances solides sur ce qu'est l'évolution et sur ce que sont les grands singes. Le temps de l'éthique séculaire – et réactionnaire –, fondée sur des postulats ontologiques et métaphysiques propres à la culture occidentale et à son principe d'exclusion envers l'animal et la nature, est révolu. Une nouvelle éthique se met en place, respectueuse de notre nature et faisant cette fois primer le principe de responsabilité devant les générations futures (Hans Jonas).

L'homme, point culminant de l'évolution ?

L'homme est le dernier survivant de la lignée des hominidés dans une grande histoire sans finalité. L'évolution n'est pas la fille du hasard, et encore moins de la nécessité, mais une suite de contingences, de contraintes et d'innovations. Pour les biologistes évolutionnistes – ce qui devrait être un pléonasme – et les rares anthropologues évolutionnistes – presque un oxymore –, *Homo sapiens* est une espèce parmi les hominidés, comptant eux-mêmes parmi les hominoïdes, les primates, etc. Pour eux, les notions d'homme et d'animal n'ont strictement aucun sens et vont même à l'encontre de la structure de l'évolution mise en évidence par la systématique et les classifications. L'animal ou le singe des philosophes et des théologiens inspirés par la métaphysique n'a rien à voir avec celui des naturalistes. L'incompatibilité épistémologique est fondamentale entre une démarche introspective revendiquant une « immunité épistémique » et une méthodologie scientifique soumettant ses paradigmes à une validation matérialiste et objectiviste.

L'approche fonctionnaliste d'Aristote et l'approche structuraliste de Darwin et de Lévi-Strauss inscrivent profondément l'homme dans la continuité. Dans cette perspective, que devient l'hominisation ? Elle sera une humanisation lorsqu'on aura remisé au placard de la métaphysique le concept monstrueux d'animalité. Être au sommet de l'évolution ne signifie rien du point de vue scientifique. Cependant, en être digne est un impératif catégorique universel pour une véritable philosophie humaniste débarrassée de ses oripeaux métaphysiques et inspirée par les connaissances sur les animaux. L'histoire de la vie a créé des hommes, il n'en reste qu'une seule espèce ; c'est comme cela. Quant à être humain, c'est une réflexion d'homme à homme, qui doit se libérer, non pas de notre passé, mais du concept antihumaniste d'animal.

Jusqu'à présent, on disait « l'homme et l'animal » ou « l'homme descend du singe », des aphorismes exprimés au singulier et interpellant des concepts essentialistes. Or les essences étant, par définition, éternelles et fixes, elles sont fondamentalement incompatibles avec l'idée la plus élémentaire d'évolution.

Charles Darwin a écrit un livre majeur dont le titre occulte le véritable dessein. *L'Origine des espèces au moyen de la sélection naturelle* est un pavé jeté dans la mare de l'ontologie et de la métaphysique occidentales. Il dégage l'espèce de toute notion essentialiste puisqu'elle n'est que la conséquence d'une fonction, réunissant à un moment donné de l'histoire de la vie ou d'une lignée l'ensemble des individus pouvant se reproduire entre eux. Quant à la notion d'origine au sens de l'émergence, il n'en est pas question dans ce qui est, en fait, un traité des variations, de leur sélection et de leur transmission, ce qu'il nomme la descendance avec modification. *L'Origine des espèces* ne traite que de la variation des populations dans le temps et dans l'espace.

Il y a aussi un autre Darwin, celui de *La Descendance de l'homme en relation avec la sélection sexuelle* de 1871 et de *L'Expression des émotions chez l'homme et l'animal* de 1872. Il ouvre un programme de recherche anthropologique et évolutionniste qui, dans les faits, ne sera investi qu'un siècle plus tard par Frans de Waal et moi-même ; l'un arrivant du côté des chimpanzés, l'autre par la paléoanthropologie. Car, lorsque Darwin publie ces deux livres princeps, la théorie de l'évolution au moyen de la sélection naturelle est à la fois mal comprise et amputée de ses principes darwiniens les plus fondamentaux. On admet l'idée d'évolution, mais en y associant quatre concepts non scientifiques : l'essentialisme, l'anthropocentrisme, le finalisme et le scalisme (échelle naturelle des espèces). Vieux débat s'il en est entre les causes finales et les causes efficientes ; avec cette tautologie qui prétend à propos de l'hominisation comme du « principe anthropique » que si l'homme est sur la Terre après une si longue histoire de la vie, c'est bien parce qu'il devait en être ainsi.

Pour répondre à la question de savoir si l'homme est le sommet de l'évolution, il convient d'abord de rappeler ce qu'est l'évolution, à la fois dans ses mécanismes et dans son histoire. Viendra ensuite une sorte d'exercice non pas d'antiphilosophie, mais de non-philosophie. En d'autres termes, il convient d'évoquer les incompatibilités épistémologiques entre la démarche objectiviste de la science qui étudie les animaux sans *a priori* – en tout cas en proposant des hypothèses testables par l'observation et/ou l'expérimentation – et l'exercice d'une raison déployant son génie à démontrer des postulats de base, comme celui d'animal, saisi de façon axiomatique et en refusant toute ingérence d'autres domaines de la production des connaissances pour en discuter la légitimité. Enfin, on discutera des conséquences humanistes et éthiques de ces deux façons de penser l'homme.

QU'EST-CE QUE L'ÉVOLUTION[2] ?

La théorie de l'évolution est une théorie du changement dans la nature qui ne fait intervenir que des mécanismes et des lois de la nature. C'est une théorie scientifique fondée, comme toute théorie scientifique, sur une méthodologie matérialiste. Il ne s'agit pas d'une philosophie matérialiste qui nie l'esprit, puisque, comme nous le verrons à propos de nos origines communes avec les chimpanzés, elle aborde la question des représentations mentales, appelées « théorie de l'esprit ». Mais elle est matérialiste par son refus de faire intervenir toute notion spiritualiste, de sens, de transcendance, d'immanence, de vitalisme, etc. Cette théorie réunit dans un corps cohérent et heuristique un grand nombre de théories venant de disciplines différentes. La *consilience* est l'une de ses fondations les plus solides puisque des disciplines des sciences de la vie et de la Terre dont les objets d'étude comme les méthodes – par exemple la génétique, la paléontologie, la médecine – contribuent à son édification, non pas dans un syncrétisme recherché, mais en confrontant leurs acquis[3].

Il faut distinguer deux grands aspects de la théorie de l'évolution, souvent mal compris car confondus. Le premier concerne les *mécanismes* répondant aux conditions épistémologiques des sciences expérimentales ou dites dures, comme la physique ou la chimie : sélection naturelle, sélection sexuelle, dérive génétique, effets fondateurs, adaptation physiologique ou biomécanique, écologie, éthologie, etc. Les lois de la physique ou de la chimie sont posées comme universelles. Leurs effets sont reproductibles et observés partout dans le temps et dans l'espace ; c'est bien ce que signifie l'idée de gravitation universelle dès que des masses sont en présence. Il en va de même pour les mécanismes de l'évolution qui s'observent dès qu'il y a de la vie. En revanche, il n'existe pas de lois de l'évolution comme il en existe de la matière. Les effets des mécanismes de l'évolution dépendent d'une multitude de facteurs indépendants les uns des autres, ce qui, même s'ils sont déterminés ou contraints par des « lois » qui leur sont propres (trajectoires des météorites, cycles de Milankovitch et glaciations, tectonique et plaques et volcanisme, etc.), crée du hasard et de la contingence. Si les mécanismes ou processus sont universels, ce n'est pas le cas pour leurs résultats, car chaque organisme, chaque espèce, chaque lignée a des contraintes liées à son histoire.

L'autre aspect de la théorie de l'évolution s'intéresse à ce qu'on appelle la *structure* de l'évolution. Il s'agit des classifications (systématique) et de l'histoire de la vie (paléontologie). Cela relève des sciences historiques. Le registre de la preuve dépend des documents disponibles et des méthodes permettant de les analyser, comme en philologie et en archéologie.

Darwin fonde sa théorie de la sélection naturelle sur trois faits admis de tous : 1. chez les espèces sexuées tous les individus sont différents les uns des autres ; 2. ces différences sont en partie héréditaires puisque la descendance possède des caractères venant des parents ; 3. les individus ont tendance à se multiplier, ce qui finit par poser des difficultés pour accéder aux ressources. Ayant observé au cours de son grand voyage que les populations des différentes espèces étaient relativement stables, il en infère qu'il y a limitation démographique, donc sélection. Il nomme ce processus « sélection naturelle » en référence à la sélection artificielle pratiquée par les éleveurs. Mais si l'éleveur poursuit un objectif, ce n'est pas le cas dans la nature. La sélection naturelle n'est pas la « survie du plus apte » ou la « loi du plus fort ». Les facteurs de sélection naturelle sont multiples : résistance aux maladies, accès aux nourritures, évitement des prédateurs, compétition pour les partenaires sexuels et la chance, par exemple face à un changement brutal ou catastrophique. La sélection naturelle exprime le fait que certains individus laissent une plus grande descendance que d'autres. Par conséquent, ce n'est pas l'individu qui évolue, mais la population, plus précisément la fréquence relative des caractères et des gènes d'une génération à l'autre.

La sélection naturelle fonctionne sur le couple variation/sélection, les deux étant dissociées. Les variations apparaissent indépendamment des effets qu'elles peuvent avoir sur un organisme ; ensuite la sélection agit sur ces variations. C'est ce qu'on appelle l'« algorithme darwinien ». Les variations sont la conséquence de la variabilité, dont les causes sont diverses, depuis les mutations génétiques jusqu'au choix des partenaires sexuels avec toutes les problématiques de la sélection sexuelle. Le « moteur » de l'évolution repose sur la variation qui fait l'objet de la sélection, cette dernière favorisant la variabilité des organismes, formant ce qu'on appelle un système autocatalytique.

Les variations et les caractères qui leur sont liés émergent sans aucune relation potentielle avec la valeur sélective et adaptative des individus. Notons qu'au niveau du génome des portions d'ADN se dupliquent et mutent sans donner de caractères apparents, la plus grande partie de l'ADN étant silencieux, cet ADN dit « poubelle » représente une autre source de variation. Tout cela renvoie à la notion de causes efficientes et élimine toute cause finale. Michel Serres résume ainsi cette propriété fondamentale du vivant : « Plutôt que de chercher une cause, mieux vaut considérer les variations dans un éventail des contraintes multiples[4]. »

On retrouve un débat qui occupe la philosophie depuis la haute Antiquité avec cette question attribuée à Lucrèce : l'œil est-il apparu pour voir ou bien est-ce la vision qui est apparue parce que l'œil existait déjà ? La théorie darwinienne marque une rupture avec une longue tradition de la philosophie depuis Socrate et de la science depuis Francis Bacon et René Descartes. Depuis la naissance des sciences modernes avec Galilée et Newton, l'idéal scientifique cherche à établir des lois universelles traduites par des équations mathématiques. Le déterminisme de Laplace vise à éliminer toute forme de hasard. Darwin s'efforcera de s'approcher de cet idéal auquel la vie se refuse. Il renoue avec la pensée de quelques philosophes présocratiques, chez lesquels on croit reconnaître des précurseurs de la pensée évolutionniste comme

Anaximandre, Héraclite – « on ne se baigne jamais deux fois dans le même fleuve » – ou encore Démocrite, auquel Jacques Monod emprunte le titre de son livre *Le Hasard et la Nécessité.* Charles Darwin provoque une révolution épistémique en faisant du hasard et de la contingence des concepts scientifiques.

AVANT LES ORIGINES DE LA LIGNÉE HUMAINE[5]

La lignée humaine ou sous-famille des homininés se sépare très récemment de sa lignée sœur, celle des chimpanzés ou paninés. Cet événement se passe entre 5 et 7 millions d'années quelque part en Afrique. Auparavant, la vie a évolué et s'est déployée en dessinant un arbre composé des milliers de branches depuis une ascendance commune qui remonte à presque 4 milliards d'années. Cet arbre a une forme singulière. Selon une image proposée par Stephen Gould[6], il faut penser à un arbre qui émerge au pied d'un mur, situé par convention à gauche et qui représente la matière non vivante ; il ne peut donc s'étendre que sur la droite. Cet arbre pousse avec un tronc principal formé de trois très grosses branches qui correspondent aux trois empires d'unicellulaires. Hier comme aujourd'hui, la quasi-totalité de la matière vivante ou biomasse vient des unicellulaires. Seule la grosse branche des eucaryotes ou cellules à noyau donne des organismes pluricellulaires autour de 2 milliards d'années comme annoncé très récemment. L'invention de la sexualité et du développement favorise l'apparition d'organismes diversifiés avec des tailles plus grandes. L'arbre du vivant s'enracine dans l'eau et étend ses nouvelles branches vers la droite. Mais il faut comprendre que toutes les branches – sauf celles qui s'éteignent – continuent à pousser, le plus souvent en donnant de nouvelles branches.

Darwin utilise la métaphore du récif de corail, exprimant en cela cette idée fondamentale que toutes les espèces d'une époque sont récentes et qu'elles sont l'expression de leurs lignées respectives, les espèces vivantes reposant sur les débris des espèces ancestrales. Alors que le socle des atolls volcaniques ne cesse de s'enfoncer, les coraux doivent se renouveler pour survivre juste en dessous de la surface de l'eau. Notre arbre actuel du vivant ressemble à un arbre dépourvu de branche à la gauche de son tronc principal – le mur de la matière inerte – dont la couronne serait taillée « à la française » – coupe en brosse – en dissimulant en dessous une multitude de branches digne d'un jardin « à l'anglaise ». Ce n'est que dans le haut de la couronne et très à droite qu'on finit par repérer la branche des mammifères – 150 millions d'années – avec la branche plus petite des primates – 55 millions d'années –, puis la branche encore plus frêle des anthropoïdes ou singes – 45 millions d'années – avec une petite brindille, celle des homininés – 7 millions d'années – portant une vingtaine d'espèces fossiles connues et dont une seule a survécu, notre espèce *Homo sapiens*.

Peut-on parler de sommet dans un tel arbre ? C'est possible à condition de le retailler à l'aide du scalisme, du finalisme et de l'anthropocentrisme, ce que font tous les adeptes d'une évolution dirigée ou orthogénétique. Cette conception s'appuie sur la croyance que l'ontogenèse – l'histoire de vie d'un individu depuis sa conception – et la phylogenèse – l'histoire des espèces depuis les origines de la vie – se confondent, avec l'homme au sommet. Il serait un microcosme qui reproduit le macrocosme, un bel exemple d'analogisme conçu au Moyen Âge qui repose sur le scalisme et l'anthropocentrisme. C'est pour cette raison que Darwin a longtemps hésité à emprunter le terme « évolution » qui, dans sa formulation initiale, rapporte une certaine idée de l'ontogenèse – confondant téléonomie et téléologie – à une idée certaine de la phylogenèse – orthogenèse et finalisme.

Pour filer la métaphore, quand on grimpe dans un arbre et qu'on se retrouve en haut, on a l'impression d'avoir suivi le meilleur chemin, celui par lequel on redescend. On a longtemps cherché à reconstituer ainsi l'histoire de la vie, en partant de l'homme et en repartant vers le tronc, le regard dirigé vers le bas et sans jamais porter le regard sur les autres branches rencontrées à chaque embranchement. Voilà une propension assez humaine, celle qui consiste à croire qu'il y a qu'un seul cheminement, oubliant qu'au commencement, au pied de l'arbre, l'itinéraire n'avait rien d'évident, pas plus que ce qui compose le sommet de la couronne. En référence à nos parcours de vie, beaucoup de personnes qui « ont réussi » ou « fait carrière » ont tendance à présenter leur réussite comme une destinée ou un chemin tracé par leur seule volonté, oubliant toutes les circonstances indépendantes de leurs actions qui l'ont façonnée ou qui auraient pu tout changer. Il en va ainsi des mythes fondateurs, qui sont toujours conçus *a posteriori*. Les idées les plus courantes sur l'évolution de l'homme rassemblent tous ces clichés antidarwiniens.

Les neuf dixièmes de l'histoire de la vie s'écoulent dans l'eau avant que les plantes, puis les insectes et vertébrés sortent du milieu aquatique. La vie a déjà connu deux immenses extinctions dues au volcanisme, à la tectonique des plaques et aux météorites, sans oublier la grande glaciation de Varanger qui aurait recouvert toute la Terre de glace il y a environ 800 millions d'années (on sait très peu de choses sur ce qu'a été la vie de l'autre côté de ce miroir de glace, sauf la découverte faite très récemment au Congo, qui établit les êtres organisés à 2 milliards d'années). Plusieurs autres grandes extinctions suivront, toutes causées par des phénomènes aujourd'hui bien connus, obéissant à des lois déterministes de la physique, de l'astrophysique et de la géophysique, mais peu prédictibles et, étant indépendants les uns des autres, avec pour conséquence de provoquer du hasard. (C'est l'histoire de la tuile arrachée par le vent qui assomme le piéton allant chercher son pain à la boulangerie.) Hormis les catastrophes de grande amplitude, il en est d'autres plus modestes, mais pas moins conséquentes pour notre évolution récente, comme la « Grande Coupure » qui contraint les primates à se replier sur l'Afrique et le sud de l'Asie avec, au passage, l'apparition des simiens ou anthropoïdes – nous appartenons à cette branche –, ou plus tard l'assèchement de la Méditerranée qui sanctionne le déclin des grands singes hominoïdes – nous appartenons aussi à cette branche plus modeste des simiens – avant que les fluctuations climatiques dues aux glaciations entrent en scène.

Dans la nature actuelle, les hommes et les grands singes actuels, les hominoïdes, ne sont plus représentés que par sept espèces ; une quinzaine si on inclut les gibbons et les siamangs de l'Asie du Sud-Est. C'est peu si on se réfère à l'âge d'or des hominoïdes en Afrique il y a 25 à 15 millions d'années, ce qu'on appelle le Miocène (inférieur). On connaît une centaine d'espèces et de genres fossiles de toutes les tailles, depuis à peine 1 kilo jusqu'à une centaine. La plupart sont arboricoles, quadrupèdes et munies d'une longue queue[7]. Les plus corpulentes ont des mœurs plus terrestres ou se suspendent et ont perdu la queue, annonçant les grands hominoïdes actuels que sont les hommes, les chimpanzés, les gorilles et les orangs-outans. Seuls survivront les hominoïdes de grande taille capables de se suspendre ; les niches écologiques pour des anthropoïdes ou simiens de petite ou moyenne taille étant conquises par un groupe en pleine expansion depuis le Miocène moyen : les cercopithécoïdes ou singes à queue, c'est-à-dire les ancêtres des macaques, babouins, entelles, cercocèbes, cercopithèques actuels. Les quelques grands singes hominoïdes actuels – dont l'homme – vivent sur la « planète des singes à queue » et non pas sur celle des grands singes, comme dans le roman de Pierre Boule et les films qui en ont été tirés. Les origines de la lignée humaine s'inscrivent dans un groupe dont le déclin est déjà sanctionné, puisque la lignée des hominoïdes européens s'éteint vers 6 millions d'années et celle des hominoïdes asiatiques se recroqueville sur le sud de l'Indochine avec d'ultimes refuges pour les derniers orangs-outans de Sumatra et de Bornéo. La seule lignée qui résiste est la nôtre, celle des grands hominoïdes africains ou hominidés dont les survivants actuels sont les chimpanzés, les gorilles et les hommes.

DES ORIGINES D'UNE LIGNÉE DÉJÀ TRÈS HUMAINE

Comment peut-on se représenter nos origines communes avec les chimpanzés actuels ? Répondre à cette question est très simple. Mais, pour cela, il faut laisser de côté l'homme, le singe ou l'animal des philosophes et des théologiens et s'intéresser aux animaux, en l'occurrence aux singes et aux grands singes ; passer de la singularité des essences à la diversité des espèces. L'homme, le singe ou l'animal des philosophes et des théologiens sont des essences à vocation ontologique dénuées de toute interrogation objectiviste. Pour les sciences de la nature et les évolutionnistes, ces termes regroupent des espèces définies par des critères – anatomie, gènes, chromosomes, physiologie, fonctions – qui participent d'une analyse structurale, la systématique.

La systématique est la discipline scientifique qui se fixe pour tâche de proposer des classifications. Pour les animaux, la dixième édition du *Systema natura* ou système de la nature de Charles Linné de 1758 constitue la référence. C'est à Charles Linné que l'on doit la taxonomie binomiale qui consiste à donner deux noms latins à toute espèce. Pour les sept espèces actuelles de grands singes, l'homme prend le nom d'*Homo sapiens* ; les chimpanzés robustes *Pan troglodytes*, l'autre chimpanzé gracile ou bonobo *Pan paniscus* ; le gorille de l'Ouest *Gorilla gorilla* et celui de l'Est *Gorilla beringei ;* l'orang-outan de Bornéo *Pongo pygmaeus* et celui de Sumatra *Pongo abelii*. Sauf pour *Homo sapiens*, les noms scientifiques des grands singes sont plus récents et il y a eu bien des hésitations taxonomiques puisque les chimpanzés et les orangs-outans – les deux seuls grands singes connus au XVIIIe siècle – furent même inclus dans le genre *Homo* !

Les méthodes de la systématique ont considérablement évolué en deux siècles et demi. Pour le très fixiste Linné, il ne faisait aucun doute que certains singes ressemblaient plus à l'homme qu'aux autres singes, en l'occurrence les chimpanzés et les orangs-outans. Tous les singes dits de l'Ancien Monde (Afrique, Asie et Europe) possèdent des membres terminés par cinq doigts portant des ongles ; le premier n'a que deux phalanges, est plus court et s'écarte, ce qui permet la préhension ; le cerveau est relativement plus développé et domine une face en retrait ; les yeux se situent juste de part et d'autre de la racine du nez ; ils ont une face dépourvue de poils en son centre avec un vrai nez, alors que tous les autres mammifères ont un museau avec une truffe et de longs poils tactiles, les vibrisses ; les arcades dentaires se composent de trente-deux dents accolées les unes aux autres chez les adultes ; les femelles n'ont qu'une paire de mamelles et mettent un seul petit au monde après une longue gestation ; l'enfance est longue et l'espérance de vie se compte en dizaines d'années avec des vies sociales très complexes. L'homme répond à ce portait.

Cependant, parmi ces singes, il y a les grands singes. « Grand » signifie qu'ils pèsent plusieurs dizaines de kilos une fois devenus adultes et que leur espérance de vie dépasse les quarante ans avec un petit tous les quatre à cinq ans pour les femelles. À cause de leur taille, ils se déplacent sous les branches à l'aide de leurs longs bras. Les articulations de l'épaule s'orientent vers le haut ; la cage thoracique est peu profonde entre le sternum et la colonne vertébrale, mais large d'un flanc à l'autre ; le bas du dos est court avec cinq vertèbres lombaires et il n'y a plus de queue, réduite à un coccyx. L'homme fait bien partie de ce groupe des grands hominoïdes. Par conséquent, dire que « l'homme descend du singe » n'a strictement aucun sens du point de vue de la systématique, et donc de l'évolution, puisque certain grands singes nous ressemblent plus qu'à la grande majorité des autres !

Assez curieusement, ce sont les naturalistes de la fin du XVIIIe siècle, à l'instar de Buffon, qui dégagent l'homme du voisinage de ces grands singes, alors que de grands esprits comme Diderot, Rousseau ou Montesquieu étaient intrigués par leur aspect très humain[8]. Il faut attendre la fin du XIXe siècle avec Thomas Huxley et Charles Darwin pour que soit rétablie cette proximité, à nouveau repoussée pendant un siècle, avant d'être réaffirmée par la systématique moderne ou *cladistique*, renforcée par les classifications basées sur la comparaison de l'ADN ; la systématique moléculaire. De Linné à aujourd'hui, la systématique a eu du mal à se dégager des présupposés de la théologie, de la philosophie et aussi des conceptions de l'évolution fondées sur le scalisme. Ce qu'on appelle la *systématique évolutionniste*, très attachée à la théorie synthétique de l'évolution, reprend le schéma de l'inébranlable échelle naturelle des espèces. On classe les espèces en fonction de leurs ressemblances structurales et aussi en ayant une certaine idée de l'évolution, d'où le nom de systématique évolutionniste. Par conséquent, tous les grands singes qui se suspendent dans les arbres et qui marchent à moitié redressés une fois au sol – chimpanzés, gorilles et orangs-outans – forment la famille des pongidés, tandis que l'homme et ses ancêtres fossiles composent la famille des hominidés marchant debout dans les savanes. Avec un tel schéma en tête, l'évolution est tautologiquement toute tracée avec à la clé la quête d'un chaînon manquant. D'où l'idée des origines d'une lignée humaine depuis des grands singes à moitié redressés, qui ne sont pas des chimpanzés mais qui leur ressemblent comme deux gouttes d'eau, et qui se mettent debout lors du passage dans la savane. Une telle conception de l'évolution d'un transformisme lamarckien caricatural ne tient que par la force du mythe représenté par le scalisme.

Comme l'avait fort bien souligné Darwin en son temps – ou un Cyrano de Bergerac et les libertins auparavant –, une fois au sol, soit on est à quatre pattes, soit on se trouve sur deux pattes. Seule l'échelle des espèces peut supporter un grand singe marchant à moitié redressé, ce que le squelette ne peut pas faire ; à moins d'avoir une canne. Malgré leur grand âge, les fossiles d'hominidés n'avaient pas de canne !

Darwin, se fondant sur les travaux de son ami Huxley, pensait que les chimpanzés étaient plus proches de nous que des autres grands singes, même des gorilles. Il est un des premiers à comprendre qu'on ne descend pas du singe, mais que nous partageons un ancêtre commun avec les grands singes. En d'autres termes, les classifications sont la conséquence d'une histoire de famille, l'évolution.

La systématique moderne, appelée *systématique phylogénétique*, se préoccupe de classer les espèces en fonction de leurs relations de parenté. Celles-ci s'établissent sur la base du partage exclusif de caractères dit dérivés ou évolués (bien que ce dernier terme reste ambigu par rapport à la systématique évolutionniste). Des frères et des sœurs sont les personnes qui se ressemblent le plus au monde en raison des caractères qu'ils ont hérités de leurs parents ; ensuite, ce sont les cousins en raison des caractères hérités des grands-parents, etc. Il en va de même entre les espèces, et pas seulement de façon analogique. Ainsi, parmi les primates, le grand groupe des simiens ou anthropoïdes se caractérise par un caractère dérivé : le nez. Parmi les anthropoïdes actuels, la perte de la queue est un caractère dérivé qui distingue les hominoïdes, etc. Tout cela est bien établi depuis plus d'un siècle, alors que c'est moins évident au sein des hominoïdes. En effet, l'anatomie, la locomotion comme l'écologie plaident pour une parenté plus étroite entre tous les grands singes avec l'homme dans une position plus éloignée, même si quelques détails anatomiques et la géographie incitent à placer l'homme plus près des grands singes africains – chimpanzés et gorilles – que des orangs-outans asiatiques, comme le firent Huxley et Darwin.

Les méthodes de la systématique phylogénétique finissent par s'imposer au début des années 1980, et de même pour la systématique moléculaire, cette dernière s'appuyant sur les méthodes de la systématique phylogénétique, mais en comparant les molécules, aujourd'hui l'ADN. Évidemment, tous les *a priori* sur l'homme, le singe et l'animal sont dénués de pertinence au niveau moléculaire. Il en ressort qu'une majorité d'études définissent une parenté plus étroite entre les chimpanzés et nous, les gorilles étant tout aussi éloignés des chimpanzés que de nous ; quant aux orangs-outans, ils représentent une lignée asiatique encore plus distante de tous leurs cousins africains.

Selon le type de systématique, on est amené à faire des hypothèses radicalement différentes sur nos origines et nos relations avec les espèces les plus proches de nous dans la nature actuelle. Pour la systématique évolutionniste, les pongidés réunissent tous les grands singes actuels alors que l'homme fait partie des hominidés. On parle de grade évolutif : le grade des pongidés donne une image ancestrale du grade qui précède celui plus évolué des hominidés. Un grade est, comme son nom l'indique, un niveau ou une gradation sur l'échelle des espèces. À cela s'associe le concept de chaînon manquant et le passage de la forêt à la savane avec l'acquisition de la bipédie, l'outil, les mâles vaillants qui protègent les frêles femelles, la copulation face à face, la chasse, le partage des nourritures, la vie sociale, la culture, etc. (La vision la plus caricaturale de cette pseudo-hypothèque scientifique se retrouve dans le film *L'Odyssée de l'espèce*, qui ne nous épargne aucun cliché sur les origines et l'évolution de la lignée humaine ; un chef-d'œuvre dans sa catégorie.) Bien entendu, tout cela est affirmé sans connaître les fossiles de transition – un chaînon manquant est fait pour manquer ! –, sans aucune connaissance de ce que sont les grands singes et avec cette perle antinomique de l'évolution : « Pourquoi les singes n'ont-ils pas évolué ? »

Les perspectives évolutionnistes sont tout autres avec la systématique phylogénétique ou cladistique. Tout d'abord, on classe sans aucune considération sur l'évolution. On définit des *clades* ou embranchements. Une fois les relations de parenté établies, on s'intéresse à l'évolution qui a donné cette structure de parenté, ou classification. Deux lignées apparentées partagent un ancêtre commun exclusif, qu'on appelle le dernier ancêtre commun ou DAC. Contrairement à la systématique évolutionniste, on peut faire des hypothèses à la fois sur la date de séparation des lignées, sur la région et sur la reconstitution de ce DAC. Darwin, déjà en 1871, a formé l'hypothèse que nos origines devaient être africaines, mais sans pouvoir préciser la date. Cette hypothèse doit être validée par les fossiles, ce que démontrent magnifiquement les fossiles d'*Orrorin*, de Toumaï (*Sahelanthropus*) et d'Ardi (*Ardipithecus*), tous africains et datés de 7 à 5 millions d'années. Quant à l'allure du DAC, Darwin ne pouvait pas trop s'avancer, les connaissances sur les chimpanzés étant limitées à cette époque. Pourtant, il cite des observations de Savage et Wyman, publiées en 1843 et 1844, qui relatent des chimpanzés d'Afrique de l'Ouest utilisant des outils de pierre pour briser des noix. Et pourtant, pendant un siècle, la préhistoire et toutes les autres sciences humaines s'accrochent à l'aphorisme : « L'homme, c'est l'outil ! », ce qui servira tout de même à un certain Boucher de Perthes bataillant à la même époque sur les terrasses de la Somme pour démontrer l'existence d'hommes préhistoriques.

Pour reconstituer le DAC entre les chimpanzés et nous, il suffirait de recomposer le plus grand dénominateur commun de tous les caractères partagés avec les chimpanzés. Mais, pour ce faire, il faut connaître les chimpanzés et les études ne commencent vraiment que dans les années 1960. Les publications permettant d'entreprendre ce travail de reconstitution deviennent accessibles dans les années 1980 et, un siècle après Darwin, le seul paléoanthropologue qui entreprend de reconstituer le DAC est et reste l'auteur de ce livre.

À cause du scalisme et de l'ignorance des mœurs des grands singes, le caractère mis en avant pour distinguer un fossile d'homininé (de la lignée humaine) d'un fossile de paniné (de la lignée des chimpanzés) est *la* bipédie. On notera au passage le singulier, alors qu'il conviendrait de parler *des* bipédies ou, plus précisément, des aptitudes aux bipédies. Or tous les grands singes actuels qui se suspendent – même les gibbons – marchent debout dans diverses circonstances, le plus souvent sur de grosses branches, mais aussi à terre. L'aptitude à la bipédie fait partie du répertoire locomoteur des hominoïdes qui se suspendent depuis plus de 13 millions d'années et se retrouve dans plusieurs lignées, comme celle des hominoïdes européens, qui ne sont pas sur notre lignée et qui ont aujourd'hui disparu. Ce n'est donc pas une surprise si tous les fossiles se trouvant à proximité de notre DAC présentent tous des caractères associés à la bipédie. Ce n'est donc pas le bon critère ! En fait, comme cela a été lancé à propos de la publication du superbe squelette fossile d'*Ardipithecus* en 2009, c'est « le singe qui descend de l'homme[9] ». Cette formulation est stupide, car elle reprend des catégories essentialistes et ontologiques qui n'ont aucun sens en paléoanthropologie. Ce qui est pourtant simple à comprendre, quand on connaît les fossiles et les mœurs locomotrices des hominoïdes actuels, devient pour le moins étrange quand on s'obstine à penser en termes de différences singulières entre le singe et l'homme. Il faut comprendre que les aptitudes aux bipédies existent depuis plus de 10 millions d'années chez les grands hominoïdes – mais pas tous comme les pongidés asiatiques – et qu'elles étaient bien développées chez les hominidés africains comme l'attestent *Orrorin*, Toumaï et Ardi ; qu'elles ont régressé chez les gorilles, moins chez les chimpanzés alors que les bonobos en font un usage plus courant ; qu'elles se sont modérément développées et diversifiées chez les australopithèques ; qu'elles sont devenues très perfectionnées dans le genre *Homo*, mais seulement depuis 2 millions d'années. C'est tout de même assez simple à comprendre, mais à condition de se débarrasser des concepts éculés d'animal, de singe et d'homme, et de se référer à un cadre phylogénétique précis avec des anthropoïdes, des hominoïdes, des hominidés, des homininés, etc.

Avec les fossiles, on peut étudier les caractères anatomiques et les fonctions associées comme les bipédies, les régimes alimentaires et certains aspects de la vie sociale. Cela devient plus délicat pour d'autres critères considérés jusque-là comme propres à l'homme et, par extension, à la lignée humaine. La systématique phylogénétique s'appuie sur le principe de parcimonie et implique que ce qui est observé chez deux espèces sœurs – en l'occurrence les chimpanzés et les hommes dans la nature actuelle – provient de leur DAC ; au moins potentiellement. C'est là que toutes les frontières archaïques entre l'homme et l'animal ou l'homme et le singe volent en éclats.

Les chimpanzés vivent dans des sociétés multifemelles/multimâles, ces derniers étant apparentés alors que les femelles migrent à l'adolescence pour se reproduire dans un autre groupe. Il n'a pas plus d'inceste chez les chimpanzés que chez les autres espèces ; la différence étant que, chez eux comme chez nous, ce sont les femelles qui s'en vont – femelles exogames et mâles patrilocaux –, alors que chez les autres espèces c'est l'inverse – mâles exogames et femelles matrilocales. Les chimpanzés sont omnivores, se révèlent de redoutables prédateurs et partagent certaines nourritures, dont la viande. Ils utilisent et fabriquent des dizaines d'outils, innovent, maintiennent des traditions et inventent des cultures, que ce soit pour les saluts, la communication, l'épouillage comme les choix et les préférences alimentaires. Si les mâles se montrent plus doués pour la chasse, les femelles le sont beaucoup plus pour les outils et les techniques ; cependant, seules des femelles ont été vues préparer de petites sagaies et embrocher des galagos endormis – de petits primates nocturnes – et les manger. Les chimpanzés manifestent des préférences pour certains partenaires sexuels, copulent face à face et n'hésitent pas à mener des négociations sexe contre nourriture. Leur vie sociale est intense, très complexe et agitée par des enjeux politiques qui mobilisent les mâles, les femelles et leurs réseaux. Doués d'empathie et de sympathie, selon les circonstances, ils rient, pleurent, se mettent en colère, s'agressent, se réconcilient et se réconfortent, ce qui s'accompagne de notions de bien et de mal. La diversité comme la complexité de leurs interactions sociales ne peuvent s'expliquer que par des capacités cognitives et des représentations mentales très élaborées. Ils conçoivent des stratégies réfléchies et déterminées, jouant d'alliances et de petites et de grandes trahisons, ce qui peut aller jusqu'au meurtre politique. Les chimpanzés sont les seuls connus pour se faire la guerre entre communautés ; même les « gentils » bonobos apparaissent tout aussi « humains » à cet égard. Enfin, les nombreuses études en psychologie comparée mettent en évidence des aptitudes à la communication symbolique puisqu'ils apprennent notre langage plus vite que nos enfants avant l'âge de 2 ans ; avant de stagner à cet âge alors qu'il « explose » chez les petits humains. Pour ce faire, ils possèdent une aire cérébrale de l'hémisphère gauche homologue de notre aire de Broca. Les chimpanzés n'ont rien de machines cartésiennes ou béhavioristes et, si ce sont des animaux, ils ne correspondent en rien à l'animal des philosophes et des théologiens.

Alors que reste-t-il à l'homme ? Tout ! Ces ressemblances dues à une ascendance commune ne rabaissent pas l'homme au niveau du chimpanzé, ce sont eux qui entrent dans la sphère de l'humain, plus précisément du préhumain. Pour mieux comprendre comment nous sommes devenus des humains, ne serait-il pas grand temps de renoncer à ce concept d'animal qui ne correspond en rien à ce que sont les animaux les plus proches de nous, les singes, les grands singes et tout particulièrement nos frères d'évolution, les chimpanzés ?

L'ANIMAL, LE PHILOSOPHE ET L'ÉVOLUTION[10]

Pour les biologistes, l'animal est un être organisé pluricellulaire et mobile qui naît et meurt, qui est capable de se transformer, qui est doué de volition et de sensibilité, qui se nourrit d'autres organismes vivants et qui élimine ses déchets et se reproduit. Cette définition n'inclut pas tous les animaux puisque les amibes unicellulaires prétendent appartenir à ce club très ouvert, tandis que les coraux s'avèrent très statiques. Selon cette définition, l'homme est un animal parmi des millions d'autres. La question homme/animal n'a donc aucune pertinence. En revanche, elle devient très sensible pour les philosophes et les théologiens, mais en l'absence de définition objective de l'animal. L'un est tout, l'autre rien ; l'être et le néant. L'animal est défini par défaut, de façon privative, apophatique : c'est le négatif de l'homme.

Comparer l'homme aux espèces les plus proches, est-ce une entreprise « sociobiologique » de négation, de naturalisation, de biologisation ou de déstructuration de l'homme ? Actuellement, une certaine partie de la philosophie venant de la métaphysique et une autre inspirée du marxisme se lancent dans une réaction inquisitoriale : malheur au brave philosophe qui s'égare à prendre en considération les faits scientifiques[11] ! Récemment, un philosophe de classe préparatoire a écrit cette sentence définitive : « Ce n'est pas parce qu'un paléoanthropologue du Collège de France a étudié les singes pendant vingt ans qu'il est habilité à parler de l'homme » ; je suis évidemment la vilaine bête visée. La belle inquisition, qui en d'autres temps condamnait un Bruno, un Vanini ou un Galilée, est menée aujourd'hui par nos « humanités » contre les éthologues et les anthropologues évolutionnistes. On les somme ainsi de s'occuper de leurs bêtes et de leurs bouts d'os ; car la question de l'homme n'est pas de leur compétence. Même réaction dans un débat, exprimée de manière plus courtoise, qui me confrontait avec des théologiens. Je veux bien concéder que l'Animal avec un grand A et l'Homme avec un grand H ne sont guère de ma compétence ; mais il y a eu évolution, nous sommes devenus humains. Et ce qui fait notre humanité procède d'une continuité multiforme avec les espèces les plus proches de nous. Il n'y a ni rupture biologique, ni rupture comportementale, ni rupture cognitive fondamentale ; même si, d'un côté, il y a de merveilleux chimpanzés, plus humains qu'on imaginait, vivant entourés d'arbres en Afrique tandis que, d'un autre côté, les hommes vivent dans des mondes symboliques et dans tous les milieux de la Terre. Comment, alors, considérer que l'homme se trouve dans une sorte de « bulle ontologique » le faisant sortir de l'animalité ?

L'animal et la barbarie. Le premier « procès du singe » a lieu à Dayton, dans le Tennessee, en 1925. Les conservateurs américains sont effrayés par un XXe siècle qui commence en Europe par les lois sur la laïcité, les horreurs de la Première Guerre mondiale et la révolution bolchevique. William Bryan, le leader de ce mouvement, est un humaniste très croyant qui n'a rien d'un créationniste obtus. Cependant, il fait voter des lois pour interdire que l'on enseigne que l'homme descend d'un animal inférieur, de crainte de justifier de toutes les horreurs. Darwin et sa théorie sont directement mis en cause. Il est vrai que l'eugénisme, inventé par le cousin de Charles

Darwin, Francis Galton, et le darwinisme social poussé par Herbert Spencer portent à confusion. Bryan se décide à mener cette campagne parce qu'il a lu un livre d'un Américain témoin du front. Celui-ci a entendu des officiers prussiens déclarer que la domination par la force et les armes est légitime puisque doit primer la loi du plus fort, *dixit* Darwin[12].

Darwin est mort en 1882. On cherchera en vain dans ses écrits une telle maxime. Sa théorie a été mal comprise et détournée à la fois en biologie et hors des sciences. Un des acteurs les plus influents de cette double dérive a été Ernst Haeckel, le traducteur de ses livres en allemand, qui a donné une apparence de légitimité scientifique à l'idéologie nazie. Ce qui reste difficile à accepter hier comme aujourd'hui, c'est qu'on présente la théorie darwinienne de la continuité évolutive comme une entreprise de négation de l'homme. Or, comme l'écrivait Claude Lévi-Strauss, « en s'arrogeant le droit de séparer radicalement l'humanité de l'animalité, en accordant à l'une ce qu'il retirait à l'autre », nous n'avons pas compris que nous ouvrions « un cycle maudit et que la même frontière constamment reculée servirait à écarter des hommes d'autres hommes et à revendiquer, au profit de minorités toujours plus restreintes, le privilège d'un humanisme, corrompu aussitôt né, pour avoir emprunté à l'amour-propre son principe et sa notion[13] ».

La violence animale ou originelle obsède la philosophie et la théologie. Il est indéniable qu'il existe de la violence dans la nature, mais elle est mal comprise. Les relations de dominance, la protection d'un territoire ou des petits, la prédation, le parasitisme, l'infanticide chez les espèces polyandres (un mâle doté d'un harem de plusieurs femelles tue les petits non sevrés lorsqu'il s'installe) sont autant d'agressions. Mais la violence n'est pas omniprésente. La sélection naturelle dans la nature n'opère pas telle une sorcière aux ongles et aux dents rouges de sang. On se retrouve cependant devant deux positions radicalement opposées entre les philosophes d'un côté et les scientifiques de l'autre.

Pour nombre de philosophes et de théologiens, l'homme n'est pas un animal, mais c'est la bête en nous qui est responsable de tous nos errements, alors que nous sommes nés dégagés de tout déterminisme ancestral ou génétique. Pas facile à comprendre ! On retrouve là le dualisme nature/culture qui prétend que tout ce qui va de travers chez l'homme est dû à sa nature, bien qu'il ne saurait y avoir de nature humaine. Pas facile à comprendre, là encore ! Car il est indéniablement quelque peu irresponsable de postuler que ce qui ne va pas chez l'homme est un fait de nature ou dicté par les gènes ou son animalité. Agacé par ces apories, un groupe d'anthropologues et de scientifiques a signé la déclaration de Séville sur la violence, qui a été votée en 1986, pour stigmatiser le fait que les horreurs commises par les hommes au cours de l'histoire – et cela continue – ne sont pas des faits de nature qui seraient dictés par des gènes.

Les éthologues ne nient pas les violences intraspécifiques chez les espèces animales, mais celles-ci prennent rarement les formes connues chez l'homme. (Il y a aussi les violences interspécifiques, dont l'homme est le champion toutes catégories par ses mœurs alimentaires, les moyens d'élevage et d'abattage qu'il met en œuvre, la chasse et la pêche à outrance et en étant la seule espèce depuis 4 milliards d'années qui soit responsable d'une grande extinction en cours.) Cependant, il existe des comportements de retrait et de soumission qui régulent ces violences ; pas toujours, évidemment. Des éthologues célèbres, comme Konrad Lorenz et Robert Ardrey, ont expliqué la violence humaine par le fait que nos lointains ancêtres se seraient retrouvés dans les savanes harcelés par les prédateurs. Ils auraient alors inventé des armes pour se défendre et seraient devenus plus agressifs – question de survie. Ces comportements seraient aussi intervenus au sein de ces groupes de préhumains, mais sans que des comportements de régulation aient eu le temps d'apparaître, comme chez les prédateurs. (Disant que, dans la nature, « l'homme est un loup pour l'homme », Hobbes ignorait la complexité des comportements qui évitent que les loups ne se mangent entre eux.) On remarque au passage que tout cela est arrivé à cause d'une nature agressive et que la nature n'a pas eu le temps de faire son travail ! (Pour une vision fulgurante et géniale de cette thèse, il faut revoir les premiers chapitres de *2001, l'Odyssée de l'espace* de Stanley Kubrick, de 1968.)

Une fois de plus, les chimpanzés forestiers viennent troubler ces spéculations puisque les fondements des violences intraspécifiques connues chez l'homme se retrouvent aussi chez eux.

Quand Frans de Waal a publié *De la réconciliation chez les primates* et *Le Bon Singe*, tous les penseurs qui voyaient dans les animaux des êtres de violence sont devenus très agressifs. Il s'est ensuivi des controverses dignes de Rousseau contre Hobbes. Les naïfs rousseauistes se sont entichés des gentils bonobos ou chimpanzés graciles, qui venaient remplacer les bons sauvages, tandis que les chimpanzés robustes, connus pour leurs actes de violence, représentaient notre nature agressive. Les premiers étaient les « singes de Vénus » ; les seconds les « singes de Mars ». L'homme était-il né sous le signe de l'une ou de l'autre planète ? Nous voilà en présence d'un bel exemple d'« erreur du naturaliste », puisque les chimpanzés robustes se montrent très doués pour les réconciliations et les réconforts, alors que les bonobos peuvent se révéler peu amènes.

Dans l'état actuel de nos connaissances, les deux chimpanzés sont plus proches l'un de l'autre qu'ils ne sont proches de l'homme, les premiers appartenant au genre *Pan* et l'autre au genre *Homo*. Cela signifie aussi une chose toute simple : notre DAC nous a légué la propension à faire la paix comme à faire la guerre. Nous sommes donc libres et responsables de nos actes, qui sont moins à impartir à notre nature qu'à notre histoire et nos cultures.

C'est là que le concept d'animal, qui commence forcément avec les chimpanzés – à moins d'en faire des hommes –, renvoie à des conclusions complètement erronées. Si les chimpanzés sont des animaux dont les comportements sont dictés par des gènes, il existe donc forcément des gènes de la violence et des gènes de la paix. Or, dans l'état actuel de nos connaissances en génétique comparée, les chimpanzés et les hommes possèdent un génome composé de peu de gènes – vingt-cinq mille. De plus, ils sont quasi identiques. Le fait que les chimpanzés robustes sont presque aussi agressifs que les hommes, alors qu'ils sont proches génétiquement des bonobos plus pacifiques, oblige à invoquer d'autres explications, d'ordre culturel.

À propos de liberté, j'aime à citer l'exemple de la communauté des chimpanzés de Gombe, en Tanzanie. Chez les chimpanzés, les femelles migrent à l'adolescence pour se reproduire, alors que les mâles restent dans leur communauté de naissance. Cependant, à Gombe, les femelles du clan F ne s'en vont pas. Pour quelle raison ? Parce qu'elles appartiennent à un clan dominant et qu'elles perdraient leur pouvoir en se divisant et en partant. Cela pose le problème de l'inceste, mais le clan gère très efficacement. C'est un très bel exemple d'une éthologie qui s'intéresse aux individus et à leurs intérêts – merci à la sociobiologie qui a permis d'établir les problématiques nécessaires – et non pas à des animaux indistincts et prisonniers de leurs instincts.

Les notions d'inné et d'acquis ne sont plus d'aucune pertinence en sciences de l'évolution, ni par conséquent celles d'animal enfermé dans ses instincts et d'homme pétri uniquement d'acquis. Même les sociétés d'insectes chères aux sociobiologistes, comme les fourmis, révèlent des individus plus adaptables qu'on ne l'imaginait. (Darwin évoque le cas d'une araignée tisserande qui, ayant perdu une patte, ne peut plus faire sa toile ; alors elle change de comportement en devenant une araignée chasseuse, et sur sept pattes[14].) Il faut y substituer les notions de *contraintes phylogénétiques* – ce que notre dernier ancêtre commun aux chimpanzés et aux hommes nous a légué – et celle d'*évolution* propre à chaque lignée depuis ce DAC. La plus ou moins grande agressivité des chimpanzés, des bonobos et des hommes découle de leur évolution sociale respective, avec de grandes différences entre les communautés de chimpanzés et les sociétés humaines.

Les paléoanthropologues peuvent-ils parler de l'homme ? Heidegger avait compris toute la fragilité d'un système philosophique qui prétend sortir l'homme de l'animalité en lui attribuant une propriété en plus, ce qu'il raille en l'appelant l'animal-plus ! Il suffit de donner un critère pour qu'on se risque à vérifier s'il tient. Comme on l'a vu, tout ce qui a été affirmé quant au propre de l'homme est tombé. Cependant, cela appelle deux commentaires. En premier lieu, les scientifiques et les éthologues n'ont jamais engagé leurs recherches pour ennuyer les philosophes, même si leurs découvertes et leurs observations interféraient avec des questions de philosophie. Les scientifiques – tout du moins dans l'exercice de leur démarche objectiviste et quand ils ne jouent pas aux philosophes ou s'engagent dans une quête de sens – faisant de la très mauvaise philosophie ou de la piètre théologie – à l'instar des philosophes qui font de la triste éthologie – ne prétendent pas faire de la philosophie, si ce n'est une non-philosophie. Si les chimpanzés utilisent et fabriquent des outils et développent des cultures, ce n'est pas pour contrarier René Descartes. On peut discuter des définitions et des critères à propos de l'outil et de la culture, mais c'est ainsi. En second lieu, si l'homme est un animal politique, comme le dit Aristote, cela signifie-t-il pour autant que l'animal ou tous les animaux sont dénués de ce comportement[15] ? Si la quasi-totalité des animaux ne possède pas les caractères attribués exclusivement à l'homme, certains, comme les chimpanzés, et d'autres non évoqués, répondent à ces critères.

À propos des critères censés distinguer l'homme, il faut dénoncer cette incroyable contradiction chez les philosophes spiritualistes et les scientifiques influencés par les sirènes spiritualistes. D'un côté, l'animal machine et, de l'autre, la quête d'un caractère anatomique qui expliquerait la distinction spirituelle de l'homme : la glande pinéale de Descartes ; le module cérébral d'Owen ; le module de la grammaire universelle de Noam Chomsky ou le gène foxp2 pour le langage ; aujourd'hui, le module cognitif siège de la croyance en Dieu ou la flexion de l'os sphénoïde, sans oublier la néoténie, cette modification miraculeuse de notre ontogenèse, conçue comme un baptême sur les fonts baptismaux de l'hominisation. Le concept d'animal est sans aucun doute responsable d'une schizophrénie de la raison.

La paléoanthropologie a eu beaucoup de difficultés à se dégager des représentations de l'homme venues de la philosophie. En simplifiant quelque peu, il existe deux grandes traditions philosophiques, l'une qui pense l'homme comme un animal terrestre en relation avec la nature et qui admet la comparaison comme chez quelques présocratiques et Aristote ; l'autre qui le place au centre du cosmos et qui perçoit le monde au travers de l'homme comme chez Socrate et Platon. Pour la première école, l'homme dépasse ou transcende l'état de nature et est un animal-plus ; pour la seconde, c'est un être de vérité qui doit se connaître lui-même avec le refus revendiqué de le situer par rapport au monde ou la *physis* des Grecs. Toujours en simplifiant, la première approche admet un être en continuité avec la nature au sens de la *physis* et donc des sciences (Aristote et l'homme-animal-plus ; scalisme) ; l'autre s'enferme dans sa caverne ontologique et la métaphysique (Platon et l'animal-non-homme). D'un point de vue épistémologique, cela donne deux démarches radicalement opposées, l'une objectiviste et qui peut admettre la réfutation fondée sur l'observation et l'expérimentation ; l'autre introspective qui plie le monde à ses concepts.

La paléoanthropologie s'inscrit évidemment dans la tradition continuiste que l'on fait remonter à Aristote. De tout ce qu'on a dit de l'animal-plus, peu de critères s'avèrent testables sur les fossiles (paléoanthropologie) et ce qui les entoure (archéologie préhistorique). Pour l'anatomie, les grands caractères sont *la* bipédie, *le* cerveau et *la* main, le tout gentiment aligné sur l'échelle des espèces. Or il devient évident que *les* aptitudes aux bipédies précèdent notre DAC. Quant au gros cerveau, il a servi à faire des *Homo habilis* datés de plus de 2 millions d'années des hommes, ce que semblaient confirmer l'anatomie de leur main et la présence des plus anciens outils de pierre taillée. Hier comme aujourd'hui, leur statut d'*Homo* reste très contesté puisque des espèces contemporaines, comme les paranthropes descendants de Lucy, partagent ces caractéristiques. En fait, il faut attendre les années 1990 pour que les paléoanthropologues adoptent une définition biologique de l'homme dégagée du long héritage venu de la philosophie. Une fois de plus, il ne s'agit pas de contrer la philosophie – ce qui serait un programme scientifique misérable –, mais de permettre une démarche objectiviste. Dire que « l'homme, c'est l'outil » a permis à Boucher de Perthes de fonder la préhistoire en démontrant la présence d'outils de pierre taillée à côté de mammouths fossiles dans les terrasses de la Somme. De même, la grande aventure de la paléoanthropologie africaine a été lancée avec la découverte par le couple Leakey d'outils de pierre taillée à proximité d'un paranthrope à Olduvaï, en Tanzanie, en 1959. Puis, les Leakey ont incité trois jeunes femmes à aller observer les grands singes dans la nature, « les trois anges de Leakey ». Ainsi vont les sciences.

Face aux avancées des connaissances en paléoanthropologie et en éthologie, le propre de l'homme défini avec de grands critères discrets se réduit comme peau de chagrin, alors qu'il n'en est rien si on s'intéresse à des critères plus fins. Les paléoanthropologues et les éthologues ne risquent pas de confondre un chimpanzé, un australopithèque et un homme. Pour sauver la face de l'homme, de nombreux évolutionnistes s'emploient donc à avancer des critères qui viennent de la philosophie et qui ne peuvent être testés par la démarche objectiviste. Ce fut le cas de Russell Wallace, le co-inventeur de la sélection naturelle, et de Thomas Huxley, le farouche ami et défenseur de Darwin.

Wallace, considérant que la seule sélection naturelle rend compte de toute l'évolution du vivant, invente le « darwinisme ». Cependant, il se heurte au cas de l'homme, dont les hautes capacités mentales semblent difficilement explicables. Son matérialisme extrême l'amène à rechercher une solution spiritualiste, au grand désarroi de Darwin. (L'Église catholique adopte une position similaire, acceptant l'évolution du corps et des comportements, mais soutenant qu'au cours de l'hominisation l'homme rencontre la révélation ; proposition non testable scientifiquement et qui ne dérange pas les scientifiques tant que cette croyance ne prétend pas s'imposer dans le champ des sciences.)

L'attitude d'Huxley – l'inventeur du terme agnostique – est tout autre. Dans la deuxième Romanes Lecture intitulée *Evolu-*

tion and Ethics de 1893, lui qui a tant fait pour démontrer la continuité évolutive entre les grands singes et l'homme défend l'idée que seul l'homme est un animal doué de morale. Cette même thèse est reprise exactement cinquante ans plus tard dans une autre Romanes Lecture, intitulée cette fois *Evolutionnary Ethics*, par son petit-fils Julian Huxley, premier secrétaire général de l'Unesco et ami de Teilhard de Chardin. Celui qui participe à la « grande synthèse », qui renouvelle la théorie darwinienne dans les années 1940, va jusqu'à forger la classe des *Psychozoa* pour l'homme, signifiant en cela qu'il appartient à une sphère psychologique particulière – on pense à la noosphère de Teilhard. On retrouve ce genre d'interprétation avec l'éthologue von Uexkull qui affirmait que « l'animal est au monde » alors que « l'homme est un constructeur de mondes[16] ». On retrouve ce schéma chez Joëlle Proust pour qui les animaux ont une « conscience d'accès » et l'homme une « conscience phénoménale ».

La morale de cette histoire est que les plus darwinistes ou néodarwinistes n'étaient pas darwiniens. Car Charles Darwin dans ses livres de 1871 et 1872 avait ouvert un programme de recherche sur les origines de nos capacités mentales dites supérieures, lançant le jeune Romanes sur cette voie. Il pensait que les origines de ces capacités étaient à rechercher dans nos instincts sociaux partagés avec les grands singes et les singes. Ce programme de recherche sera repris un siècle plus tard par certains éthologues, comme Frans de Waal, et appréhendé pour reconstituer le DAC comme la paléobiologie de nos ancêtres par moi-même.

La question de l'homme est bien trop sérieuse pour être laissée aux seuls philosophes et théologiens, surtout celle de l'homme dans sa diversité culturelle. Les paléoanthropologues, au lieu d'exclure dans l'animalité tout ce qui ne répond pas à une vérité *a priori* sur l'homme, se contentent de rechercher en quoi il ressemble aux espèces les plus proches pour mieux dégager l'évolution de sa lignée, laquelle, au passage, a donné plusieurs espèces, dont certaines étaient contemporaines. Mais le concept d'animal s'immisce dans les affaires humaines puisque, de nos jours, des paléoanthropologues persistent à faire des autres espèces du genre *Homo*, comme les néandertaliens, des hommes moins évolués. Alors que les éthologues et les paléoanthropologues – pas tous, hélas – montrent combien nos origines sont humaines, le concept d'animal étend sa vocation d'ostracisme à la fois dans la synchronie et la diachronie. Plusieurs auteurs évoquent l'idée d'humanisation se substituant à celle d'hominisation ; je crains que le chemin ne soit encore long pour arriver à *Homo sapiens*.

L'homme est-il sorti de l'animalité ? Où se trouve la césure entre l'homme et ceux qu'il faut bien appeler les animaux, à défaut d'un terme plus approprié ? Lucy et les australopithèques étaient-ils des animaux ? On se heurte ici à une aporie entre, d'un côté, les termes utilisés par les philosophes et les théologiens et, de l'autre, ceux employés par les anthropologues évolutionnistes. Pour les premiers, il s'agit de partir de l'homme et d'exclure tout le reste du vivant dans une catégorie indéfinie et ontologiquement distincte. Pour les autres, les animaux se reconnaissent par des structures et des fonctions, définissant le règne *Animalia*, et sans aucune pertinence quand on s'intéresse aux relations entre les espèces, en l'occurrence entre les chimpanzés et les hommes. Le dualisme fondamental de la pensée occidentale se trouve face aux contradictions résultant de ces deux approches épistémologiquement opposées.

Philippe Descola propose de classer les cosmologies des peuples actuels en quatre catégories ontologiques[17] : le dualisme et son opposé l'animisme ; l'analogisme et son opposé le monisme. Le dualisme ou naturalisme occidental n'est pas l'ontologie dominante, bien que sa philosophie, portée par l'expansion des grands monothéismes, ait connu une grande diffusion, sans effacer les autres ontologies, même au sein du monde occidental. Le dualisme et l'animisme dissocient le corps et l'âme. En simplifiant, le dualisme occidental admet que notre corps, notre matérialité sont de nature, mais il postule que notre esprit, notre raison ou toute autre expression de nos capacités mentales sont d'une autre origine, rarement spécifiée, mis à part le Créateur. Le dualisme ontologique homme/animal s'inscrit dans cette tradition, qui s'est radicalisée jusqu'à la caricature avec l'animal-machine de Descartes.

Une conception aussi radicale ne se retrouve pas chez tous les philosophes, ni tous les théologiens, sans oublier des systèmes de pensée qui évoquent l'animisme et l'analogisme. Un des plus beaux exemples d'analogisme se rencontre avec l'échelle naturelle des espèces héritée d'Aristote qui, au Moyen Âge, reprend l'idée de l'homme microcosme résumant le macrocosme. Elle sera encore reprise par Leibniz avant de se retrouver dans l'aphorisme d'Ernst Haeckel selon lequel « l'ontogenèse récapitule la phylogenèse ». Le dualisme teinté d'analogisme a le mérite d'éviter de se poser la question des origines de nos capacités mentales supérieures puisqu'elles semblent s'inscrire « naturellement » dans un naturalisme panthéiste rarement explicité, mais qui renvoie à l'idée de dessein, reprenant les schèmes de la pensée déiste, de la théologie naturelle et de son avatar actuel, le *dessein intelligent*. Que ce soit dans le dualisme radical ou dans l'analogisme, les origines de nos capacités mentales supérieures se situent en dehors de toute considération matérialiste, ce qui de fait exclut toute approche scientifique de cette question.

Le dualisme cartésien, en séparant l'âme du corps, a permis les avancées de l'anatomie, de la médecine de la physiologie, mais avec son cortège de souffrances autour de la douleur, de la vivisection et, aujourd'hui, les conditions de l'expérimentation animale, sans oublier les animaux d'élevage et leur fin de vie. L'anatomie comparée – de Linné à aujourd'hui – nourrit une analyse structurale qui établit les relations de parenté entre les espèces. (Notons au passage que la controverse Cuvier/Geoffroy Saint-Hilaire devant l'Académie des sciences de Paris en 1830, comme la « guerre du gorille » entre Huxley et Owen vingt ans plus tard en Angleterre nous rappellent que traduire ces relations de ressemblance en un discours transformiste n'avait rien d'évident. Cuvier comme Owen apportent des contributions conceptuelles fondamentales pour l'édification de la systématique moderne tout en étant paléontologues et antiévolutionnistes !) L'anatomie comparée et la paléontologie édifient la structure de l'évolution en proposant des classifications et des arbres phylogénétiques. À partir du moment où on accepte l'idée d'évolution se pose inévitablement la question des processus d'apparition de nos capacités mentales supérieures.

Seul Darwin, puis Romanes s'engagent dans cette recherche parfaitement logique d'un point de vue scientifique. En disant cela, ces scientifiques – comme ceux d'aujourd'hui inscrits dans cette attitude – ne prétendent pas défendre tel ou tel système de pensée venant de la philosophie ou de la théologie. C'est simplement une question de méthode scientifique, qui consiste à se poser la question, d'en dégager des hypothèses et d'en vérifier la pertinence. Il n'y a aucun *a priori* et encore moins de tentative de déstructurer l'homme ou de le nier. Les scientifiques, en l'occurrence les éthologues, n'attribuent aucune valeur éthique ou ontologique à leurs observations ; celles-ci sont neutres. Ce qui ne veut pas dire, évidemment, que ces observations n'interviennent pas dans des discours sur les valeurs, mais hors du champ des sciences, comme en éthique.

Autrement dit, les éthologues et les paléoanthropologues ne prétendent pas dire l'éthique à partir de leurs observations – ce que Humes appelait l'« erreur du naturaliste ». Néanmoins, leurs observations peuvent questionner l'éthique, mais on sort alors de la science. Inversement, il est inacceptable qu'au nom d'une certaine idée de l'homme, de l'animal, de l'éthique ou de l'ontologie, on conteste des observations de nature universelle, car scientifiques et mises en évidence par des femmes et des hommes de différentes cultures, éducations et confessions participant aux avancées des connaissances. Les tristes penseurs héritiers de toutes les inquisitions n'ont d'autre alternative que la condamnation et l'anathème ou le mépris pour les scientifiques et les autres modes de penser le monde. Posons-leur alors la question : peut-on fonder une éthique humaniste sur un principe d'exclusion et d'ignorance ?

L'HOMME AU SOMMET DE L'ÉVOLUTION[18] ?

Il n'y a pas de sommet de l'évolution, mais des temps de l'évolution. La vie a évolué pendant des milliards d'années avant que des hommes ne marchent sur la Terre ; elle continuera d'évoluer pendant des milliards d'années après que les hommes auront disparu, en évoluant peut-être vers d'autres espèces – incertitudes du posthumain, ou, plus certainement, de l'après-humain – et avant que le Soleil n'explose et ne détruise la Terre – certitude stellaire. Aujourd'hui, il ne reste qu'une seule espèce d'hommes mais partout sur la Terre, ce qu'aucune autre espèce n'a jamais pu réaliser. Sommes-nous alors les derniers survivants ou les vainqueurs ? De telles questions sortent du domaine des sciences et interpellent la philosophie et la théologie.

Teilhard de Chardin a proposé le concept d'hominisation, vite détourné dans une acception téléologique et finaliste.

Selon cette interprétation, quelles sont notre responsabilité et notre liberté si nous sommes le fruit d'un processus cosmique ou autre ? L'hominisation signifie qu'une espèce prend conscience de sa place dans l'histoire de la vie et devient responsable du devenir de la biosphère. Cela oblige à porter un autre regard sur notre évolution et sur les autres espèces issues de cette même évolution. L'œuvre de Teilhard est sujette à bien des critiques à la fois d'un point de vue scientifique, philosophique et théologique. Cependant, elle peut nous aider à sortir de notre caverne anthropocentrique[19]. Être au sommet de l'évolution n'est pas un fait de nature ; c'est une exigence éthique. Mais piétiner de notre arrogance les animaux et les abaisser n'ont rien d'une ascension ontologique. Nous serions comme ces coraux condamnés à se maintenir près de la surface, sans jamais émerger, à force de nous reposer sur ceux que nous enfonçons. Ce n'est pas de notre animalité qu'il nous faut nous libérer ; c'est plutôt de notre conception de l'animal que nous devons nous débarrasser pour comprendre qui nous sommes et être dignes de donner un sens humain à l'évolution.

L'HUMANISME CONFRONTÉ AUX GRANDS SINGES

L'homme aimerait tant être la morale d'une grande histoire qui s'appelle l'évolution. Pour arriver à une telle fable, il faut accepter l'idée d'évolution, ce qui est loin d'être le cas pour une très grande majorité des cultures d'hier comme d'aujourd'hui. Cependant, toutes les cultures humaines – l'adjectif est devenu nécessaire – ne se posent pas la question en ces termes. La question de la morale chez l'homme et les animaux recoupe les conceptions des rapports entre l'homme et la nature selon les différentes représentations culturelles du monde. Une majorité d'entre elles accepte une sorte de sagesse ou de bonté naturelle qui participe de l'humain et que l'on retrouve chez les animaux. Il en va autrement dans les cultures du Livre. Elles entretiennent un rapport antagoniste entre l'homme et la nature. Tout ce qui procède du bon appartiendrait à la sphère de l'humain tandis que le mal sévirait partout ailleurs. Et d'évoquer de mauvais instincts animaux lorsque des hommes commettent des actes contraires à la morale. Avec l'émergence de la pensée évolutionniste au sein de la tradition judéo-chrétienne se pose la question de l'émergence de l'humain depuis des origines animales et surtout à partir des singes. Car, plus que tout autre groupe d'animaux, les singes campent toutes les figures du malin.

La morale peut-elle avoir des origines naturelles ? Cette question est parfaitement légitime dans le cadre de l'anthropologie évolutionniste moderne, qui admet sans état d'âme que toutes les caractéristiques de l'homme – de ses gènes à ses capacités cognitives en passant par les comportements – s'inscrivent dans une évolution. La méthode est simple et s'articule en trois étapes. La première consiste à définir un cadre phylogénétique, autrement dit des relations de parenté entre les espèces objets de l'étude, en l'occurrence l'homme, les grands singes, les singes, etc. La deuxième exige un effort de connaissance considérable puisqu'il faut rechercher si les caractères qui intéressent l'étude se retrouvent dans les espèces convoquées par le cadre phylogénétique. Troisièmement, nantis de cette analyse structurale et de la distribution des caractères entre les différentes lignées, on regarde du côté de la paléoanthropologie – les disciplines scientifiques qui étudient l'évolution biologique de notre lignée et de celles qui nous sont proches – et de la préhistoire – les disciplines scientifiques qui s'intéressent à l'évolution culturelle de notre lignée et de celles qui nous sont proches – pour tenter de reconstituer un scénario historique. La méthode apparaît logique. On se demande même pourquoi elle ne s'applique pas systématiquement. Hélas, depuis qu'on admet que l'homme pourrait descendre du singe, toutes les recherches utiles à sa réalisation ont dû vaincre les obstacles dressés par les moralistes de l'anthropocentrisme.

Avant d'en arriver à la simple possibilité de développer cette approche, combien d'objurgations scandalisées, de dénonciations inquisitoriales, de mises à l'écart définitives et même de condamnations conduisant parfois au bûcher au nom d'une certaine morale. Il fut un temps où comparer l'homme et les animaux n'avait aucun sens. Puis, la curiosité de quelques inconscients a amené à dégager des ressemblances troublantes. C'est devenu possible car on avait pris la précaution de séparer l'âme du corps. Si les singes nous ressemblaient, ils n'étaient que des « masques trompeurs de l'homme », selon l'expression de Buffon. Quelques philosophes des Lumières se sont interrogés sur l'existence d'éléments de morale naturelle chez les quelques grands singes connus de l'époque. On en restera là car, aussi étonnant que cela puisse être, l'émergence des théories transformistes puis évolutionnistes va rejeter les grands singes loin de l'homme. Goethe s'en émeut, accusant ces quelques philosophes des Lumières de pensées bien obscures. Dès lors, depuis la fin du XVIIIe siècle, depuis que Lamarck et Erasmus Darwin suggèrent la transformation des espèces, une devise tacite occulte la question, que j'adapte en m'inspirant d'un moraliste célèbre : « Cachez ce singe que je ne saurais voir ! »

La tartufferie ferait sourire. Hélas, c'est oublier toutes les exclusions et les horreurs des XIXe et XXe siècles envers les autres hommes, les femmes, les enfants et ceux qu'on persiste à appeler les animaux. Heureusement, notre morale a évolué, ce qui montre bien qu'il y a évolution. Mais elle a dû aussi se débarrasser de sinistres conceptions de l'évolution.

Une mutation du mal vers le bien. La théorie de la sélection naturelle de Darwin est vite reprise sur le registre d'une nature hostile à l'homme. La survie du plus apte, l'élimination des plus fragiles, la lutte pour la survie décrivent la sélection naturelle comme un monstre rouge de sang tapi dans chaque recoin de la nature. Il ne peut rien sortir de bon d'une telle histoire matérialiste dénuée de toute morale.

Darwin n'a jamais soutenu une conception aussi sinistre et caricaturale de la sélection naturelle. Il admet d'autres processus évolutifs, comme la sélection sexuelle, qu'il expose dans *La Descendance de l'homme en relation avec la sélection sexuelle,* qui devait former un seul ouvrage avec *De l'expression des émotions chez l'homme et l'animal.* Pour lui, tout ce qui fait que l'homme a une histoire évolutive, même ses aptitudes à la morale. Il n'a jamais dévié de sa conviction profonde en une évolution graduelle et continue. En cela, il se distingue de son ami Thomas Huxley qui admet que l'évolution puisse procéder par sauts. Pour Huxley, ce qui distingue justement l'homme des grands singes qui lui sont si proches, c'est la morale. D'où vient-elle cette morale ? On ne sait pas, mais l'idée d'un saut évolutif propose une solution aussi élégante que commode, mais non testable. (C'est tout le problème épistémologique de ce genre d'hypothèse faussement élégante.)

La conception saltationniste de l'évolution connaît un bel avenir avec ses avatars comme le mutationnisme, le monstre prometteur ou les équilibres ponctués. Il suffit d'en appeler à une supermutation pour que s'opère la métamorphose du singe à l'homme. Une vraie bénédiction quand, face à l'avancée obstinée des connaissances sur les comportements des grands singes comme sur les modes de vie de nos ancêtres, le propre de l'homme – entendre de l'*Homo sapiens* actuel – se réduit comme peau de chagrin. Dénier tout fragment de morale aux espèces les plus proches de nous devient difficile si on songe que nous partageons plus de 99 % de nos gènes avec les chimpanzés et les bonobos, un pourcentage d'autant plus troublant depuis que l'on sait que notre génome comporte seulement vingt-cinq mille gènes. Alors les défenseurs acharnés de l'humain d'affirmer que la bipédie, le langage ou la morale se déploient d'un coup à partir de quelques mutations merveilleusement opportunistes. C'est encore plus surprenant lorsque la même explication intervient pour rendre compte des différences supposées entre les hommes de Neandertal et de Cro-Magnon. Rappelons que des populations néandertaliennes et d'autres de notre espèce ont cohabité pendant des milliers d'années d'abord au Proche-Orient, puis en Europe. Les paléoanthropologues admettent que les premiers enterraient leurs morts et avaient quelques rudiments de langage, mais pas de spiritualité, ni de langage capable d'évoquer des états du monde et probablement pas de morale. Moralité, seul *Homo sapiens* serait doué de morale grâce à quelques mutations bien opportunes. Comme quoi, la morale ne tient pas à grand-chose.

Il y a de quoi être étonné de cette étrange aporie. Ceux-là mêmes qui récusent toute origine naturelle de la morale soutiennent qu'elle puisse surgir de quelques égarements moléculaires. Laissons là ces contradictions et reprenons le chemin de la logique.

Frères d'évolution et de moralité. Première étape, le cadre phylogénétique. Il est bien établi actuellement que, dans la nature actuelle, les chimpanzés et les bonobos sont plus proches de nous les hommes que des autres grands singes comme les gorilles. Dans un langage plus familier, les chimpanzés et les bonobos sont nos frères d'évolution, les gorilles nos cousins, les orangs-outans nos cousins germains et les autres singes sur des branches encore plus éloignées.

Deuxième étape, les comportements. Avoir une morale exige des capacités cognitives susceptibles de construire des représentations de soi, de l'autre, des autres et du reste du monde. Cela se conçoit aussi dans une vie de groupe avec des règles selon lesquelles un acte est accepté, toléré ou réprimé. L'éthologie comparée s'enrichit chaque jour d'observations qui attestent des notions de bien et de mal chez de nombreuses espèces. Ce sont là des révélations récentes. Cela n'a pu être mis en évidence que grâce à quelques chercheurs qui se sont posé la question, ce que d'autres n'ont pas manqué de juger immoral. Mais au nom de quelle morale ?

Certaines espèces de macaques ne sont pas réputées pour leur tolérance. Les mâles exercent un pouvoir coercitif parfois violent. Chez les macaques comme dans toutes les autres espèces, certains individus ont l'infortune de naître avec des handicaps moteurs ou psychiques. Ces individus font l'objet d'une réelle tolérance. Si, comme on l'observe, un tel déshérité vient à bousculer un mâle dominant ou à s'approcher de lui alors que les autres savent que ce n'est pas le moment, le dernier ne sévit pas. Donc, empathie et tolérance. Chez des babouins, un jour, l'un d'entre eux se fait happer par un crocodile. Des congénères se hâtent, assaillent le reptile et lui font lâcher prise. Donc, empathie et solidarité. Nous sommes là chez des singes assez éloignés de nous d'un point de vue phylogénétique et dont certaines espèces ne sont pas réputées des plus tolérantes selon nos critères humains. Il est fort probable que de tels comportements se manifestent dans d'autres lignées encore plus éloignées, comme chez les cétacés. Mais revenons plus près de nous avec les grands singes.

Des comportements évoquant des notions de bien et de mal ne manquent pas chez les chimpanzés. Au-delà des controverses et des condamnations un peu hâtives d'anthropomorphisme, il suffit d'aller voir ce qui se passe chez eux et de décrypter leurs comportements selon leurs règles sociales. Dans un de mes films, j'ai suivi les conséquences d'une agression motivée pour des raisons de pouvoir. Les agissements de l'un des protagonistes finissent par causer une instabilité. Ce personnage aussi séducteur que manipulateur agit tant et si bien que le groupe se coalise pour réprimer ses agissements. Il n'exercera pas de représailles contre tel ou tel individu, car c'est le groupe qui a exprimé sa réprobation.

La morale suppose aussi que l'on se sente coupable d'une mauvaise action. Dans un autre de mes films (*Le Singe, cet homme*, 1998), on voit une femelle bonobo frapper un chien sans raison apparente. Réprimandée, elle fait une moue de fausse contrition, jusqu'à vouloir donner une autre image d'elle-même. Les choses s'arrangent après qu'elle est allée caresser le chien pour se réconcilier. Car les chimpanzés, comme d'autres singes, se montrent capables de mentir, de se réconcilier, d'intercéder dans des conflits pour apaiser les tensions du groupe… autant de comportements qui s'expliquent assez mal selon des approches réductionnistes de l'évolution qui ne conçoivent que l'intérêt des individus, voire que des gènes selon la théorie du gène égoïste. Il existe donc bien des notions de bien et de mal chez d'autres espèces, et plus particulièrement chez nos frères d'évolution les chimpanzés et les bonobos. C'est une vieille histoire de famille.

Les origines des comportements moraux. Pourquoi la morale ? Les religions, les philosophies, puis les sciences humaines s'intéressent depuis longtemps à cette grande question. Elle en exclut l'animal puisque, d'une certaine manière, il serait hors sujet. Il en est allé en sciences naturelles comme pour l'évolution. Mais quand on s'intéresse à cette question dans le cadre de l'évolution, elle est très mal posée. Pourquoi la bipédie ? Pourquoi le langage ? Pourquoi la morale ? Autant de pourquoi qui n'avancent à rien. Car les innovations qui émaillent l'histoire de la vie ne sont apparues que parce que telle ou telle espèce en aurait eu besoin. Hélas, cette conception lamarckienne de l'évolution désormais obsolète persiste encore fortement en paléoanthropologie.

L'environnement ne crée rien, il ne fait que sélectionner. Au cours de l'évolution, des nouvelles capacités cognitives ont émergé et ont été sélectionnées. Ces facteurs de sélection interviennent au sein de groupes sociaux. Il ne s'agit pas d'affirmer que de telles innovations surgissent comme cela, comme par une sorte de génération spontanée. L'histoire de la vie est comme celle des hommes, contingente. On commence à comprendre comment peuvent apparaître de nouvelles caractéristiques sans qu'elles aient été sélectionnées, ce qu'on appelle des « exaptations ».

Les fondements de la morale ne sont pas apparus parce que la vie exigeait de la morale. Ils ont émergé dans différentes lignées en association avec d'autres caractéristiques cognitives nécessaires, mais pas suffisantes. Car si l'évolution produit des exaptations selon l'histoire propre aux différentes lignées, elles doivent être sélectionnées pour se maintenir et évoluer. Il n'y a donc pas de morale naturelle, mais des fondements naturels de la morale qui se retrouvent chez les animaux les plus proches de nous. On peut affirmer qu'ils n'ont pas de morale, notamment parce qu'ils ne peuvent par dire la morale. Cela ne les empêche pas d'avoir des notions de bien et de mal envers l'autre et les autres. Quant à notre morale, elle aussi a considérablement évolué, ne serait-ce que dans nos rapports aux autres hommes actuels et passés. Les hommes de Néandertal s'occupaient de leurs handicapés, comme l'ont révélé les deux défunts morts à un âge avancé et enterrés comme leurs congénères. Mais pas plus que nous ou les chimpanzés, nos ancêtres n'étaient intrinsèquement, naturellement ou culturellement bons ou mauvais (les néandertaliens et leurs prédécesseurs se livraient au cannibalisme). La morale est une exigence éthique de la vie en société, qui nous situe entre l'animal des philosophes et l'humain ; mais ce n'est pas qu'une affaire d'hommes.

Conclusion

DE L'HOMINISATION AU DÉVELOPPEMENT DURABLE

Vers un nouveau paradigme[1]

L'homme serait-il un paradoxe de l'histoire de la vie qu'on appelle évolution ? Animal doué de conscience, quelles que soient les cultures d'hier et d'aujourd'hui, il tisse des relations symboliques avec le monde qui l'entoure, ce qui embrasse les autres espèces et l'environnement. D'une culture à l'autre, ces rapports de représentation façonnent ses actions envers la nature. L'histoire de l'idée d'évolution des espèces illustre tout particulièrement comment dans le cadre d'abord restreint de la culture méditerranéenne, puis judéo-chrétienne, puis occidentale et aujourd'hui planétaire, l'homme construit sa relation à son environnement.

Il fut un temps où on concevait la nature, les espèces et l'homme dans un équilibre harmonieux. Mais voilà qu'une histoire de pomme chasse l'homme du paradis. Dès lors s'installe un paradoxe rarement souligné entre une nature fixe et des hommes qui doivent croître et se multiplier. Deux millénaires plus tard, l'idée de transformation des espèces émerge à une époque où les hommes mettent en place leurs industries. Changement de paradigme avec l'idéologie de progrès, transcrite dans un schéma linéaire et hiérarchique d'une évolution dédiée à la suprématie de l'homme – occidental – sur la nature, dans un double dessein associant ses transformations anatomiques avec ses inventions technologiques. Ce n'est que très récemment qu'une autre conception de l'évolution de l'homme en rapport avec les changements d'environnement peine à s'instaurer. Car l'homme n'est pas l'espèce la plus évoluée, comme si l'évolution poursuivait un dessein, pas forcément intelligent. Toute son évolution s'inscrit dans celles des communautés écologiques auxquelles il appartient depuis des millions d'années. Seulement par son évolution récente, et sa formidable accélération, il a cru qu'il pouvait s'affranchir des contraintes de l'environnement. Aujourd'hui, l'homme pèse comme jamais auparavant sur l'histoire de la vie et, surtout, sur son devenir, ce qui l'oblige à changer ses représentations : c'est le développement durable.

ESQUISSE D'UNE LONGUE ÉVOLUTION

Pendant des millions d'années, les nombreuses espèces de la famille de l'homme dépendaient du monde des arbres et, chaque jour, le soir venu, comme le font les chimpanzés et les gorilles actuels, ils se construisaient de grands nids faits de banchages et de feuillages. La célèbre Lucy, délicieuse australopithèque âgée de 3 millions d'années, se comportait ainsi, dormant près des étoiles et dans une sécurité douillette.

Des changements d'environnement imposent des climats plus secs en Afrique entre 3 et 2,5 millions d'années. Les communautés écologiques changent, s'adaptent et, parmi les descendants des australopithèques, apparaissent les premiers hommes, notamment les *Homo ergaster*. Ils construisent les premiers camps de base, avec des abris, dont on retrouve les vestiges sur les berges et les plages des fleuves. On parle bientôt de foyers avec l'usage du feu. Ce n'est que plus tard, vers 1 million d'années, que les hommes aménagent les abris sous roche et les entrées des cavernes, là où il y en a et si leur orientation est bien exposée. Mais il n'y a pas de grottes partout où vivent ces hommes préhistoriques et, bien que les traces archéologiques soient ténues, ils maîtrisent et organisent de mieux en mieux leurs habitats. On peut même évoquer la naissance de constructions architecturales avec les « cabanes » montées avec divers ossements et défenses de mammouth dans les vastes plaines d'Europe centrale il y a vingt mille ans. Depuis leur origine, les hommes n'ont cessé de construire pour se protéger de la nature. Ils ont dû inventer et édifier des abris, puis des cabanes, plus tard de grandes huttes, des villages et des cités de plus en plus importantes, jusqu'aux mégapoles d'aujourd'hui et celles annoncées de demain, puisque d'ici 2050, entre 60 à 80 % de la population mondiale sera citadine. Pendant des millions d'années, les hommes ont consacré une grande partie de leur génie technique à construire des habitats pour se protéger de la nature.

Depuis trente ans, l'homme semble avoir accepté le fait qu'il ne pourra jamais totalement maîtriser la nature et qu'il lui faut plutôt construire en respectant l'environnement. C'est un véritable retournement de la pensée entre un habitat qui protège de la nature à un habitat qui protège la nature. C'est ce qu'on appelle, de façon intellectuelle, un changement de paradigme, et cela concerne toutes nos actions.

ÉVOLUTION ET DÉVELOPPEMENT DURABLE

Jamais il n'a été autant question d'évolution et d'adaptation[2]. Qu'on le veuille ou non, il y a toujours évolution, et pour deux raisons principales. La première, à cause d'événements sur lesquels nous n'avons aucune emprise et qu'on appelle des catastrophes ; hier comme aujourd'hui, ce sont les volcans, les météorites, les courants marins, etc. La seconde découle de la compétition au sein des communautés écologiques, que nous nommons la reine rouge, d'après *De l'autre côté du miroir* de Lewis Carroll, où la reine explique qu'« il faut toujours courir le plus vite possible pour rester à sa place ». Il en est toujours allé ainsi pour l'évolution de toutes les lignées du monde vivant. Mais il faut dorénavant compter avec les changements provoqués par les activités humaines ; autrement dit, nous devons nous adapter aux conséquences de nos propres activités et à un rythme jamais connu. Cette troisième cause est celle-là même qui menace notre espèce.

Le débat n'est pas récent. On peut lire une version désopilante du progrès technique et de ses conséquences dans *Pourquoi j'ai mangé mon père ?* de Roy Lewis. Il y a aussi la querelle entre Rousseau et Voltaire après le tremblement de Terre de Lisbonne en 1755. Rousseau clame que les tremblements de terre n'ont jamais tué personne avant l'invention des cités ; Voltaire répond qu'il appartient à la connaissance et à la science de prévoir les catastrophes et de construire en conséquence. Tous les deux ont raison, bien que Rousseau évoque le courant actuel de l'écologie profonde, très antihumaniste, et ignorant que l'évolution ne revient pas en arrière. Voltaire est confiant dans le progrès, mais c'est sans compter sur certains aspects de la « nature humaine », comme le rappelle le sinistre du tremblement de terre des Abruzzes. Trop de bâtiments se sont effondrés parce que les normes antisismiques n'ont pas été respectées.

Comment appréhender les changements en cours[3] ? Nous sommes toujours confrontés au même débat, aujourd'hui dans le cadre des problématiques du développement durable, souvent mal présentées. Il commence avec l'édition des travaux du Club de Rome en 1972, intitulé *The Limit of Growth*, publié par le prestigieux MIT, qui n'a rien d'un refuge d'écologistes antiprogressistes. Mais le titre français *Halte à la croissance* distille un autre message fallacieux. Si on ajoute à cela une certaine idée politique de l'écologie en Europe – que l'on peut partager ou pas ; là n'est pas la question –, il en ressort une perception radicale qui, pour certains, conduit à des formes modernes d'antihumanisme, ce que fustigeait Luc Ferry[4]. En simplifiant, toute critique de nos modèles économiques faisant référence à l'environnement est perçue comme motivée par des considérations politiques et idéologiques, passant à côté des véritables enjeux. S'il est un fait que les problématiques du développement durable s'enracinent sur des considérations liées à la détérioration de notre environnement – matières premières, surpopulation, pollution, désertification, déforestation, climat, accès à l'eau, biodiversité, etc. –, le monde économique s'est joint à ces discussions depuis le sommet de Rio de 1992, avec aussi l'émergence des questions sociétales. Désormais, ces trois piliers du développement durable – les trois E : environnement, économie et équité sociale – sont indissociables, ce qui autorise évidemment des approches très différentes.

Depuis la dernière campagne présidentielle en France, et l'initiative du pacte écologique de Nicolas Hulot, l'écologie est au cœur des enjeux politiques et de la société. Le Grenelle de l'environnement a permis des échanges entre des acteurs qui s'ignoraient. Le grand changement vient du fait que prendre l'environnement en considération n'est plus perçu comme une contrainte, mais comme une source d'innovations technologiques, économiques, éducatives et politiques[5]. Il en est exactement ainsi dans l'évolution, à savoir que les contraintes, notamment celles imposées par le plan de construction de nos organismes au cours de notre ontogenèse, sont aussi sources d'innovations, et pas des moindres comme notre bipédie ou le langage. On voit bien que chez l'homme tout changement passe d'abord par les représentations. En effet, j'ai montré dans *Lucy et l'obscurantisme* que les attitudes envers l'évolution et le développement durable sont fondamentalement les mêmes, puisqu'il s'agit de penser nos rapports à l'environnement passé, présent ou futur. Les créationnistes récusent l'évolution et refusent les accords de Kyoto. Les partisans du dessein intelligent et du progressisme contestent le réchauffement climatique causé par les activités humaines. Enfin, il y a les évolutionnistes contestés par les précédents, et pourtant il s'agit bien d'évolution.

Or on lit beaucoup de remises en cause à propos du développement durable et des mesures envisagées contre le réchauffement climatique. L'idée est que cela risque de nuire à la compétitivité des entreprises européennes. Est-ce si certain au moment où la Californie adopte des décisions démocratiques importantes en ce sens, sans oublier la Chine qui prend conscience des implications à court terme ? Les pays qui traversent le mieux la crise actuelle sont ceux qui sont déjà dans les problématiques du développement durable. Pourquoi ? Parce qu'en ayant une vigilance constante sur les aspects économiques, sociaux et environnementaux, ils sont à même de proposer de nouvelles solutions et de les justifier. C'est l'évolution consciente.

COMMENT ÉVOLUER[6] ?

En termes d'adaptation, il existe deux stratégies extrêmes : les stratégies quantitatives dites r et les stratégies qualitatives dites K. Les stratégies r sont celles d'un environnement sans contraintes, avec pour seule attitude de se reproduire au plus vite, pour un investissement parental limité : c'est le cas des rongeurs et de leurs prédateurs. Mais il arrive toujours un moment où les ressources atteignent leurs limites. Il s'ensuit une période sévère de sélection. Ce fut la stratégie nécessaire pour répondre à la crise du logement dans les années 1960 ; c'est ce qu'ont fait récemment les Espagnols avec le bétonnage hallucinant de leurs côtes grâce au crédit facile. L'autre stratégie, dite K, se manifeste dans des conditions de forte compétitivité. Elle mobilise l'investissement sur l'éducation, la protection et la culture. C'est le cas des grands singes et des hommes : un seul petit après une longue gestation, un long rapport à la mère et au groupe, l'apprentissage de savoir-faire, etc. On fait donc un pari sur la qualité et la capacité à s'adapter. Cette stratégie nous a permis, à nous les grands singes actuels et passés, de survivre face à l'expansion des autres singes. C'est la course de la reine rouge.

Face à une crise, une attitude consiste à se recroqueviller, à protéger les acquis en demandant des décisions protectionnistes. Cela peut aider un temps, mais jamais longtemps, car l'isolement dans l'évolution, c'est l'avant-dernière étape avant l'extinction. L'attitude protectionniste est par nature antiadaptative et, à moins qu'il en soit ainsi dans les autres communautés écologiques ou sociétés, cela ne perdure jamais. L'autre attitude, aussi difficile que nécessaire, consiste à s'engager dans une stratégie qualitative. Et c'est bien ce qu'on lit et entend à propos de l'innovation. L'alternative est soit de subir la crise et de considérer que le Grenelle de l'environnement impose de nouvelles contraintes ; soit par exemple de construire des habitats de haute qualité énergétique et environnementale, et donc de revaloriser et de faire évoluer les métiers en leur assignant de nouvelles compétences (stratégie K). Même nos plus talentueux architectes se trouvent confrontés aujourd'hui à ces nouvelles problématiques, certains se voyant d'un coup vivement critiqués. Il ne suffit plus de faire beau et audacieux sans considération des impacts sur l'environnement.

Le développement durable accouche d'une nouvelle éthique de responsabilité.

DU PASSÉ ET DE L'AVENIR

Les sciences de passé contribuent à la compréhension des enjeux du présent. Le titre du livre de Jared Diamond, sur l'essor et le déclin des sociétés du passé, est explicite : *Effondrement : comment les sociétés décident de leur survie ou de leur disparition*[7]. Les contempteurs des réflexions actuelles sur un changement de paradigme arguent du fait que le modèle sur lequel nous continuons est bon, puisqu'il a permis un formidable progrès. Là n'est pas la question. Elle est de savoir si ce modèle est viable pour notre avenir à tous. Il faut bien comprendre qu'il ne s'agit pas de remettre en cause notre passé récent, mais de comprendre que le modèle de développement que nous avons connu depuis la Seconde Guerre mondiale – époque à laquelle s'est forgé le concept de développement – a été une innovation en son temps, mais que les temps ont changé. Comme le rappelle Darwin, « ce n'est pas l'espèce la plus forte ou la plus intelligente qui survit ; mais celle capable de s'adapter ». Les espèces ne disparaissent pas à cause de leurs faiblesses, mais souvent à cause de leur point fort ; l'homme risque de payer fort cher son arrogance.

On entend aussi des contestataires des problématiques du développement durable affirmer qu'on peut continuer ainsi car, grâce à son génie, l'homme trouvera toujours des solutions techniques. Il ne fait aucun doute que les innovations technologiques et techniques de demain contribueront à notre adaptation, mais à condition qu'elles s'inscrivent dans une autre vision du monde. Il y a trente-huit mille ans, les hommes de Neandertal et de Cro-Magnon cohabitaient en Europe. Moins de dix mille ans plus tard, les premiers ont disparu. On attribue le succès de Cro-

Magnon, donc de notre espèce, à sa supériorité technologique : outils de silex sur lames, armes de jet, harpons et aussi art, etc. Est-ce aussi simple ? Car, auparavant, ces deux espèces d'hommes se rencontraient au Proche-Orient, entre cent mille et cinquante mille ans, sans que l'une prenne avantage sur l'autre. Les innovations technologiques de Cro-Magnon suffisent-elles à expliquer notre succès ? Certainement pas. Car, chez nos ancêtres, ces innovations étaient au service d'une vision du monde. C'est cette vision, avec ses valeurs, qui les a amenés à faire ce qu'aucun animal n'a jamais pu faire, s'installer partout dans le monde. C'est cette vision qui les a portés au-delà de l'horizon vers l'Australie, les Amériques et les Nouveaux Mondes. Aujourd'hui, notre horizon est la Terre, une utopie qu'il serait grand temps de réaliser. Hier comme aujourd'hui, et en accord avec le philosophe Fernando Savater, « la seule véritable entreprise de l'homme est de s'inventer lui-même » ; et l'anthropologie évolutionnaire participe de ce qui est encore loin d'être un principe d'humanisation.

Évolution de l'homme et finitude : réflexion sur l'ontologie et l'évolution

L'actualité au printemps 2010 a pris un petit air de fin de monde. À cause d'un volcan au nom de terrible divinité chtonienne et nordique – Eyjafjallajökull – qui a craché un nuage de cendre sur l'Europe. Le trafic aérien en a été perturbé, l'activité économique aussi et, encore plus grave, les déplacements des vacanciers. À cela se sont ajoutées quelques revendications affectant la circulation des trains. Et pourtant, il ne s'agissait que d'une petite éruption volcanique et de mouvements sociaux très limités. Voilà donc que nos pays riches et paisibles comme jamais dans l'histoire de l'humanité se crispent à cause de petits événements.

Quelle différence avec l'ampleur des bouleversements naturels et sociaux des années 1780. En juin 1783, le volcan Laki d'Islande déchire la terre sur plus de vingt-cinq kilomètres et entre dans une éruption alimentée par plus de cent cratères pendant plus de six mois. Un quart de la population de l'île meurt directement, ainsi que plus de la moitié du cheptel. Un énorme nuage rougeâtre de gaz rempli d'acide fluorhydrique et de dioxyde de soufre recouvre l'Europe de Lisbonne à Saint-Pétersbourg. Des dizaines de milliers de personnes meurent de complications respiratoires. Le climat est perturbé pendant plusieurs années et les récoltes deviennent très irrégulières, parfois abondantes, plus souvent dévastées. La Révolution française de 1789 n'est pas loin et certains historiens évoquent le « volcan de la Révolution ». Est-ce qu'une seule éruption volcanique peut provoquer un tel séisme social et politique ?

Hier comme aujourd'hui, cette question fait l'objet de vives controverses. Entre ceux qui, d'un côté, considèrent que la nature se venge et représente toujours un danger pour l'homme et ceux qui, d'un autre côté, pensent qu'il s'est mis lui-même en danger par ses activités non compatibles avec les actions de la nature, deux conceptions tout aussi infondées des rapports de l'homme à la nature s'opposent. Comme on l'a vu, la dispute n'est pas nouvelle. Elle a émergé au cœur du siècle des Lumières avec la controverse entre Voltaire et Rousseau à propos du terrible tremblement de terre de Lisbonne de 1755 et le rapport de l'homme à Dieu, à la nature et au progrès.

Si, de nos jours, les acteurs de ces controverses connaissaient un peu mieux l'évolution en général, en l'occurrence ses mécanismes, et plus précisément les contingences de l'histoire de la vie comme de celles des sociétés humaines, nous pourrions dépasser des oppositions de principe qui viennent moins des sciences que d'autres modes de pensée (philosophies/sciences humaines, religions/théologies, croyances/mythologies). La nature n'est ni bonne, ni mauvaise – elle est amorale – et, quant à l'homme, il n'a pas toujours été sur la Terre et il disparaîtra ou se transformera sur une Terre qui, de toute façon, disparaîtra un jour, tout comme l'Univers, que nous connaissons encore si mal. Voilà ce que nous disent les sciences actuelles de la vie, de la Terre et de l'Univers. Dans cette perspective, que devient la notion de finitude quand on sait que, depuis Darwin et Einstein, rien n'est éternel[8] ?

Entre l'éruption du Laki et celle du Eyjafjallajökull, le monde occidental, puis les pays industrialisés ont connu un développement sans précédent d'un point de vue politique, social, économique, scientifique, technologique et militaire, assurant une domination sans précédent sur le monde et, croit-on encore, sur la nature. Aujourd'hui, cette situation est mise en doute à cause des pays dits émergents. L'Occident, et tout particulièrement l'Europe, s'adapte assez mal à cette « mondialisation », encore grisé par le demi-siècle de prospérité, de paix, de développement économique et social, d'augmentation de l'espérance de vie et d'amélioration de la santé depuis la Seconde Guerre mondiale. Car les avatars de la finitude se rappellent à nous : la Terre est toute petite, ses ressources non renouvelables s'épuisent, celles renouvelables n'ont plus le temps de se renouveler (ressources halieutiques, déforestation, biodiversité, etc.), l'espérance de vie est proche d'atteindre ses limites. Et, pour couronner le tout, certains démographes pensent que l'espèce humaine se met elle-même en danger de survie si la tendance se poursuit de faire de moins en moins d'enfants[9], alors qu'un quart de la population mondiale ne mange pas à sa faim. Nous sommes dans un monde fini, que ce soit dans le temps ou dans l'espace, et la finitude se rappelle à nous.

Traiter de la finitude pour un spécialiste des origines de la lignée humaine n'a rien d'évident, d'autant que la tradition du discours « évolutionniste » a presque toujours été de présenter l'histoire de la vie comme un schème téléologique tout orienté vers l'émergence de l'homme. Ainsi, répondre à la question des commencements s'accommode fort bien d'une position cosmique et centrale de l'homme, donc d'une cause finale[10]. La vraie question qui intéresse l'anthropologue évolutionniste est : et après ? Que signifie la finitude dans un cosmos qui ne cesse d'évoluer entre un Big Bang énigmatique et un Big Crunch incertain ? À la réflexion de Pascal qui s'interroge sur la position de l'homme entre l'infiniment petit et l'infiniment grand s'ajoute celle de notre existence entre un système solaire vieux de 4 milliards d'années et une fin annoncée dans 4 autres milliards d'années.

L'ONTOLOGIE ET LA FINITUDE FACE À L'ÉVOLUTION

La finitude est un concept lié à l'idée de mort, de la fin de la vie pour les mortels. Cela semble évident pour l'homme, mais la conscience de la mort, de la perte d'un être connu ou cher, n'implique pas nécessairement la notion de finitude. Dans l'état actuel des connaissances, les chimpanzés et d'autres espèces K – comme les éléphants et quelques cétacés – dotées d'une longue espérance de vie, d'une longue enfance et d'une vie sociale intense se comportent de façon particulière quand l'un des leurs décède. Ils ont conscience qu'il ne vit plus, ce qui n'implique pas forcément l'idée de finitude. Pourtant, c'est bien parce que la vie a une fin que nous tentons de lui attribuer un sens, que nous tentons d'agir. L'existentialisme athée impose d'avoir une vie tandis que toutes les formes de croyances métaphysiques proposent une diversité d'ontologies en relation avec les éléments du cosmos ou des entités surnaturelles, des esprits, des divinités et des dieux susceptibles de nous offrir un autre devenir (métempsychose, réincarnation, vie éternelle, avatars, etc.).

À cet égard, l'ontologie du monde occidental contient une idée radicale de finitude, puisqu'elle affirme qu'on n'a qu'une vie, de même que le cosmos a un commencement et une fin. La finitude est un fardeau ontologique qui est le facteur d'angoisse des grands monothéismes.

Philippe Descola, dans le très grand livre qu'est *Par-delà nature et culture*, proposait d'ordonner les cosmologies des peuples de la Terre selon quatre types fondamentaux d'ontologies. Son « carré ontologique » se fonde sur les quatre façons possibles de placer notre intériorité et notre matérialité en relation avec le cosmos ou, en d'autres termes, notre esprit et notre corps avec les entités identifiées du monde qui nous entoure et auxquelles nous donnons du sens.

Une première ontologie identifie mon esprit et mon corps à une entité le plus souvent appelée totem : c'est le *monisme*. Je fais corps et âme avec mon totem, ainsi que les membres de mon clan. Son opposé, l'*analogisme*, postule qu'une entité du cosmos est apparue avec moi et disparaîtra avec moi ; l'astrologie, la numérologie, les runes et la diversité des arts divinatoires en sont les expressions les plus connues. L'*animisme* voit la nature comme un seul et même esprit, et je ne diffère des autres entités du cosmos que par mon corps ou par ma structure. Son ontologie symétrique est le *dualisme* ou *naturalisme*, qui admet que mon corps ou ma matérialité soient partagés avec les autres formes de la nature, mais que je diffère par mon esprit, mon âme, ma conscience, ma raison, etc.

La démarche de Descola n'a rien de réductionniste, et il est évident que ces différentes ontologies peuvent se retrouver dans différentes cultures et peuvent exercer plus ou moins d'influence au cours de leur histoire respective. Le dualisme est l'ontologie dominante de l'Occident que l'on retrouve au travers de ses grands modes d'interrogation du monde, que ce soient les religions, les philosophies et même les sciences, et tout particulièrement les sciences humaines, qui campent sur le postulat nature/culture, animal/homme, inné/acquis. Cependant, les cultures « païennes » recourent volontiers à l'analogisme autour de toutes les formes d'art divinatoire terminées par le suffixe -mancie ; la liste est aussi longue que celle des espèces de primates et il suffit de regarder les annonces dans la presse et sur Internet. L'animisme reste assez anecdotique dans la culture occidentale, plutôt bon enfant quand d'aucuns attribuent une intention ou une « personnalité » à leur machine, plus troublant quand il s'agit de transferts affectifs et anthropomorphiques avec les animaux. Le monisme reste peu répandu, sauf chez certains philosophes et théologiens accusés de « panthéisme » ou de « réductionnisme matérialiste », ce qui ne manque pas de soulever de graves contradictions avec l'anthropologie évolutionnaire, surtout lorsqu'elle s'intéresse aux origines de nos capacités cognitives, autrement dit, à notre « esprit ». Car la théorie de l'évolution est fondamentalement « moniste », ce qui explique la résistance qu'elle rencontre encore face au dualisme fondamental des grands monothéismes, des philosophies spiritualistes, essentialistes et liées à la métaphysique et aussi en sciences, notamment en sciences humaines.

Quant à la France, fille aînée de l'Église et de la psychanalyse, son dualisme viscéral refuse encore certains aspects de la théorie darwinienne et l'éthologie, préférant s'en remettre à l'analogisme. Le concept d'hominisation forgé par Teilhard de Chardin reprend à la fois l'analogisme et le dualisme. Il s'appuie sur l'échelle naturelle des espèces. Ce genre de fable analogique a encore beaucoup de succès. Quant à la pensée catholique, qui a récusé sévèrement en son temps la théologie cosmique de Teilhard, elle s'en accommode fort bien de nos jours. Dans cette conception, l'évolution est un processus fini, l'histoire de la vie étant subsumée par celle de nos vies et de leur fin inéluctable. L'homme en est l'horizon indépassable.

L'idée d'une histoire de la vie qui dépasserait l'homme reste certainement la plus inexplorée, car toutes les cosmologies et leurs ontologies associées sont fondamentalement anthropocentriques. À cet égard, les thèmes du style *new age* n'y échappent pas, pas plus que toutes les formes de posthumanisme et de transhumanisme qui ne pensent qu'à une « amélioration » de l'homme au moyen de divers artefacts techniques. La nature ne dépasse pas l'horizon de l'homme et d'autres horizons ne sont possibles que grâce à des modifications de l'homme de l'ordre de la technique. Ainsi, qu'il s'agisse des cosmogonies anciennes ou postmodernes, on est confronté à des perceptions anthropocentrées du monde et, par conséquent, à la fois non évolutionnistes et non écologiques, en tout cas hostiles, rancunières, insatisfaites de cette condition terrestre qui, comme nous allons le voir, provient d'une longue évolution dénuée de toute finalité.

Ces quelques remarques expliquent pourquoi celles et ceux qui dénoncent et alertent sur les conséquences de nos activités sur l'avenir de l'humanité sont vilipendés et décrits comme les cavaliers d'une apocalypse annoncée, comme Al Gore, Yann Arthus-Bertrand, Nicolas Hulot, Coline Serrault, Leonardo DiCaprio ou même le prince Charles. Il est vivement recommandé de terminer leurs témoignages par un message teinté d'optimisme et, pour l'avoir oublié, Nicolas Hulot a été méchamment critiqué pour son dernier film. Passe encore qu'un grand témoin comme Théodore Monod publie son constat comme une interrogation (pourtant sans grand espoir[11]). Cela devient plus difficile pour Yves Paccalet[12]. On peut critiquer les activités des hommes, mais surtout ne pas faire de l'antihumanisme, comme les partisans de l'écologie radicale, soulevant l'ire de philosophes comme Luc Ferry[13]. L'idée de faire savoir qu'il a existé des mondes d'avant les hommes n'a pas été une mince affaire pour les géologues et les paléontologues de la fin du XVIIIe et du début du XIXe siècle ; on n'est pas encore sorti d'affaire en ce qui concerne l'homme et ce que sera l'avenir de la vie sur la Terre qui, à un moment ou un autre, sera sans les hommes, avec la question de sa responsabilité.

L'ÉVOLUTION ET LA NON-FINITUDE

La théorie de l'évolution est une théorie scientifique, et donc matérialiste, du changement dans la nature. On commente trop peu le titre du livre de Darwin : *L'Origine des espèces au moyen de la sélection naturelle.* Il rompt avec un long consensus entre la science et la métaphysique. Depuis Galilée, la question des causes premières, c'est-à-dire celle des origines et de l'émergence, était du domaine de la métaphysique – théologie et philosophie –, tandis que les sciences s'occupaient des causes secondes, autrement dit de la nature, de ses phénomènes et de ses lois. Darwin a parfaitement conscience qu'il commet un « meurtre », selon sa propre expression, celui de la métaphysique, puisque la question des origines – celle des espèces, dont l'homme – est appréhendée par des causes matérialistes ; en l'occurrence la sélection naturelle. C'est donc une rupture fondamentale avec le dualisme occidental.

Revenons une fois de plus sur ce qu'est l'évolution. Le mécanisme de la sélection naturelle repose sur trois faits objectifs que personne n'a jamais contestés : premièrement, chez les espèces sexuées les individus sont différents les uns des autres ; deuxièmement, les caractères qui les différencient sont en partie héréditaires ; troisièmement, un facteur limite les effectifs des populations qui, sinon, envahiraient toute la Terre. En effet, au cours de son long voyage, Darwin avait observé que dans tous les écosystèmes visités, jamais une population d'une espèce ne tendait à supplanter les autres.

La sélection naturelle résulte d'une interaction entre la disponibilité des ressources et les effectifs des populations, une idée inspirée de Thomas Malthus. Plus largement, les individus sont confrontés aux facteurs de l'environnement avec leurs différences : parasitisme, résistance aux agents pathogènes, accès et tolérance aux nourritures, capacité d'échapper aux prédateurs, d'accéder à des partenaires sexuels, possibilités de s'abriter et de se défendre. La sélection naturelle n'a rien à voir avec la « loi du plus fort » ou la « survie du plus apte » ; des idées caricaturales forgées par Herbert Spencer. Cela signifie que certains individus laissent une plus grande descendance que d'autres : c'est le succès reproducteur différentiel.

Pour les animaux, ce succès reproducteur dépend de nombreux facteurs : les caractères génétiques, immunologiques, physiologiques, morphologiques, cognitifs et éthologiques ; mais aussi de la chance, d'opportunités et d'événements aléatoires, voire catastrophiques, comme l'arrivée inopinée d'une météorite. Tous ces facteurs tissent une trame complexe de contingences.

Il y a toujours évolution en raison de trois facteurs. D'abord à cause d'événements majeurs, parfois de grande amplitude, qui n'ont rien à voir avec la vie – sauf peut-être pour ses origines – et qui interfèrent avec son histoire : les catastrophes. Elles peuvent être d'origine extraterrestre – météorites, activité solaire, position de la Terre autour du Soleil et ses cycles qui rythment les glaciations – ou terrestre – tectonique des plaques et ses conséquences : volcanisme, tremblements de terre, modification des courants océaniques. Les sciences actuelles connaissent de mieux en mieux les lois déterministes et physiques qui régissent tous ces phénomènes naturels, certains étant mieux connus que d'autres, et sans que l'on puisse toujours faire des prédictions fiables sur leur occurrence. D'autre part, le fait que ces phénomènes sont indépendants les uns des autres provoque l'émergence du « hasard », le sens de hasard n'évoquant pas l'idée de n'importe quoi à n'importe quel moment en l'absence de toute contrainte, mais des circonstances qui échappent à toute loi déterministe d'un système par rapport aux autres. L'histoire de la vie recense une longue série de catastrophes qui eurent des effets considérables sur la biodiversité passée, comme les cinq grandes extinctions majeures, et qui façonnèrent l'arbre de la vie. Ainsi, la météorite qui a heurté la Terre à la fin du Crétacé n'a pas eu pour conséquence d'éliminer les dinosaures. En fait, elle a provoqué l'extinction de certaines lignées et pas d'autres tout en favorisant l'expansion de lignées déjà existantes depuis longtemps, mais dominées jusque-là. Une lignée de dinosaures – les archosaures – a donné les oiseaux, deux fois plus nombreux de nos jours que les mammifères ; quant à ces derniers, ils se sont déployés, tout comme les plantes à fleurs et à fruits, les angiospermes. Pas de chance pour certains ; de nouvelles opportunités pour les autres.

La deuxième raison qui fait qu'il y a toujours évolution est directement liée aux interactions entre les espèces, plus précisément des populations de différentes espèces au sein des communautés écologiques. On retrouve divers mécanismes comme la sélection naturelle et la dérive génétique, ce qu'on appelle joliment la reine rouge. Les populations n'évoluent pas d'elles-mêmes – ce qui serait du vitalisme –, mais par le jeu du succès reproducteur différentiel en rapport avec les agents pathogènes, les prédateurs, les défenses et les protections des plantes, etc. Il s'agit d'une coévolution ou de l'évolution des populations des différentes espèces qui composent une communauté écologique. Un des exemples les plus connus, et qui intéresse les origines et l'évolution de la lignée humaine, concerne les interrelations entre les arbres à fleurs et à fruits, les insectes butineurs de fleurs et les insectes ravageurs de feuillages, les oiseaux et surtout les singes qui dispersent les graines et les noyaux, sans oublier les singes mangeurs de feuilles.

La troisième raison est récente et provient des activités humaines. L'homme, comme toutes les espèces, fait partie de communautés écologiques et, par ses activités, influence l'évolution de ces communautés. Il en va ainsi aussi avec les chasseurs-collecteurs, le mythe rousseauiste et idéaliste d'une nature en équilibre étant évidemment antinomique avec le principe de la reine rouge. Or l'expansion de notre espèce *Homo sapiens* depuis cinquante mille ans se solde par un bilan désastreux avec la disparition des autres hommes – Neandertal, Solo, Flores et d'autres –, puis des mégafaunes d'Australie et des Amériques, plus récemment des grands oiseaux des îles et, au cours du demi-siècle passé, un taux d'extinction mille à dix mille fois supérieur à celui des grandes extinctions connues. La sixième extinction en cours est provoquée, pour la première fois dans l'histoire de la vie, par une espèce et n'est pas la conséquence d'une catastrophe due à des facteurs naturels non biologiques.

La forte tradition dualiste de la pensée occidentale postule une dichotomie entre nature et culture qui entretient une idée fausse : celle d'une évolution de l'homme pensée comme un combat qui finit par le libérer d'une nature source de tous ses maux. L'idée de progrès, portée par les avancées de la médecine, l'illustre parfaitement. L'outil, le feu et l'homme prométhéen nourrissent cette idée, comme on le voit de façon fulgurante dans *2001 : l'Odyssée de l'espace* de Stanley Kubrick, en 1968, époque encore pleine d'insouciance, avant que le Club de Rome n'avertisse le monde que, si nos modèles économiques ne changeaient pas, nous nous dirigions vers des difficultés parce que les ressources de la Terre sont limitées. Comment le croire alors que la conquête de l'espace ouvrait un avenir illimité avec la Lune comme marchepied[14] ?

L'une des plus grandes avancées de l'humanité provient de l'invention des agricultures, socle de toutes les civilisations. Il s'agit d'une révolution économique accompagnée de nouvelles représentations du monde qui donnent les grandes religions et de grands systèmes de pensée. Les notions de vie, de mort et de finitude deviennent encore plus diverses, bien que certaines prétendent être universelles. Cependant, cette grande avancée sur le chemin d'un progrès universel passe par l'invention des guerres et, ce qui est moins connu, par l'émergence de nouvelles maladies issues des relations étroites entre les hommes et les animaux domestiqués, comme l'apparition de processus de sélection provoqués par des choix alimentaires dont la diversité ne cesse de décroître. C'est aussi de la coévolution, avec ici des interactions entre des espèces sélectionnées par les hommes et aussi des conséquences rétroactives des activités humaines.

Depuis le Néolithique, la taille corporelle moyenne augmente, comme celle du cerveau et aussi l'espérance de vie. Toutes les grandes maladies – peste, variole, grippes, choléra – se sont développées à la faveur de ces nouvelles activités humaines, de la concentration des populations dans des villes et de modes de circulation toujours plus rapides et frénétiques. Les progrès de la médecine au XXe siècle ont laissé croire que nous maîtrisions toujours mieux les risques d'épidémie – ce qui est vrai –, mais nous sommes confrontés à de nouvelles maladies provoquées par nos changements de mode de vie : on vit plus longtemps, mais il y a les maladies neurodégénératives ; la diététique s'affine, mais le taux d'obésité est effarant ; les risques d'infarctus restent le premier facteur de mortalité à cause de nos modes de vie trépidants et nos productions industrielles comme leurs usages provoquent des cancers[15]. Non seulement nous ne sommes pas à l'écart des mécanismes de sélection, mais nous devons nous adapter de plus en plus vite aux effets négatifs de nos propres activités. On redécouvre que nos vies ont une limite qu'en plus nous érodons ces gains chèrement acquis en moins d'un siècle.

DE L'INDIVIDUALISME AUX GÉNÉRATIONS FUTURES

Le naturalisme occidental soutient une ontologie qui nous précipite dans un abîme d'individualisme, ce qui nous amène à ne plus considérer ce qui est hors de nous, par une sorte d'invagination ontologique. Pour Peter Sloterdijk, « notre culture est allée trop loin en parlant du sujet humain seul ». De saint Augustin à Heidegger, en passant par Descartes, se construit une ontologie qui situe notre intériorité par-delà toute nature, de l'homme face à son créateur à l'image de l'homme dans sa clairière ontologique. Si le mythe de la Création décrit un monde mis en place pour recevoir l'homme, celui de la clairière le dégage de la nature. En d'autres termes, la nature d'avant les hommes ne participe pas de l'homme et ce que pourrait être la nature après lui sort de sa sphère ontologique. Telle est la finitude, même pas un trait d'union entre une nature d'avant et une autre d'après les hommes, mais un passage ontologique accidentel hors de la nature. La finitude nourrit une quête égocentrée du salut qui n'a que faire du monde.

Depuis quand les hommes se préoccupent-ils d'interroger le sens de la vie et la mort ? L'archéologie préhistorique témoigne de rituels vieux de quatre cent mille ans, comme à Atapuerca, au nord de l'Espagne. Ces hommes étaient des ancêtres des néandertaliens, une lignée humaine qui s'est séparée de la nôtre il y a plus de cinq cent mille ans. Cela signifie que se préoccuper de la vie et de la mort remonte au moins aussi loin qu'au dernier ancêtre commun à Neandertal et à nous. Contrairement à la longue tradition de la pensée occidentale qui ne concevait qu'un seul homme digne de ce nom face à son Créateur et conscient de sa finitude, plusieurs espèces d'hommes ont été animées de cette interrogation ontologique. D'un point de vue évolutionniste, cela signifie que l'idée de finitude émerge bien avant notre espèce *Homo sapiens*, qu'elle se décline dans une diversité ontologique à jamais disparue et, qu'en ce qui concerne notre espèce, la diversité des ontologies dont Philippe Descola propose une systématique découle d'une histoire naturelle, c'est-à-dire du déploiement sur la Terre des populations d'*Homo sapiens* depuis plus de cinquante mille ans[16]. Il s'agit bien d'une histoire naturelle puisque les populations humaines se déplacent avec leurs gènes, leurs langues et leurs cosmogonies, ce qui explique que les arbres de parenté entre les gènes et les langues se superposent magnifiquement. Jamais une espèce n'a entrepris une telle aventure, peuplant tous les écosystèmes, mais sans se rendre compte que la Terre est une petite planète finie, jusqu'au choc de 1492 entre l'Ancien et le Nouveau Monde[17].

Les grands voyages effacent à jamais l'idée de paradis terrestre, si ce n'est quelques rêves rousseauistes et, au XIXe siècle, la quête de mondes perdus qui, quant à eux, suscitent d'autres angoisses, comme l'exprime puissamment la nouvelle de Joseph Conrad intitulée *Le Cœur des ténèbres*. Entre ces paradis fantasmés – avec la quête de la jouvence éternelle – et ces « voyages au bout de l'enfer », le monde occidental connaît une expansion considérable, guidé par l'idée de progrès qui, à défaut de vie éternelle, nous entraîne dans une jeunesse prolongée et qu'on nous promet encore plus longue. Un progrès sans limites jusqu'à l'éveil des consciences écologiques des années 1970. Nous en sommes là aujourd'hui, depuis le choc pétrolier de 1973 à la catastrophe non naturelle en cours dans le golfe du Mexique.

L'expansion d'*Homo sapiens* se solde par un bilan désastreux. Elle commence par la disparition des autres espèces d'hommes entre trente mille et douze mille ans ; puis, ce sont les grands mammifères d'Australie et des Amériques ; plus tard, les derniers grands mammifères et les oiseaux, aujourd'hui la sixième grande extinction. (Mais rien n'y fait, comme le rappelle le sommet de Copenhague de novembre 2009 sur le réchauffement climatique ou le dernier forum de Doha, en avril 2010, sur le commerce des espèces.) Depuis quelques dizaines de millénaires et avec une accélération effrayante depuis moins d'un siècle, *Homo sapiens* a éliminé les espèces les plus proches de lui en termes de parenté évolutive ou d'adaptation ; hier, les autres hommes ; aujourd'hui, les grands singes, nos frères d'évolution. Cela se retourne déjà contre notre espèce puisque les autres peuples dits « autochtones » ou « traditionnels » disparaissent avec leurs écoumènes, leurs langues et leurs cosmogonies. Aujourd'hui, notre succès évolutif efface toute la diversité biologique et culturelle issue de notre histoire naturelle.

Que devient l'idée de finitude devant une fin annoncée ? Pour Claude Lévi-Strauss, témoin au XXe siècle de ce désastre en cours, « la seule chance offerte à l'humanité serait de reconnaître que, devenue sa propre victime, cette condition la met sur un pied d'égalité avec toutes les autres formes de vie qu'elle s'est employée et continue à s'employer à détruire ». À force de croire que nous ne sommes pas des êtres de nature, nous continuons de la dévaster et nous devenons les artisans de notre fin, après avoir été les seuls responsables de notre solitude ontologique.

L'homme actuel n'a pas encore atteint son statut d'*Homo sapiens*, appellation d'origine mal contrôlée. Il n'est peut-être pas inutile de relire Teilhard et son principe ontologique d'hominisation, détourné dans une acception téléologique alors qu'il soutient un impératif de responsabilité, celle d'une espèce qui prend conscience de sa place dans l'histoire de la vie et qui devient responsable de son devenir. La grande nouveauté de notre époque ne serait-elle pas de découvrir que, dans un monde fini, notre salut ne peut être individuel, mais dépend du rapport avec les autres[18]. Les sciences de la vie et de la Terre nous montrent en effet que nous sommes unis par une communauté d'origine et un destin commun dans un monde voué à disparaître. Seulement, comme pour la mort ou la finitude, nous ne sommes pas pressés, et n'oublions pas que l'évolution, ce n'est pas nos ancêtres, ce n'est pas nous, mais notre descendance.

Notes

INTRODUCTION

1. P. Picq, *Lucy et l'obscurantisme*, Odile Jacob, 2007.

2. Voir notamment P. Picq, *Nouvelle histoire de l'homme*, Perrin 2005, grand prix Moron de philosophie et d'éthique de l'Académie française 2006.

PREMIÈRE PARTIE
Trente ans d'une évolution

1
UN CHEMIN VERS LES ORIGINES

1. P. Picq, *L'Évolution de l'articulation temporo-mandibulatoire des hominidés*, CNRS Éditions, 1991.

2. P. Picq, « Les relations biomécaniques entre la face et le cerveau au cours de l'évolution humaine », *Annales Fondation Fyssen*, 3, 1987.

3. P. Picq et W. L. Hylander, « Endo's stress analysis of the primate skull and the functional significance of browridges », *Am. J. Phys. Anthropology*, 79, 1987.

4. W. L. Hylander, P. Picq et K. R. Johnson, « Mechanical stress and the supraorbital region of primates », *Am. J. Phys. Anthropology*, 86, 1991.

5. P. Picq et W. L. Hylander, « La signification fonctionnelle de la région sus-orbitaire et la transition *H. erectus* et *H. sapiens* », *in* M. Toussaint (dir.), *Cinquante mille siècles d'aventure humaine*, ERAUL, 1992.

6. P. Picq, « Les relations biomécaniques entre la face et le cerveau au cours de l'évolution humaine », *op. cit.*

7. S. J. Gould, *Le Pouce du panda*, Grasset, 1982.

8. Pat Shipman, *Les Néandertaliens*, Seuil, 1996.

9. M. Brunet et coll., « A new hominid from the Upper Miocene of Tchad », *Nature*, 879, 2002.

10. B. Senut et coll., « First hominid from the Miocene (Lukeino Formation, Kenya) », *C. R. Acad. sci. Paris*, 332, 2001.

11. M. H. Wolpoff et coll., « *Sahelanthropus* ou *Sahelpithecus* », *Nature*, 419, 2002.

12. P. Picq, *Les Tigres*, Odile Jacob, 2005.

13. P. Picq, « The sociology of *Australopithecus afarensis* », *in* B. Thierry et coll., *Current Primatology*, I, 1994 ; P. Picq et P. Brenot, *Le Sexe, l'Homme et l'Évolution*, Odile Jacob, 2009.

14. P. Picq et coll., « L'utilisation des dents antérieures chez les singes », *C. R. Acad. sci. Paris*, 320, 1995.

15. C.-M. Hladik, « Au bon goût des singes », *in* P. Picq et Y. Coppens (dir.), *Le Propre de l'homme*, Fayard, 2001.

16. C. Boesch et H. Boesch, « Tool use and tool making in wild chimpanzees », *Folia Primat.*, 54, 1999 ; M. Ghiglieri, « Sociobiology of the great apes and the hominid ancestor », *J. Human Evol.*, 16, 1997.

17. C. Boesch et H. Boesch, « Tool use and tool making in wild chimpanzees », *op. cit.* Voir aussi la seconde partie du présent ouvrage.

18. P. Picq, « L'archéologie entre le passé et l'avenir de l'homme », *in* J.-P. Demoule et B. Stiegler, *L'Avenir du passé*, INRAP/La Découverte, 2008.

19. P. Picq, *Au commencement était l'homme*, Odile Jacob, 2003 ; P. Picq et Y. Coppens (dir.), *Le Propre de l'homme*, Fayard, 2001.

20. T. M. White et coll., « *Ardipithecus ramidus* and the paleobiology of early hominids », *Science*, 326, 2009.

21. P. Picq, *Lucy et l'obscurantisme*, Odile Jacob, 2007 ; *Pour la science*, 357, 2007.

22. P. Picq, « Pour une nouvelle pédagogie des sciences de la vie et de la Terre », *Le Monde*, 19 décembre 2009.

2
TRENTE ANS D'AVANCÉES PRODIGIEUSES

1. Y. Coppens, « Les origines de l'humanité », *Pour la science*, hors série, juin 1999.

2. B. Vandermersch, *Les Hommes fossiles de Qafzeh (Israël)*, CNRS Éditions, 1981.

3. A. Walker et R. E. F. Leakey, *The Nariokotome* Homo erectus *skeleton*, Cambridge University Press, 1994.

4. D. C. Johanson et coll., « New partial skeleton of *Homo habilis* from Olduvai Gorge, Tanzania », *Nature*, 327, 1987.

5. E. F. Grine (dir.), *Evolutionary History of the « robust » Australipithecines*, Howthorn, 1988.

6. B. Asfaw et coll., « *Australopithecus gahri* : a new early hominid from Ethiopia », *Science*, 283, 1999.

7. P. Picq, « La signification fonctionnelle de la région sus-orbitaire et la transition *H. erectus* et *H. sapiens* », *op. cit.*

8. M. Brunet et P. Picq, « La grande expérience des australopithèques », *in* P. Picq et Y. Coppens (dir.), *Aux origines de l'humanité*, Fayard, 2001.

9. M. G. Leakey et coll., « New hominid genus from Eastern Africa shows diverse Middle Pliocene lineages », *Nature*, 410, 2001.

10. B. Senut et coll., « First hominid from the Miocene (Lukeino Formation, Kenya) », *op. cit.*

11. M. Brunet et coll., « A new hominid from the Upper Miocene of Tchad », *op. cit.*

12. T. M. White et coll. « *Ardipithecus ramidus* and the paleobiology of early hominids », *op. cit.*

13. L. Gabunia et A. Vekua, « A Plio-Pleistocene hominid from Dmanisi, Georgia, Caucasus », *Nature*, 373, 1992.

14. J. J. Hublin, *in* Y. Coppens et P. Picq (dir.), *Aux origines de l'humanité*, *op. cit.*

15. L. R. Berger et coll., « *Australopithecus sediba* : a new species of homo-like Australopith from South Africa », *Science*, 328, 2010.

16. P. Brown et coll., « A new small-bodied hominin from late Pleistocene of Flores, Indonesia », *Nature*, 431, 2004.

17. P. Picq, « les dessous de l'hominisation », *in* T. Heams (dir.), *Les Mondes darwiniens*, Syllepses, 2009.

18. P. Picq et H. Roche, *Les Origines de la culture : Les premiers outils*, Le Pommier/La Cité des sciences, 2004 ; P. Picq *et al.*, *Les Origines du langage*, Le Pommier/La Cité des Sciences, 2006.

19. P. Picq (dir.), *100 000 ans de beauté*, Gallimard, 2009, t. I.

20. F. D'Errico et coll., *Antiquity*, 72, 1998.

21. D. Baffier, *Les Derniers Néandertaliens*, 1999 ; F. D'Errico et D. Baffier, « Les inventions des derniers néandertaliens », *Pour la science*, dossier 57, 2007.

22. J.-L. Arsuaga, *Le Collier de Neandertal*, Odile Jacob, 2001.

23. P. Picq et H. Roche, *Les Premiers Outils*, *op. cit.*

24. W. Dong, « Récentes découvertes de restes d'hominidés fossiles en Chine du Sud », *L'Anthropologie*, 110, 2006.

25. C. Stringer, « Paleoanthropology. Coasting out of Africa », *Nature*, 405, 2000.

26. Pour un aperçu de ces avancées, voir V. Barriel, *in* Y. Coppens et P. Picq, *Aux origines de l'humanité*, *op. cit.* ; P. Darlu, *in Pour la science*, dossier 57, 2007 ; A. Sanchez-Mazas, *in Pour la science*, dossier 57, 2007.

27. « Chimpanzees sequencing and analysis consortium », *Nature*, 437, 2005.

28. J. Krause et coll., *Curr. Biol.*, 17, 2007.

29. P. Picq et coll., Seuil, 2008.

30. J. Krause et coll., « The complete mitochondrial DNA genome of an unknown hominid from Southern Siberia », *Nature*, 464, 2010.

31. R. E. Green et coll., « A draft sequence of the Neandertal genome », *Science*, 328, 2010.

32. C. Darwin, *L'Autobiographie*, Seuil, 2008.

33. C. Boesch, *The Real Chimpanzee*, Cambridge University Press, 2009.

34. P. Picq, *Au commencement était l'homme*, *op. cit.*

35. C. Boesch, *in* P. Picq et Y. Coppens, *Le Propre de l'homme*, *op. cit.*

36. Aricles dans *Pour la science*, dossier 57, 2007.

37. M. Surbeck et B. Hohmann B., « Primate hunting by bonobos at Liukatale, Salonga National Park », *Curr. Biol.*, 18, 2008.

38. P. Picq et D. Leconte, soirée thématique *Le Singe, cet homme*, Arte/Doc en Stock, décembre 1998.

39. P. Pic et Y. Coppens (sous la dir.), *Le Propre de l'homme*, Fayard, 2001 ; P. Picq et coll., *Les Grands Singes : l'humanité au fond des yeux*, Odile Jacob, 2005.

40. P. Picq, *Lucy et l'obscurantisme*, *op. cit.*

3

L'ÉVOLUTION DE L'ÉVOLUTION

1. P. Tassy, *L'Arbre à remonter le temps*, Christian Bourgois, 1991 ; G. Lecointre et H. Le Guyader, « Classification phylogénétique du vivant », Belin, 2001.

2. P. Tort, « Introduction », *in* C. Darwin [1859], *L'Origine des espèces*, Champion Classiques, 2009.

3. Nombre de contempteurs de la théorie de l'évolution – de Lord Kelvin du temps de Darwin à René Thom à l'époque de Gould – utilisent cet argument, à savoir qu'on ne peut pas expliquer les rythmes de l'évolution par l'accumulation lente et graduelle de mutations à effets phénotypiques limités ; les physiciens et les mathématiciens ne connaissent rien des recombinaisons génétiques et encore moins des rythmes de l'évolution ; les gènes et leurs expressions n'ont rien à voir avec un traitement probabiliste des atomes ou des particules élémentaires.

4. Voir P. Picq, préface à Charles Darwin, *L'Instinct*, L'Esprit du temps, 2009.

5. S. J. Gould, *Et Dieu dit : « Que Darwin soit ! »*, Seuil, 2000.

6. Ce qui suit s'appuie sur un article paru dans *Pour la science* en juillet 2007

7. I. Tattersall, *Petit traité de l'évolution*, Fayard, 2002.

8. P. Picq, *Les Animaux amoureux*, Le Chêne, 2007 ; P. Picq et P. Brenot, *Le Sexe, l'Homme et l'Évolution*, *op. cit*

9. S. J. Gould, et R. C. Lewontin, « The sprandels of San Marco and the panglossian paradigm : A critique of the adaptationnist programme », *Proc. Royal Soc. London*, 205, 1979.

10. S. J. Gould, *La Structure de la théorie de l'évolution*, Gallimard, 2006.

11. S.J. Gould et E. Vrba, « Exaptation : A missing term in the science of form », *Paleobiology*, 8, 1982.

12. S. J. Gould, *La Structure de la théorie de l'évolution*, *op. cit.*

13. D. Dennett, *Darwin est-il dangereux ?*, Odile Jacob, 2000.

14. S. J. Gould et N. Eldredge, « Punctuated equilibre : The tempo and mode of evolution reconsidered », *Paleobiology*, 3, 1977.

15. I. Tattersall, *Petit traité de l'évolution*, *op. cit.*

16. P. Picq, *Darwin et l'évolution expliqués à nos petits enfants*, Seuil, 2009 ; *Id.*, *Les Origines de l'homme expliquées à nos petits enfants*, Seuil, 2010.

17. L. Van Valen, « A new evolutionnary law », *Evol. Theory*, 1, 1973.

18. P. Picq, *Les Animaux amoureux*, *op. cit.* ; C.-M. Hladik et P. Picq, *in* P. Picq et Y. Coppens (dir.), *Le Propre de l'homme*, *op. cit.*

19. M. Kimura, « Evolutionary rate at the molecular level », *Nature*, 217, 1968.

20. R. Dawkins, *Le Gène égoïste*, Odile Jacob, 2003.

21. R. H. McArthur et E. O. Wilson, *The Theory of Island. Biogeography*, Princeton University Press, 1967.

Conclusion
VERS UNE NOUVELLE SYNTHÈSE : L'ANTHROPOLOGIE ÉVOLUTIONNAIRE

1. Élisée Reclus, *L'Évolution, la Révolution et l'Idéal anarchique,* 1898.

2. De Waal, *L'Âge de l'empathie*, Les Liens qui libèrent, 2009.

3. Pascal Picq, *Au commencement était l'homme*, Odile Jacob, 2003.

4. Pascal Picq et coll., *La Plus Belle Historie du langage*, Seuil, 2008 ; Dessalles *et al.*, *Les Origines du langage*, Le Pommier, 2006.

5. Amotz Zahavi, « The cost of honesty. Further remarks on the handicap principle », *J. Theor. Biology,* 67, 1977.

6. *Cf.* J.-J. Kupiec, *L'Origine des individus*, Fayard, 2008 ; J.-C. Ameisen, *Darwin dans la lumière et les ombres*, Fayard/Seuil, 2008.

7. *Cf.* la préface de la réédition de *Sociobiology* d'Edward O. Wilson, Harvard University Press, 2000.

8. Christophe Boesch, *in* P. Picq et Y. Coppens (dir.), *Le Propre de l'homme*, Fayard, 2001.

9. Thomas Heams et coll. (dir.), *Les Mondes darwiniens*, Syllepse, 2009.

10. J.-J. Kupiec et P. Sonigo, *Ni Dieu ni gène. Pour une autre théorie de l'hérédité*, Seuil, 2000.

11. T. Heams et coll., *Les Mondes darwiniens, op. cit.*

SECONDE PARTIE
L'actualité de la paléoanthropologie

1
LA PALÉOANTHROPOLOGIE

1. P. Picq, *Le monde a-t-il été créé en sept jours ?*, Perrin, 2009.

2. M. Serres, *Hominiscience*, Le Pommier, 2001.

3. P. Picq, *Danser avec l'évolution*, Le Pommier, 2007.

4. P. Picq, *Lucy et l'obscurantisme, op. cit.*

5. P.-A. Taguieff, *Le Sens du progrès*, Flammarion, 2004 ; P. Picq, « Les dessous de l'hominisation », *in* T. Heams et coll., *Les Mondes darwiniens, op. cit.*

6. Cette section s'appuie sur une contribution à *L'Avenir du passé*, Jean-Paul Demoule et Bernard Stiegler (éd.), La Découverte, 2008.

7. P. Picq et coll., *op. cit.*, Seuil, 2008.

8. A. Leroi-Gourhan, *Le Geste et la Parole*, Albin Michel, 1964-1965.

9. P. Picq, « À la recherche des premiers hommes : des fossiles, des outils et des incertitudes », *in* Y. Coppens et P. Picq (éd.), *Aux origines de l'humanité*, vol. 1, Fayard 2001.

10. P. Picq et H. Roche, *Les Origines de la culture. Les premiers outils*, Le Pommier/La Cité, 2004.

11. H. Roche *et al.*, « Early Hominid stone tool production and technical skill 2.34 myr ago in West Turkana, Kenya », *Nature*, 399, 1999, p. 57-60 ; H. Roche, « Les sites archéologiques plio-pleistocènes de la formation de Nachukui, West Turkana, Kenya : bilan synthétique 1997-2001 », *Palévol.*, 2, 2003, p. 663-673 ; A. Delagnes *et al.*, « Late Pliocene hominids knapping skill : The case of Lokalelei 2C, West Trukana, Kenya », *J. Hum. Evol.*, 48, 2005, p. 435-472.

12. W. H. Kimbel *et al.*, « Late Pliocene *Homo* and Oldowan tools from the Hadar Formation (Kada Hadar member), Ehtiopia », *J. Hum. Evol.,* 31, 1996, p. 549-561 ; S. Semaw *et al.*, « 2.5-million-year-old stone tool from Gona, Ethiopia », *Nature,* 385, 1997, p. 333-336.

13. Wood et Collard, « The changing faces of the genus », *Homo Evol. Anthropol.*, 8, 1991, p. 195-207 ; P. Picq, « À la recherche des premiers hommes : des fossiles, des outils et des incertitudes », *in* Y. Coppens et P. Picq (éd.), *Aux origines de l'humanité*, *op. cit.* et *Au commencement était l'homme*, Odile Jacob, 2003.

14. F. Spoor *et al.*, « Implications of new early *Homo* fossils from Ileret, east of Lake Turkana, Kenya », *Nature,* 448, 2007, p. 688-691.

15. A. Whiten *et al.*, « Culture in chimpanzees », *Nature,* 399, 1999, p. 682-685 ; « Conformity to cultural norms of tool use in chimpanzees », *Nature,* 437, 2005, p. 737-740 ; K. Van Schaik, « Orangutan cultures and the evolution of material culture », *Science,* 299, 2003, p. 102-105.

16. F. Joulian, « Comparing chimpanzee and early Hominid techniques : some contributions to cultural and cognitive questions », *in* P. Mellars et K. Gibson (éd.), *Modeling the Early Human Mind*, Cambridge, McDonald Institute for Archaeological research, 1996, p. 173-189 ; M. Panger *et al.*, « Older than the Oldowayan ? The emergence of Hominid tool use », *Evol. Anthropol.*, 11, 2002, p. 235-245.

17. M. W. Markze, « Precision grips, hand morphology, and tools », *Am. J. Phys. Anthropol.*, 102, 1997, p. 91-110.

18. D. Schick *et al.*, « Continuing investigations into the stone tool-making and tool-using capabilities of a bonobo (*Pan paniscus*) », *J. Archaeol. Sci.*, 26, 1999, p. 821-832 ; N. Toth *et al.*, « *Pan* the tool maker : investigation into the stone toll-making and tool-use capabilities of a bonobo (*Pan paniscus*) », *J. Archaeol. Sci.*, 20, 1993, p. 81-91.

19. J.-L. Dessalles *et al.*, *Les Origines de la culture. Les origines du langage*, Le Pommier/La Cité, 2006.

20. P. Picq, *Au commencement était l'homme, op. cit.*

21. J. Mercader *et al.*, « Excavation of a chimpanzee stone tool site in the African rainforest », *Science,* 296, 2002, p. 1452-1455.

22. Panger *et al.*, « Older than the Oldowayan ? The emergence of Hominid tool use », *Evol. Anthropol*, 11, 2002, p. 235-245.

23. J. Mercader *et al.*, « 4,300-year-old chimpanzee sites and the origins of percusive stone technology », *PNAS,* 10, p. 1073, 20 février 2007.

24. J. Mercader, *Under the Canopy : the Archaeology of Tropical Rainforest,* Rutgers University Press, 2003.

25. T. Matzusawa, « Field experiments on use of stone tools by chimpanzees in the wild », *in* R. W. Wrangham *et al.* (éd.), *Chimpanzee Cultures,* Harvard University Press, 1994.

26. K. Van Schaik *et al.*, « Orangutan cultures and the evolution of material culture », *Science,* 299, 2003, p. 102-105 ; A. Whiten *et al.*, « Conformity to cultural norms of tool use in chimpanzees », *Nature,* 437, 2005, p. 737-740.

27. P. Picq, *Nouvelle histoire de l'homme,* Perrin, 2005.

28. P. Picq et H. Roche, *Les Origines de la culture : Les premiers outils, op. cit.*

29. D. P. Jill et P. Bertolani, « Savanna chimpanzee, *Pan troglodytes verus,* hunt with tolls », *Current Biol.*, 17, 2007, p. 412-417.

30. A. Testard, *Essai sur la division du travail chez les anciens chasseurs-collecteurs,* Éditions de l'EHESS, 1986.

31. K. Van Schaik, « La culture, source de l'intelligence », *Pour la science,* 344, 2006, p. 74-81.

32. P. Picq, « À la recherche des premiers hommes : des fossiles, des outils et des incertitudes », *in* Y. Coppens et P. Picq (éd.), *Aux origines de l'humanité, op. cit.* et *Au commencement était l'homme, op. cit.*

33. B. Asfaw *et al.*, « *Australopithecus garhi* : a new early hominid from Ethiopia », *Science,* 283, 1999, p. 629-635.

34. De Heinzelin *et al.*, « Environment and behavior of a 2.5-million-year-old Bouri Hominids », *Science,* 284, 1999, p. 625-629.

35. L. R. Backwell et F. d'Errico, « Evidence of termite foraging by Swartkrans early Hominids », *PNAS,* 98, 2001, p. 1358-1363.

36. A. Berthelet *et al.*, « Des hominidés et des outils : les débuts de la préhistoire », *in* Y. Coppens et P. Picq (éd.), *Aux origines de l'humanité,* vol 1. Fayard, 2001, p. 300-347 ; P. Picq, « À la recherche des premiers hommes : des fossiles, des outils et des incertitudes », *in* Y. Coppens et P. Picq (éd.), *Aux origines de l'humanité, op. cit.* et *Au commencement était l'homme,* Odile Jacob, 2003.

37. P. Picq et H. Roche, *Les Origines de la culture. Les premiers outils, op. cit.*

38. A. Berthelet *et al.*, « Des hominidés et des outils : les débuts de la préhistoire », *in* Y. Coppens et P. Picq (éd.), *Aux origines de l'humanité, op. cit.*

39. F. Joulian, « Comparing chimpanzee and early Hominid techniques : some contributions to cultural and cognitive questions », *in* P. Mellars et K. Gibson (éd.), *Modeling the Early Human Mind, op. cit.* ; S. De Beaune, « The invention of technology : prehistory and cognition », *Curr. Anthropol.*, 45, 2004, p. 139-162.

40. J. M. Le Tensoreur, *in* P. Picq, *100 000 de beauté*, Gallimard, 2009.

41. P. Picq, « Le temps de la parole : l'apparition du langage articulé », *in* J.-L. Dessalles *et al.*, *Les Origines de la culture. Les origines du langage, op. cit.*

42. P. Picq, *Au commencement était l'homme, op. cit.*

43. P. Picq, *Lucy et l'obscurantisme, op. cit.*

44. P. Picq, *Nouvelle histoire de l'homme, op. cit.*

45. J. Diamond, *Effondrement*, Gallimard, 2005.

2
UN PEU DE MÉDECINE ÉVOLUTIONNISTE

1. Cette section s'appuie sur un article paru dans la *Revue d'orthopédie dento-faciale*, 44, 1, 2010.

2. P. Brenot et P. Picq, *Le Sexe, l'Homme et l'Évolution*, Odile Jacob, 2009.

3. P. Picq et P. Brenot, *Le Sexe, l'Homme et l'évolution, op. cit.*

4. L'ATM des carnivores a une anatomie de type gond-charnière qui n'autorise que des mouvements dans le plan sagittal ; ce n'est donc pas la canine qui restreint la composante médio-latérale d'une « mastication » restreinte à des cisaillements dans le plan vertical.

5. P. Picq, *Les Animaux amoureux, op. cit.*

6. P. Picq, *L'Évolution de l'articulation temporo-mandibulatoire des hominidés, op. cit.*

7. On retrouve cette adaptation de la canine et des incisives dans d'autres lignées de mammifères de la fin de l'ère secondaire, éteintes depuis longtemps. Cette remarque pour souligner que, dans l'évolution, une même structure peut être impliquée dans diverses adaptations en fonction du régime alimentaire, de la sexualité et des comportements ; mais que ces diverses adaptations se retrouvent souvent dans des lignées non étroitement apparentées, ce qui permet, justement, d'en avérer leur signification adaptative. Hélas, en paléoanthropologie, en sciences humaines et dans toutes les disciplines centrées sur l'homme, on préfère ignorer les autres lignées, ce qui conduit à des interprétations erronées de ce qu'est notre évolution, avec le recours à des « tendances ou des lois évolutives » qui n'ont rien à voir avec l'évolution. Cependant, la téléologie/théologie humanistique assure de plus belles carrières que la primatologie ; c'est humain !

8. Chez les singes d'Amérique du Sud ou platyrrhiniens, la denture adulte comprend trente-six dents avec, par demi-arcade, deux incisives, une canine, trois prémolaires et trois molaires ; soit la formule 2I-C-3P-3M. Un grand groupe de platyrrhiniens se distingue avec une denture à trente-deux dents à la suite de la perte de la troisième molaire : 2I-C-3P-2M. Chez les catarrhiniens ou singes de l'Ancien Monde (Afrique, Europe, Asie), il n'y a que deux prémolaires ; soit la formule 2I-C-2P-3M.

9. P. Picq, *L'Articulation temporo-mandibulaire des hominidés*, Éditions du CNRS, 1991.

10. P. Picq, *Au commencement était l'homme*, *op. cit.*

11. P. Picq, *L'Articulation temporo-mandibulaire des hominidés*, *op. cit.*

12. Cette section reprend ma contribution à *Trop gros ? L'obésité et ses représentations*, Julia Csergo (dir.), Autrement, 2009.

13. Rien à voir avec nos animaux d'élevage à la viande « persillée », dont le summum est le célèbre bœuf de Kobe. Ce qu'on ignore souvent, c'est que les races de bœuf à viande datent de moins d'un siècle.

14. C.-M. Hladik et P. Picq, *in* P. Picq et Y. Coppens (dir.), *Le Propre de l'homme*, *op. cit.*

15. On note au passage que sur le même arbre, certains singes sont les bienvenus et les autres pas.

16. P. Picq et N. Borgers, *Du rififi chez les chimpanzés*, film Arte/Doc en stock, 1998.

17. J.-C. Guillebaud, *La Tyrannie du plaisir*, Seuil, 2000.

18. J. de Rosnay *et al.*, *Une vie en plus*, Seuil, 2005.

19. M. Serres, *Hominescence*, Le Pommier, 2001.

20. S. J. Gould, *L'Éventail du vivant*, Seuil, 1996.

3

LA PHILOSOPHIE FACE À L'ANIMAL ET À L'ÉVOLUTION

1. Voir notamment F. de Waal, *De la réconciliation chez les primates*, Flammarion, 1992 ; *Le Bon Singe*, Bayard, 1997.

2. Voir notamment P. Picq, *Lucy et l'obscurantisme*, *op. cit.* ; *Le Monde a-t-il été créé en sept jours ?*, *op. cit.* ; *Darwin et l'évolution expliqués à nos petits-enfants*, Seuil, 2009.

3. Sur cette *consilience*, voir E. O. Wilson, *L'Unicité du savoir*, Robert Laffont, 2000.

4. P. Picq, M. Serres et J.-D. Vincent, *Qu'est-ce que l'humain ?*, Le Pommier, 2003.

5. Voir P. Picq, *Au commencement était l'homme, op. cit.* ; Y. Coppens et P. Picq, *Aux origines de l'humanité, op. cit.* ; P. Picq, *Les Origines de l'homme expliquées à nos petits-enfants*, Seuil, 2010 ; P. Picq, *Danser avec l'évolution*, Le Pommier, 2007.

6. S. J. Gould, *L'Éventail du vivant, op. cit.*

7. B. Senut, *in Pour la science*, dossier 57, 2007 ; *Id., in* Y. Coppens et P. Picq, *Aux origines de l'humanité, op. cit.*

8. P. Picq et Y. Coppens, *Le Propre de l'homme, op. cit.* ; P. Picq, *Nouvelle histoire de l'homme, op. cit.*

9. T. M. White et coll., « *Ardipithecus ramidus* and the paleobiology of early hominids », *op. cit.*

10. Voir P. Picq et Y. Coppens, *Aux origines de l'humanité, op. cit.* ; P. Picq *et al.*, *Les Grands Singes*, Odile Jacob, 2005.

11. Jean-Marie Schaeffer, *La Fin de l'exception humaine*, Gallimard, 2007.

12. P. Picq, *Lucy et l'obscurantisme, op. cit.*

13. C. Lévy-Strauss, *Anthropologie structurale II*, Plon, 1973.

14. C. Darwin, *L'Instinct*, L'Esprit du temps, 2009.

15. P. Picq, « L'homme est-il le seul animal politique ? », *in* J.-L. Guichet, *Usages politiques de l'animalité*, L'Harmattan, 2008.

16. G. Simondon, *Deux leçons sur l'animal et l'homme*, Ellipse, 2004.

17. P. Descola, *Par-delà nature et culture*, Gallimard, 2005.

18. Voir P. Picq, *Nouvelle histoire de l'homme*, op. cit. ; *id.*, « Les dessous de l'hominisation », *in* Thomas Heams et coll. (éd.), *Les Mondes darwiniens*, Syllepse, 2009.

19. Je renvoie au très beau texte du philosophe Clément Rosset sur Teilhard qui fait suite à *La Lettre sur les chimpanzés*, Gallimard, 1964.

Conclusion

DE L'HOMINISATION AU DÉVELOPPEMENT DURABLE

1. Cette section reprend un article publié dans *Constructif*, 23, juillet 2009.

2. P. Picq, « L'homme face à son évolution et au développement durable, Le développement durable, gisement de compétitivité pour l'entreprise », *Cahiers Médicis*, Comité Médicis/Descartes et Cie, 2007.

3. P. Picq et S. Rouvillois, « Faut-il avoir peur du changement ? Éloge de la rupture. Mécaniques et dynamiques du changement », *Les Cahiers Ernst&Young*, 9, Autrement, 2007.

4. L. Ferry, *Le Nouvel Ordre écologique*, Grasset, 1992.

5. P. Picq, « Pour une nouvelle pédagogie des sciences de la vie et de la Terre », *Le Monde*, 19 décembre 2009.

6. Voir P. Picq, « L'évolution, l'entreprise et le singe », *Repenser l'entreprise*, APM/Le Cherche Midi.

7. J. Diamond, *Effondrement*, *op. cit.*

8. P. Picq, *Le Monde a-t-il été créé en sept jours ?*, *op. cit.*

9. Christian Godin, *La Fin de l'Humanité*, Champ Vallon, 2003.

10. P. Picq, « Les dessous de l'hominisation », *in* Thomas Heams et coll. (éd.), *Les Mondes darwiniens*, *op. cit.*

11. T. Monod, *Et si l'humanité échouait*, Grasset, 1991.

12. Y Paccalet, *L'humanité disparaîtra. Bon débarras !*, Arthaud, 2006.

13. L. Ferry, *Le Nouvel Ordre écologique*, *op. cit.*

14. Le cinéma nous offre de bonnes variations sur le rêve écologique naïf avec *Little Big Man* d'Arthur Penn (1970), *Jeremiah Johnson* de Sidney Pollack *(1972)*, *Danse avec les loups* de Kevin Costner (1990) et le spatio-lémuro-masurpilamio-schtroumpfien *Avatars* de James Cameron (2010).

15. Programme européen REACH et Appel de Paris du professeur Dominique Belpomme.

16. P. Picq, *Le monde a-t-il été créé en sept jours ?*, *op. cit.*

17. P. Picq, *Nouvelle histoire de l'homme*, *op. cit.*

18. Face à cette interrogation, la notion de « gène égoïste » de Richard Dawkins prend une signification toute particulière puisque nous ne serions que des « valises » dont le but ultime serait de permettre aux gènes de se transmettre à travers la succession des organismes ; seule notre matérialité se transmettrait, le sort de nos âmes étant laissé à nos ontologies. Permanence de la matière ; errance des âmes !

Remerciements

L'idée de ce livre a émergé lors d'une discussion avec Odile Jacob et Bernard Gotlieb. Ce qui devait être un long préambule s'est transformé en un essai sur l'actualité de la paléoanthropologie par-delà les seules questions liées à nos origines et à notre évolution. Il occupe une place tout à fait logique et personnelle après mon essai *Lucy et l'obscurantisme* et après l'« année Darwin ». Mes plus vifs remerciements à une maison d'édition qui permet ce genre de livre, et tout particulièrement à Jean-Luc Fidel. Ma profonde reconnaissance et mon affection à Christine Picq, qui a relu le manuscrit et a revisité le chemin commun qui lie notre vie à la paléoanthropologie depuis plus de trente ans.

Table

DU MÊME AUTEUR

CHEZ ODILE JACOB

Le Sexe, l'Homme et l'Évolution (avec P. Brenot), 2009.
Lucy et l'obscurantisme, 2007.
Les Grands Singes (avec D. Lestel, V. Despret et C. Herzfeld), 2005.
Les Tigres (avec F. Savigny), 2004.
Au commencement était l'homme, 2003.

CET OUVRAGE A ÉTÉ TRANSCODÉ
ET MIS EN PAGES CHEZ NORD COMPO (VILLENEUVE-D'ASCQ)
ET ACHEVÉ D'IMPRIMER SUR ROTO-PAGE
PAR L'IMPRIMERIE FLOCH À MAYENNE
EN AOÛT 2010

N° d'impression : 77381.
N° d'édition : 7381-2494-X.
Dépôt légal : septembre 2010.
Imprimé en France